周佳新　张九红　编著

建筑工程识图

JIANZHU GONGCHENG SHITU

化学工业出版社

·北京·

本书详细介绍了建筑工程识图的基本知识，识图的思路、方法和技巧，以实用性为主。内容包括相关国家标准，识图基本知识、图样表达方法、建筑施工图、一般建筑构造等。

本书可作为从事建筑施工的技术人员、管理人员、工人的培训或自学教材，也适用于大中专院校与基本建设相关学科使用。

图书在版编目（CIP）数据

建筑工程识图/周佳新，张九红编著．—3版．北京：化学工业出版社，2015.11（2019.10重印）
（建筑工程快速识图丛书）
ISBN 978-7-122-25457-3

Ⅰ．①建…　Ⅱ．①周…②张…　Ⅲ．①建筑制图-识别　Ⅳ．①TU2

中国版本图书馆 CIP 数据核字（2015）第 250205 号

责任编辑：左晨燕
责任校对：边　涛　　装帧设计：史利平

出版发行：化学工业出版社（北京市东城区青年湖南街 13 号　邮政编码 100011）
印　　装：北京虎彩文化传播有限公司
787mm×1092mm　1/16　印张 12¾　字数 308 千字　2019年10月北京第 3 版第 6 次印刷

购书咨询：010-64518888　　售后服务：010-64518899
网　　址：http：//www.cip.com.cn
凡购买本书，如有缺损质量问题，本社销售中心负责调换。

定　　价：45.00 元

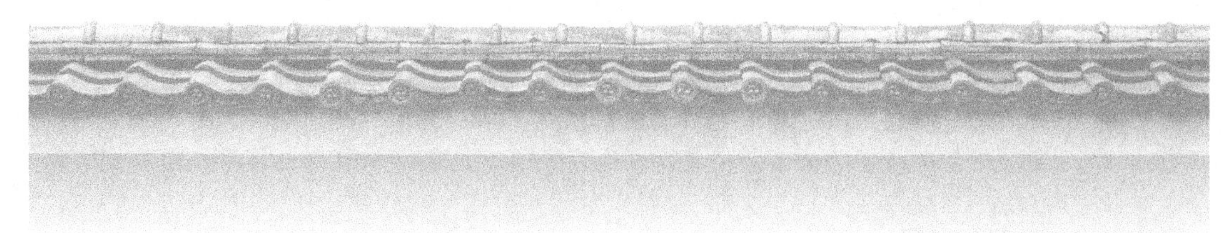

第三版前言

《建筑工程识图（第二版）》自从2012年再版以来，又连续印刷多次，受益读者甚多。为了更好地服务于读者，服务于“大众创业，万众创新”，为我国的经济发展助力，我们在前两版的基础上，修订了本书。

本书突出基础性、实用性和规范性，有如下特点：

1. 加强基础，确保五大基础内容的讲解，即投影理论基础、构型设计基础、表达方法基础、制图规范基础、绘图能力基础。各部分既相互独立，又注重前后学习的密切联系，不同层次的读者可根据需要选择性学习。

2. 注重实用，本书吸取工程技术界的最新成果，结合当前建筑业发展的实际，为读者展示了丰富、特色的工程实例，以期读者通过学习，能解决工作中的实际问题。

3. 标准规范，凡能收集到的最新国家标准，本书都予以执行。

本书第三版由沈阳建筑大学周佳新、张九红编著，刘鹏、王铮铮、王志勇、李鹏、沈丽萍、张楠、张喆、姜英硕、马晓娟、张桂山、王雪光、李周彤、李牧峰也做了很多工作。在编著和修订的过程中参考了有关制图专著，在此向有关作者表示衷心的感谢！由于作者水平有限，疏漏之处在所难免，恳请广大同仁及读者不吝赐教，在此谨表谢意。

欢迎与周佳新教授联系（zhoujx@sjzu. edu. cn）。

编著者

2015年10月

第一版前言

随着我国经济的持续快速发展，建筑行业的从业人员日益增加，提高从业人员的基本素质便成为当务之急。我们着眼于加强从业人员技能以及综合素质的培养，从工程技术人员的特点和文化基础出发，结合多年从事工程实践及工程图学教学的经验编写了这本书。

本书遵循认知规律，将工程实践与理论相融合，以新规范为指导，通过工程实例，图文结合、循序渐进地介绍了建筑工程识图的基本知识，识图的思路、方法和技巧，强调实用性和可读性，以期读者通过学习本书能较快地获得识读建筑施工图的基本知识和技能。

全书共分五章，在内容的编排顺序上进行了优化，主要包括以下内容。

1. 识图基础篇（第一章至第三章）

本部分内容侧重于无基础的初学读者，从一点儿不会学起，介绍了相关的国家标准、识图基本理论及图样表达方法等。

2. 专业图介绍与识图实践篇（第四章和第五章）

本部分主要讲解了建筑施工图、一般建筑构造等内容。根据目前建筑业发展的实际，以典型的工程实例，详细介绍了建筑施工图、一般建筑构造的原理、识读方法，以解决实际问题为主。

本书由沈阳建筑大学周佳新（第一章至第四章）、张九红（第五章）编著，由于编写时间仓促，加上作者水平有限，疏漏之处在所难免，恳请广大同仁及读者不吝赐教，在此谨表谢意。

编著者

2008年3月

第二版前言

《建筑工程识图》第一版2008年出版以来，受到了广大读者的欢迎，多次重印。为了更好的服务于读者，我们在第一版的基础上，修订了本书。

本书修订的指导思想是：着眼于提高建筑行业从业人员的基本素质，遵循认知规律，将工程实践与理论相融合，以新规范为指导，通过工程实例图文结合、循序渐进地介绍建筑工程识图的基本知识，识图的思路、方法和技巧，强调实用性和可读性，以期读者通过学习本书能较快地获得识读建筑施工图的基本知识和技能。

本书突出实用性，以“必须、够用”为度，有如下特点。

1. 从工程技术人员的特点和文化基础出发，以模块化形式为编写原则。本书共计有建筑识图的基本知识、工程形体的表达方法、建筑施工图基础、建筑施工图和一般民用建筑构造五个模块，以章的形式编写。各个模块既相互独立，又注重前后学习的密切联系，不同层次的读者可根据需要选用其中的模块进行学习。

2. 坚持学以致用，少而精的原则。本书在内容的选择与组织上做到了主次分明、深浅得当、详略适度、图文并茂。理论的应用部分采用例题的形式讲解，例题中将作图步骤区分开来，清晰地表达了作图的思路、方法，使读者一目了然，易于理解和掌握，别具特色。

3. 以科学性、时代性、工程性为原则。凡能收集到的最新国家标准，本书都予以贯彻。本书注重吸取工程技术界的最新成果，结合当前建筑业发展的实际，为读者展示了丰富、特色的工程实例，以期读者通过学习，能解决工作中的实际问题。

本书第二版由沈阳建筑大学周佳新、张九红编著，在修订工作中李周彤、李牧峰也做了很多工作。在编著的过程中参考了有关制图专著，在此向有关作者表示衷心的感谢！由于编写时间仓促加上作者水平有限，疏漏之处在所难免，恳请广大同仁及读者不吝赐教，在此谨表谢意。

编著者

2012年3月

目　录

第一章　建筑识图的基本知识

第一节　投影的基本知识

一、投影的形成

在日常生活中，有一种常见的自然现象：当光线照在物体上时，地面或墙面上必然会产生影子，这就是投影的现象。这种影子只能反映物体的外形轮廓，不能反映内部情况。人们在这种自然现象的基础上，对影子的产生过程进行了科学的抽象，即把光线抽象为投射线，把物体抽象为形体，把地面抽象为投影面，于是就创造出投影的方法。当投射线投射到形体上，就在投影面上得到了形体的投影，这个投影称为投影图，见图 1-1。

投射线、投影面、形体（被投影对象）是产生投影的三要素。

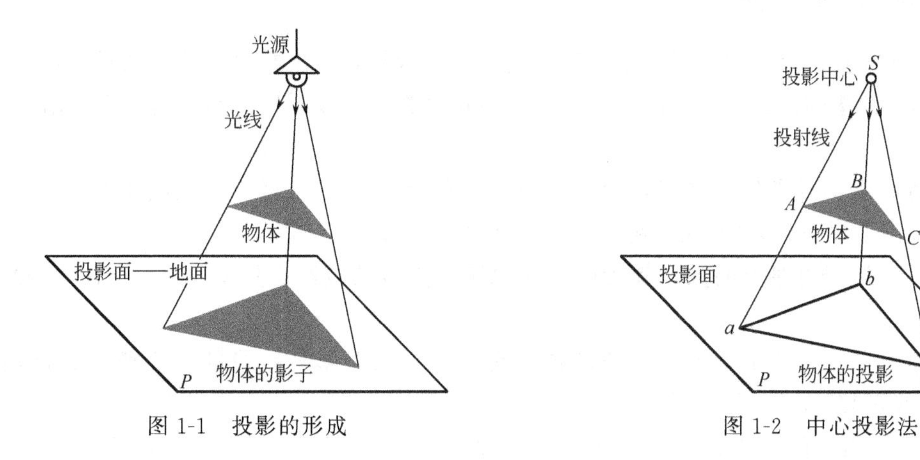

图 1-1　投影的形成　　图 1-2　中心投影法

二、投影的分类

投影法是研究投射线、投影面、形体（被投影对象）三者之间的关系的，随着三者位置的变化，形成了不同的投影方法。其分类如下。

（1）中心投影法　当投影中心距离投影面有限远，所有投射线都通过投影中心时，这种对形体进行投影的方法称为中心投影法，见图 1-2。用中心投影法所得到的投影称为中心投影。由于中心投影法的各投射线对投影面的倾角不同，因而得到的投影与被投影对象在形状和大小上有着比较复杂的关系。

（2）平行投影法　若将投影中心移向无穷远处，则所有的投射线变成互相平行，这种对形体进行投影的方法称为平行投影法，见图 1-3。平行投影法又分为斜投影法和正投影法

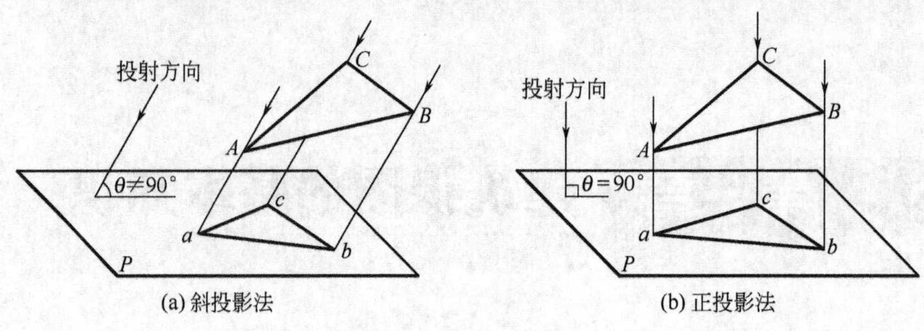

(a) 斜投影法　　(b) 正投影法

图 1-3　平行投影法

两种。

① 斜投影法　平行投影法中，当投射线倾斜于投影面时，这种对形体进行投影的方法称为斜投影法，见图 1-3(a)。用斜投影法所得到的投影称为斜投影。由于投射线的方向以及投射线与投影面的倾角 θ 有无穷多种情况，故斜投影也可绘出无穷多种；但当投射线的方向和 θ 一定时，其投影是唯一的。

② 正投影法　平行投影法中，当投射线垂直于投影面时，这种对形体进行投影的方法称为正投影法，见图 1-3(b)。用正投影法所得到的投影称为正投影。由于平行投影是中心投影的特殊情况，而正投影又是平行投影的特殊情况，因而它的规律性较强，所以工程上把正投影作为工程图的绘图方法。

三、平行投影的几何性质

研究投影的基本性质，目的是找出空间几何元素本身与其在投影面上投影之间的内在联系，作为绘图和读图的依据。以下的几种性质是在正投影的情况下讨论的，其实也适用于斜投影的情况。

① 同素性　点的投影仍然是点，直线的投影一般情况下仍为直线，见图 1-4。空间 A 点在 H 面上的投影为 a；直线 MN 在 H 面上的投影为 mn。

② 从属性　属于直线上的点，其投影必从属于该直线的投影，见图 1-4。若 $K \in MN$，则 $k \in mn$。

③ 定比性　点在直线上，点分线段的比例等于该点的投影分线段的投影所成的比例，见图 1-4。若 $K \in MN$，则 $MK : KN = mk : kn$。

④ 平行性　当空间两直线互相平行时，它们的投影一定互相平行，而且它们的投影长度之比等于空间长度之比，见图 1-5。若 $AB /\!/ CD$，则 $ab /\!/ cd$，且 $AB : CD = ab : cd$。

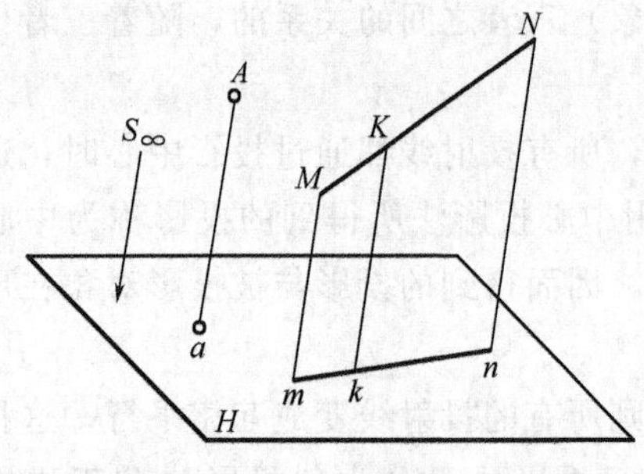

图 1-4　同素性、从属性、定比性

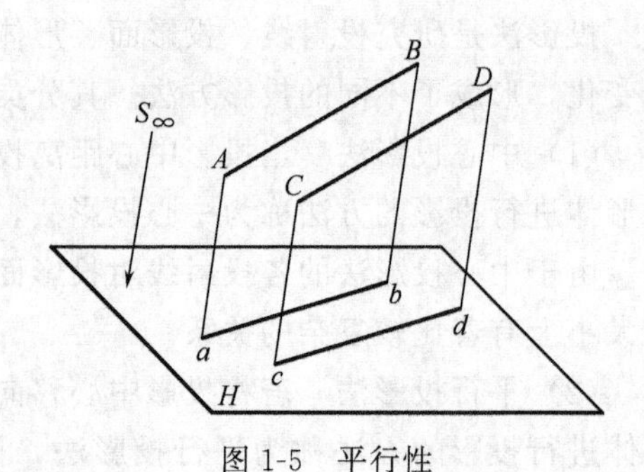

图 1-5　平行性

⑤ 显实性　当直线段或平面平行于投影面时，其投影反映实长或实形，见图 1-6。若 $MN /\!/ H$，则 $mn = MN$；若$\triangle ABC /\!/ H$，则$\triangle abc \cong \triangle ABC$。

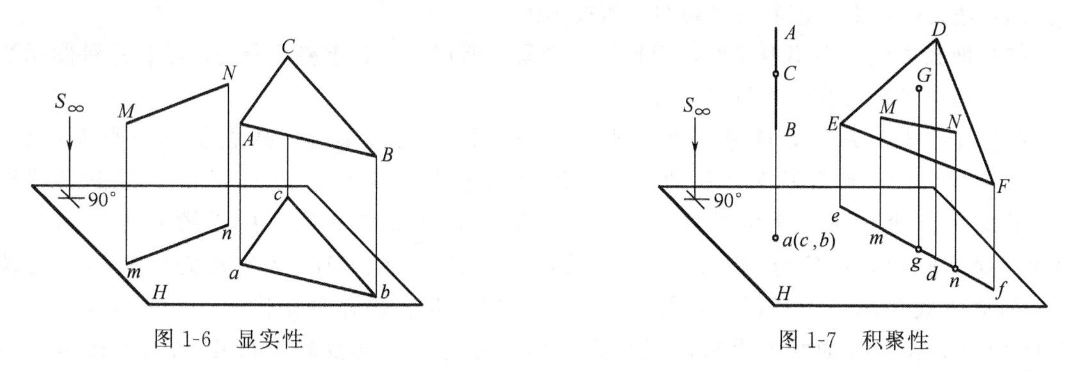

图 1-6　显实性　　　　图 1-7　积聚性

⑥ 积聚性　当直线或平面垂直于投影面时，其投影积聚为一点或一直线，见图 1-7。若 $AB \perp H$，则 AB 的水平投影 ab 积聚为点，若$\triangle DEF \perp H$，则其水平投影积聚为直线。

四、正投影图及其特性

1. 正投影图的形成

用正投影法所绘制的投影图称为正投影图。

将形体向一个投影面作正投影所得到的投影图称形体的单面投影图。形体的单面投影图不能反映形体的真实形状和大小，也就是说，根据单面投影图不能唯一确定一个形体的空间形状，见图 1-8。

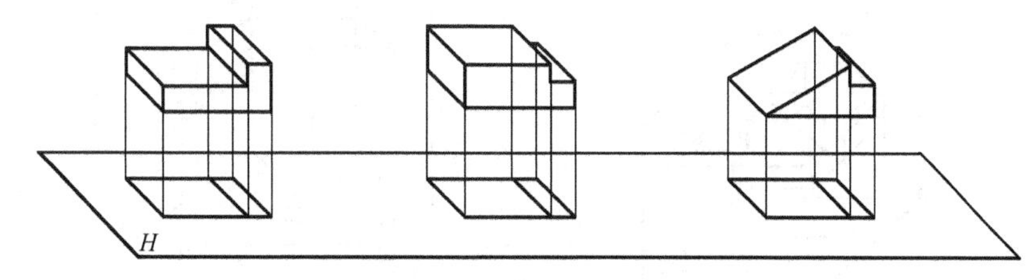

图 1-8　形体的单面投影

将形体向互相垂直的两个投影面作正投影所得到的投影图称形体的两面投影图。根据两个投影面上的投影图来分析空间形体的形状时，有些情况下得到的答案也不是唯一的，见图 1-9。

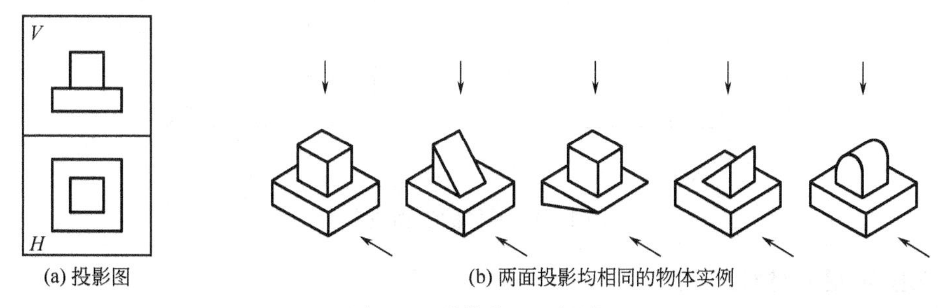

(a) 投影图　　(b) 两面投影均相同的物体实例

图 1-9　形体的两面投影

将形体向互相垂直的三个投影面作正投影所得到的投影图称形体的三面投影图。这是工程实践中最常用的投影图。

图 1-10(a) 就是把一个形体分别向三个相互垂直的投影面 H、V、W 作正投影的情形，图 1-10(b)、(c) 是将物体移走后，将投影面连同物体的投影展开到一个平面上的方法；图 1-10(d) 是去掉投影面边框后得到的三面投影图。

按多面投影法绘图不但简便，而且易于度量，所以在工程上应用最为广泛。这种图示法的缺点是所绘的图形直观性较差。

如图 1-10(a) 所示，选择三个互相垂直的平面作为投影面，建立了三投影面体系。其中水平放置的投影面称为水平投影面，简称水平面，用字母 H 表示；立在正面的投影面称为正立投影面，简称正面，用字母 V 表示；而立在右侧面的投影面称为侧立投影面，简称侧面，用字母 W 表示。三投影面的交线 OX、OY、OZ 称为投影轴。把被投影的物体放在这三个互相垂直的投影面体系中，并将物体分别向三个投影面作投射。在 H 面上的投影称为水平投影，在 V 面上的投影称为正面投影，在 W 面上的投影称为侧面投影。

工程制图标准中规定：物体的可见轮廓线画成粗实线，不可见轮廓线画成虚线。

实际画投影图时需要把三个投影面展开成一个平面。展开的方法是：正立投影面（V 面）保持不动，水平投影面（H 面）绕 OX 轴向下旋转 90°，侧立投影面（W 面）绕 OZ 轴向右旋转 90°。此时，OY 轴被一分为二，随 H 面的轴记为 OY_H，随 W 面的轴记为 OY_W，见图 1-10(b)。物体在各投影面上的投影也随其所在的投影面一起旋转，就得到了在同一平面上的三面投影图，见图 1-10(c)。为简化作图，在三面投影图中可以不画投影面的边框和投影轴，投影之间的距离可根据具体情况而定，见图 1-10(d)。

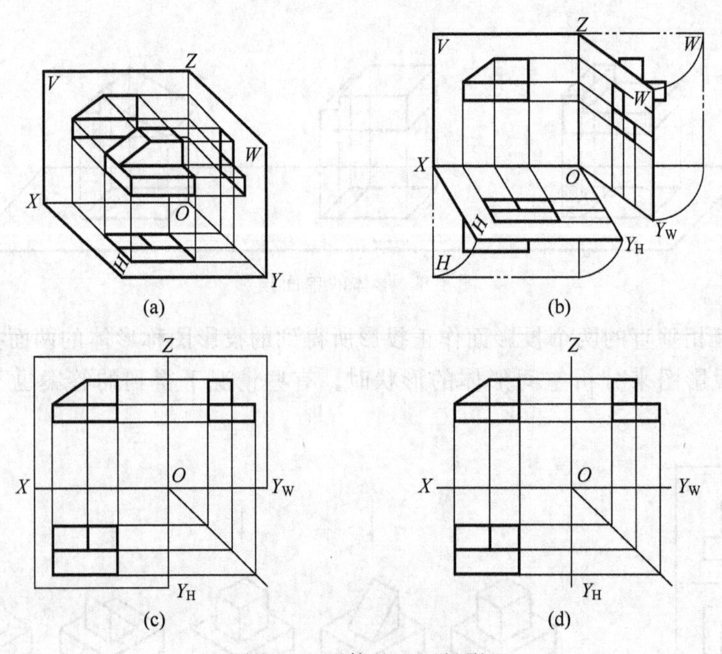

图 1-10　形体的三面投影

2. 正投影图的特性

(1) 由图 1-10、图 1-11(b) 可以看出，形体的三面投影之间存在着一定的联系：正面投影和水平投影具有相同的长度，正面投影和侧面投影具有相同的高度，水平投影与侧面投影具有相同的宽度。因此，常用“长对正，高平齐，宽相等”概括形体三面投影的规律，简称“三等关系”。上述投影规律对形体的整体尺寸、局部尺寸、每个点都适用。

(2) 由图 1-11(a) 可以看到，空间形体有上、下、左、右、前、后六个方向，它们在三面投影图中也能够准确地反映出来，见图 1-11(c)。在投影图上正确识别形体的方向，对读图非常有帮助。

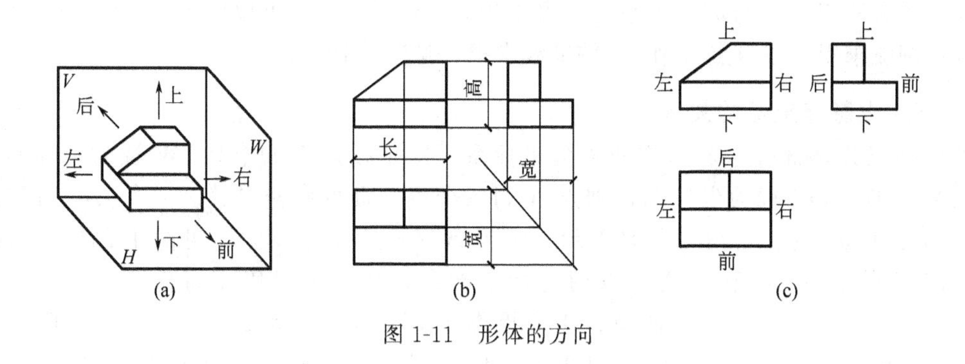

图 1-11　形体的方向

第二节　点、线、面的投影

一、点的投影

任何形体都可以看成是由点、线、面组成的，点是形体的最基本元素，点的投影规律是线、面、体投影的基础。

1. 点的三面投影及投影规律

将一空间点 A 置于三投影面体系中，由点 A 分别向 H、V 和 W 面投射，可得到点 A 的水平投影 a、正面投影 a' 和侧面投影 a''。空间点用大写字母表示，例如 A；水平投影用相应的小写字母表示，例如 a；正面投影用相应的小写字母加“$'$”表示，例如 a'；侧面投影用相应的小写字母加“$''$”表示，例如 a''，见图 1-12(a)。

将各投影面展开后，得到点 A 的三面投影图，见图 1-12(b)。通常在投影图中不画投影面的边框，见图 1-12(c)。

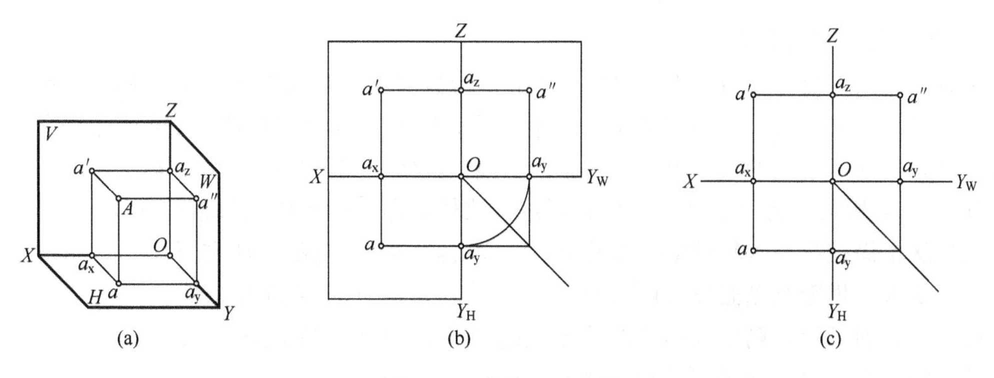

图 1-12　点的三面投影

从图中可见，点的三面投影之间有如下的投影规律。

(1) 点的正面投影与水平投影的连线垂直于 OX 轴，即 $a'a \perp OX$；

(2) 点的正面投影与侧面投影的连线垂直于 OZ 轴，即 $a'a'' \perp OZ$；

(3) 点的水平投影到 OX 轴的距离，等于其侧面投影到 OZ 轴的距离，即 $aa_x = a''a_z$。

可见，点的投影规律与三面投影的规律“长对正，高平齐，宽相等”是完全一致的。

用作图方法表示 a 与 a'' 的关系时，可以用 $aa_x = a''a_z$；也可以原点 O 为圆心，以 Oa_y 为半径作圆弧求得；或自点 O 作 45°辅助线求得，见图 1-12(c)。

2. 点的投影与坐标的关系

如果把三投影面体系看作空间直角坐标系，即把投影面 H、V、W 视为坐标面，投影轴 OX、OY、OZ 视为坐标轴，则点 A 到三个投影面的距离 Aa''、Aa'、Aa 可用点 A 的三个直角坐标 x_A、y_A 和 z_A 来表示，记为 A (x_A，y_A，z_A)，见图 1-13(a)。这样，点 A 的三个投影 a、a' 和 a'' 也可以用坐标来确定，如水平投影 a 可由 x_A 和 y_A 确定，反映了点 A 到 W 面和 V 面的距离；正面投影 a' 可以由 x_A 和 z_A 确定，反映了点 A 到 W 面和 H 面的距离；侧面投影 a'' 可由 y_A 和 z_A 确定，反映了点 A 到 V 面和 H 面的距离。即空间点 A 的三个投影的坐标分别是：$a(x_A, y_A)$、$a'(x_A, z_A)$、$a''(y_A, z_A)$，见图 1-13(b)。

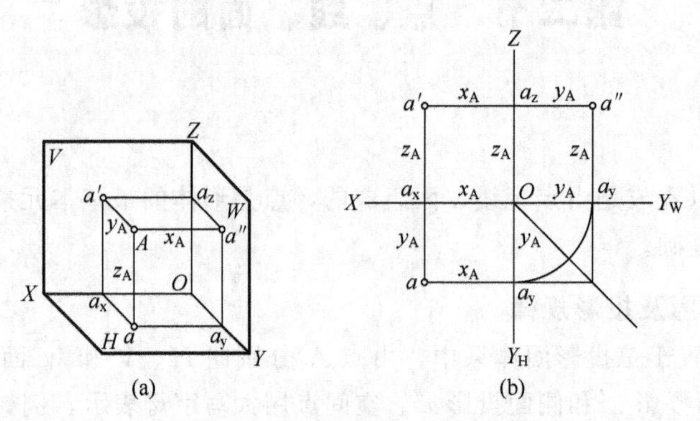

图 1-13 点的投影与坐标的关系

由于点的任意两个投影的坐标值中包含了该点的三个坐标，所以，由点的任意两个投影可以求出该点的第三投影；同样，若给出点的三个坐标，则该点在三投影面体系中的投影也是唯一确定的。

3. 两点间的相对位置

两点间的相对位置是指上下、前后、左右的位置关系。V 面投影反映出物体的上下、左右关系；H 面投影反映出物体的左右、前后关系；W 面投影反映出物体的前后、上下关系。由此可见，空间两个点的相对位置，在它们的三面投影中完全可以反映出来。

如图 1-14 所示，将 A、B 两点的投影进行比较，即可分析两点的相对位置。

(1) 从正面投影及水平投影可以看出，$x_A > x_B$，即点 A 在点 B 左面；

(2) 从水平投影及侧面投影可以看出，$y_A > y_B$，即点 A 在点 B 前面；

(3) 从正面投影及侧面投影可以看出，$z_A < z_B$，即点 A 在点 B 下面。

比较结果是：点 A 在点 B 的左、前、下方。

从点的三面投影的规律以及两点间的相对位置，可以进一步了解为什么物体的三个投影会保持“长对正，高平齐，宽相等”的投影规律。

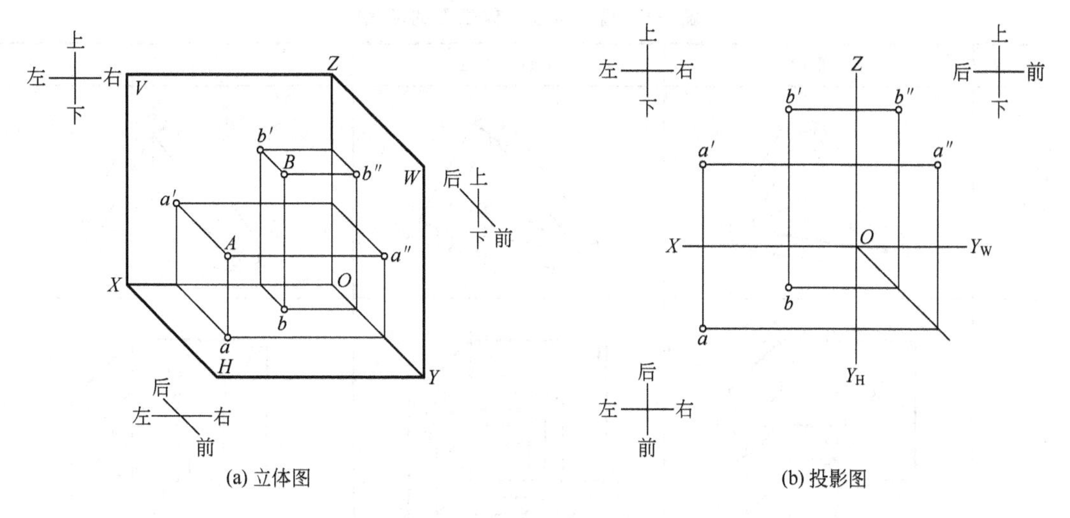

图 1-14 两点的相对位置

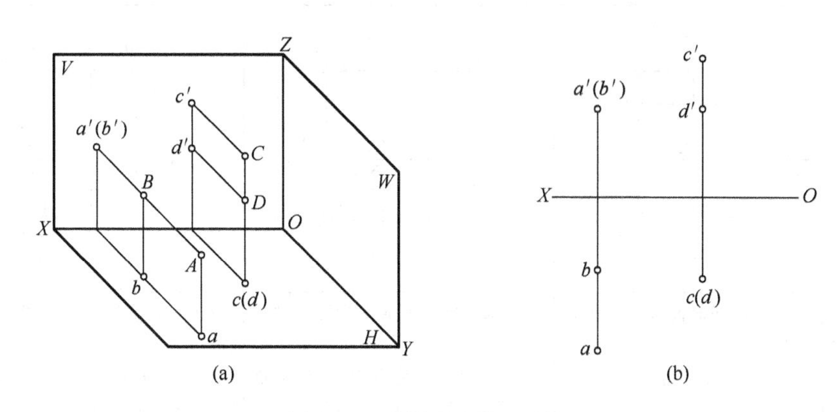

图 1-15 重影点及其可见性

4. 重影点及其可见性

在某一投影面上投影重合的两个点，称为该投影面的重影点。见图 1-15(a)，A、B 两点的 x、z 坐标相等，而 y 坐标不等，则它们的正面投影重合为一点，所以 A、B 两个点就是 V 面的重影点。同理，C、D 两点的水平投影重合为一点，所以 C、D 两个点就是 H 面的重影点。

在投影图中往往需要判断并标明重影点的可见性。如 A、B 两点向 V 面投射时，由于点 A 的 y 坐标大于点 B 的 y 坐标，即点 A 在点 B 的前方，所以，点 A 的 V 面投影 a' 可见，点 B 的 V 面投影 b'不可见。通常在不可见的投影标记上加括号表示。见图 1-15(b)，A、B 两点的 V 面投影为 $a'(b')$。同理，图 1-15(a) 中的 C、D 两点是 H 面的重影点，其 H 面的投影为 $c(d)$，见图 1-15(b)。由于点 C 的 z 坐标大于点 D 的 z 坐标，即点 C 在点 D 的上方，故点 C 的 H 面投影 c 可见，点 D 的 H 面投影 d 不可见，其 H 面投影为 $c(d)$。

由此可见，当空间两点有两对坐标对应相等时，则此两点一定为某一投影面的重影点；而重影点的可见性是由不相等的那个坐标决定的：坐标大的投影为可见，坐标小的投影为不可见。重影点在立体表面的应用见表 1-1。

表 1-1　重影点在立体表面的应用

名　称	水平重影点	正面重影点	侧面重影点
物体表面上的点	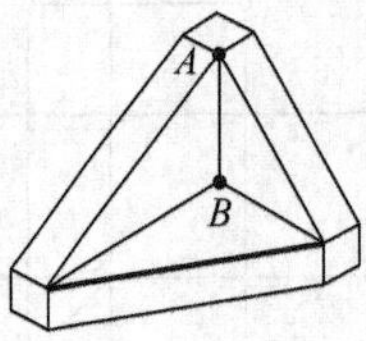	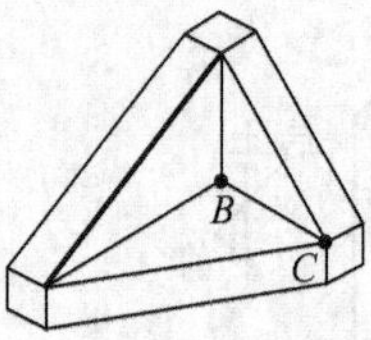	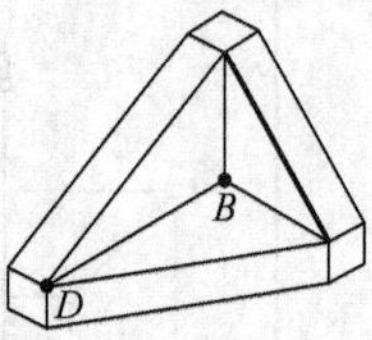
立体图	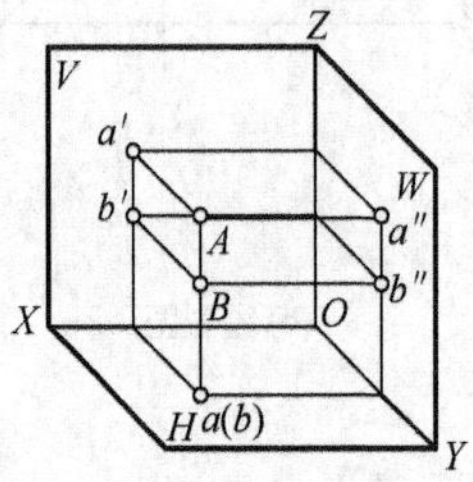	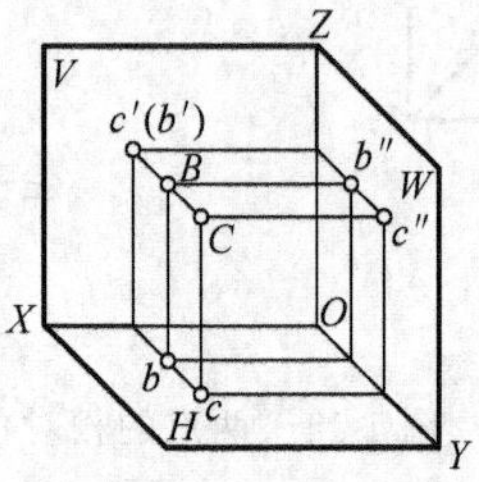	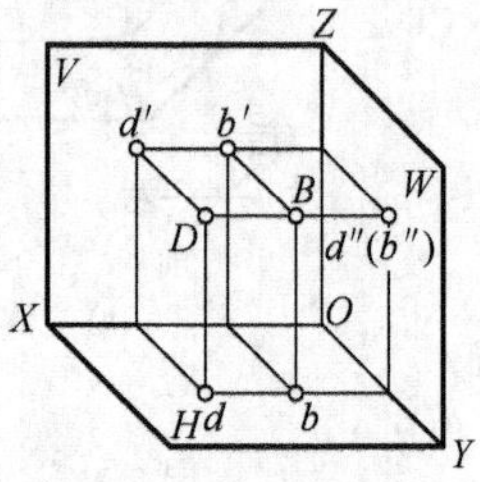
投影图	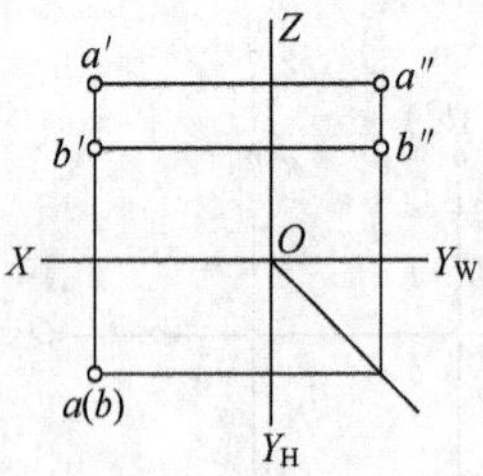	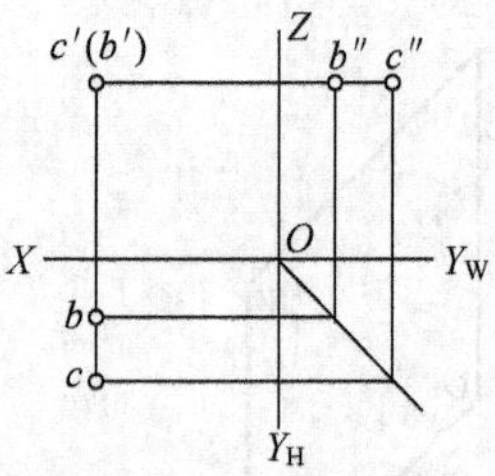	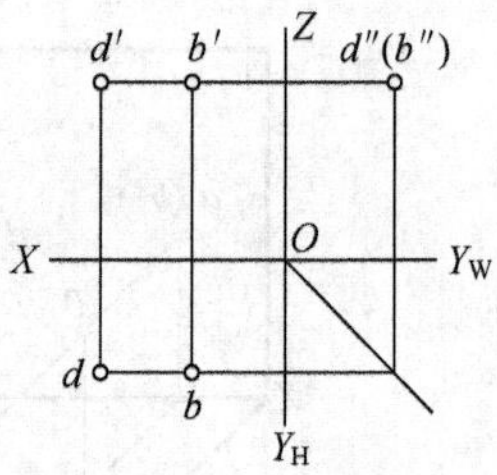
投影特性	1. 正面投影和侧面投影反映两点的上下位置 2. 水平投影重合为一点,上面一点可见,下面一点不可见	1. 水平投影和侧面投影反映两点的前后位置 2. 正面投影重合为一点,前面一点可见,后面一点不可见	1. 水平投影和正面投影反映两点的左右位置 2. 侧面投影重合为一点,左面一点可见,右面一点不可见

二、直线的投影

直线通常用线段来表示，在不考虑线段本身的长度时，也常把线段称为直线。从几何学得知，直线的空间位置可以由直线上任意两点的位置来确定。因此，直线的投影可以由直线上两点在同一投影面上的投影（称为同面投影）相连而得。例如，要作出直线 AB 的三面投影，可以首先作出直线两端点 A 和 B 的三面投影 a、a'、a''和 b、b'、b''，见图 1-16(a)、(b)，然后将其同面投影相连，即得到直线 AB 的三面投影 ab、$a'b'$、$a''b''$，一般画成粗实线，见图 1-16(c)。

直线按其与投影面相对位置的不同，可以分为一般位置线、投影面平行线和投影面垂直线，后两种直线统称为特殊位置直线。

1. 一般位置直线

同时倾斜于三个投影面的直线称为一般位置直线。空间直线与投影面之间的夹角称为直线对投影面的倾角。直线对 H 面的倾角用 α 表示，直线对 V 面的倾角用 β 表示，直线对 W 面的倾角用 γ 表示。一般位置直线的投影与投影轴之间的夹角不反映 α、β、γ 的真实大小，见图 1-16。

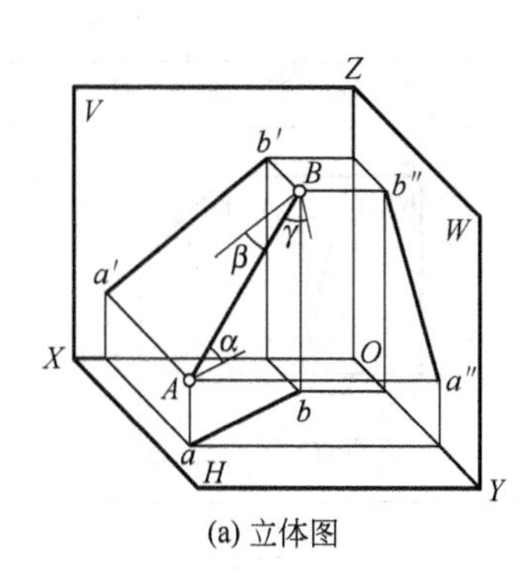

(a) 立体图

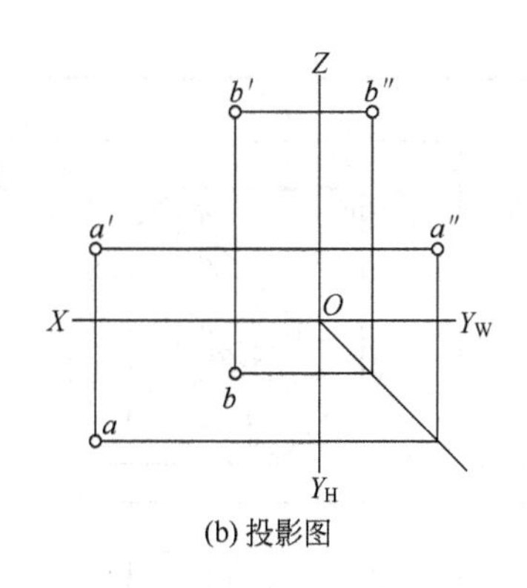

(b) 投影图

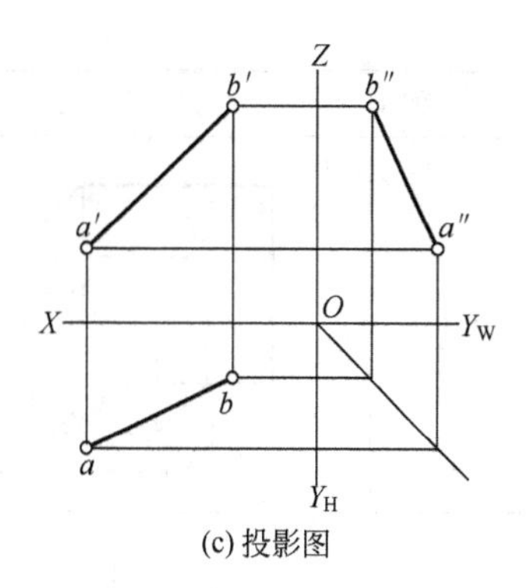

(c) 投影图

图 1-16　直线的投影

一般位置直线的投影特点如下。

（1）一般位置直线的三个投影均为直线，而且投影长度都小于线段的实长。

（2）一般位置直线的三个投影都倾斜于投影轴，且与投影轴的夹角均不反映空间直线与投影面倾角的真实大小。

一般位置直线的投影不反映线段的真实长度，也不反映它对各投影面的倾角的真实大小。但是，如果已知直线的两个投影，就可以在投影图上作出线段的实长及其对各投影面的倾角。工程上常用的方法是直角三角形法，见图 1-17。

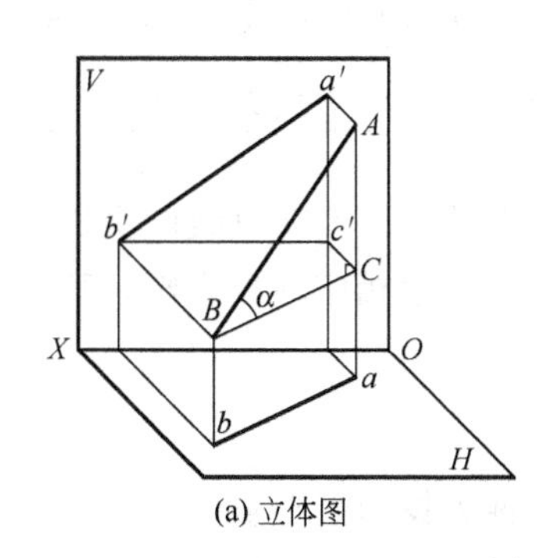

(a) 立体图

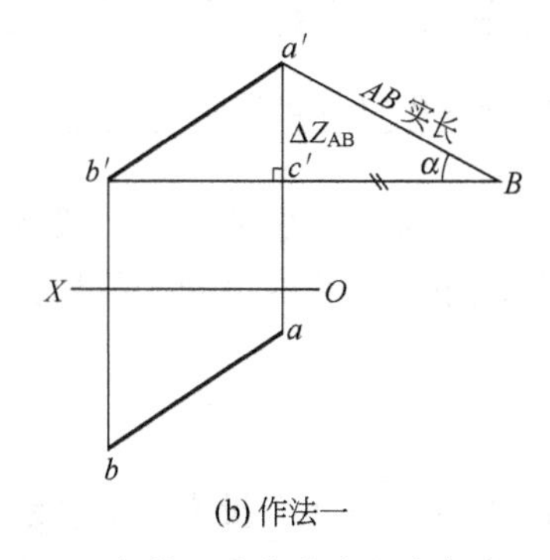

(b) 作法一

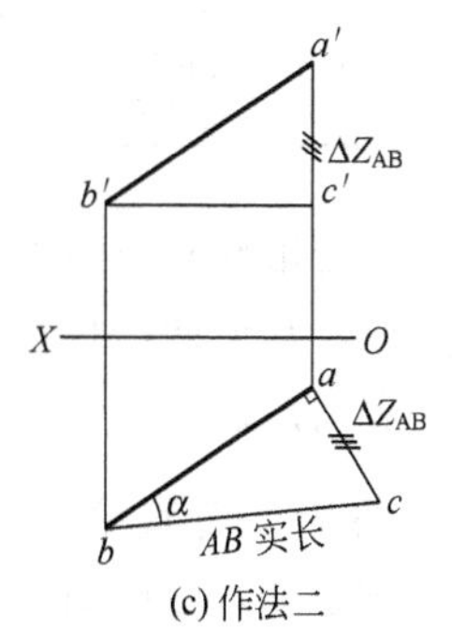

(c) 作法二

图 1-17　一般位置直线的实长与倾角

2. 投影面平行线

平行于一个投影面，同时倾斜于另两个投影面的直线，称为投影面平行线。平行于水平投影面的直线称为水平线；平行于正立投影面的直线称为正平线；平行于侧立投影面的直线称为侧平线。投影面平行线的投影特征，见表 1-2。

表 1-2　投影面平行线的投影特性

名　称	水　平　线	正　平　线	侧　平　线
物体表面上的线	A　B	D　C	F　E

续表

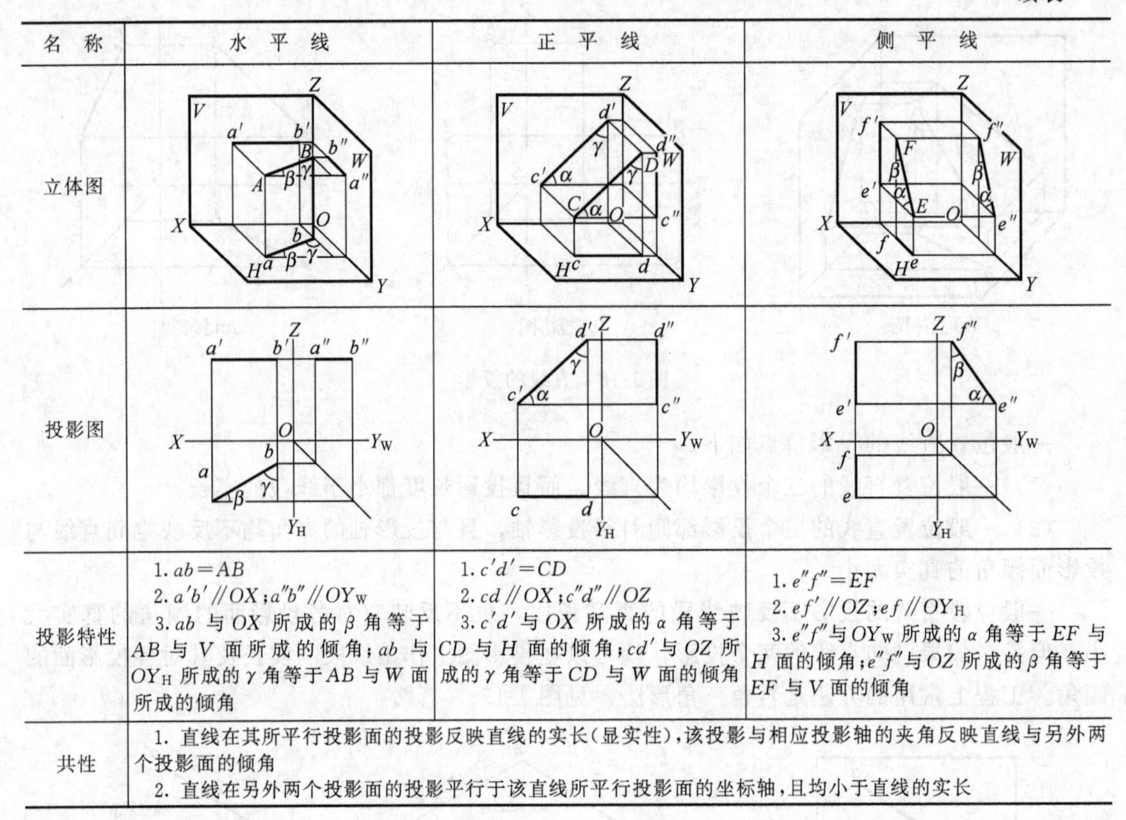

名称	水平线	正平线	侧平线
立体图			
投影图			
投影特性	1. $ab=AB$ 2. $a'b'/\!/OX$；$a''b''/\!/OY_W$ 3. ab 与 OX 所成的 β 角等于 AB 与 V 面所成的倾角；ab 与 OY_H 所成的 γ 角等于 AB 与 W 面所成的倾角	1. $c'd'=CD$ 2. $cd/\!/OX$；$c''d''/\!/OZ$ 3. $c'd'$ 与 OX 所成的 α 角等于 CD 与 H 面的倾角；cd' 与 OZ 所成的 γ 角等于 CD 与 W 面的倾角	1. $e''f''=EF$ 2. $ef'/\!/OZ$；$ef/\!/OY_H$ 3. $e''f''$ 与 OY_W 所成的 α 角等于 EF 与 H 面的倾角；$e''f''$ 与 OZ 所成的 β 角等于 EF 与 V 面的倾角
共性	1. 直线在其所平行投影面的投影反映直线的实长（显实性），该投影与相应投影轴的夹角反映直线与另外两个投影面的倾角 2. 直线在另外两个投影面的投影平行于该直线所平行投影面的坐标轴，且均小于直线的实长		

三种投影面平行线的共性是：直线在它所平行的投影面上的投影反映直线的实长，同时反映直线与其他两个投影面的倾角；直线的另两个投影分别平行于相应的投影轴，其投影长度都比实长短。

3. 投影面垂直线

垂直于某一投影面，同时平行于另两个投影面的直线，称为投影面垂直线。垂直于水平投影面的直线称为铅垂线；垂直于正立投影面的直线称为正垂线；垂直于侧立投影面的直线称为侧垂线。投影面垂直线的投影特征见表 1-3。

表 1-3 投影面垂直线的投影特性

名称	铅垂线	正垂线	侧垂线
物体表面上的线	A, B	B, C	B, D
立体图	V, Z, a′, A, a″, W, b′, B, O, b″, X, a(b), H, Y	V, Z, c′(b′), B, b″, C, W, c″, O, X, b, H, c, Y	V, Z, d′, b′, D, B, W, d″(b″), O, X, H, d, b, Y

续表

名　称	铅　垂　线	正　垂　线	侧　垂　线
投影图	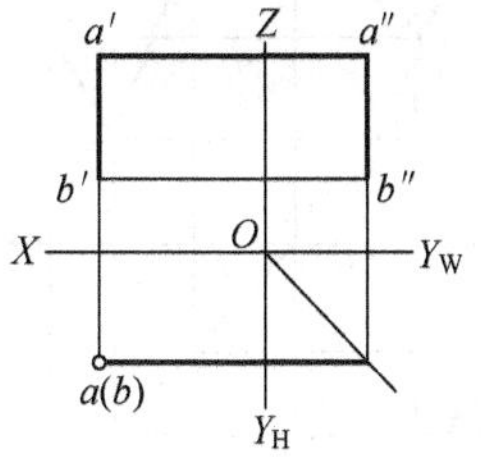	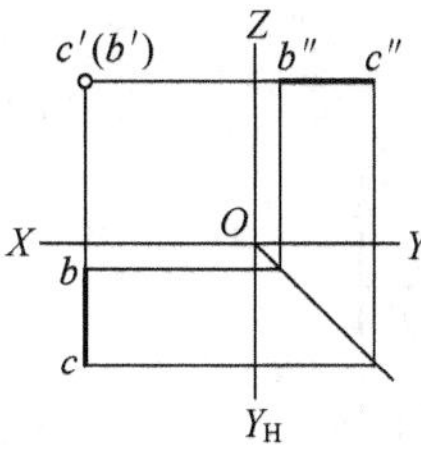	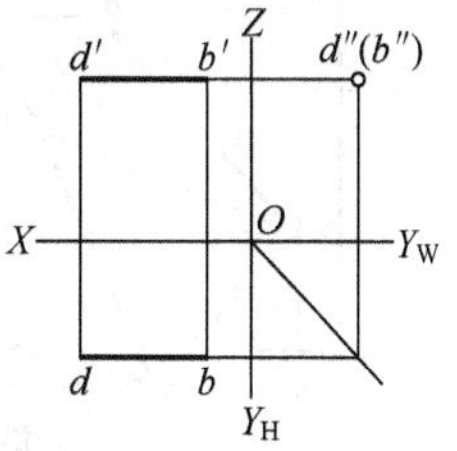
投影特性	1. $a(b)$积聚为一点 2. $a'b' \perp OX$，$a''b'' \perp OY_W$ 3. $a'b' = a''b'' = AB$	1. $c'(b')$积聚为一点 2. $cb \perp OX$，$c''b'' \perp OZ$ 3. $cb = c''b'' = CB$	1. $d''(b'')$积聚为一点 2. $db \perp OY_H$，$d'b' \perp OZ$ 3. $db = d'b' = DB$
共性	1. 直线在其所垂直的投影面的投影积聚为一点(积聚性) 2. 直线在另外两个投影面的投影反映直线的实长(显实性)，并且垂直于相应的投影轴		

三种投影面垂直线的共性是：直线在它所垂直的投影面上的投影积聚成一点；直线的另两个投影平行于同一根投影轴，并反映实长。

应该注意投影面平行线与投影面垂直线两者之间的区别。例如，铅垂线垂直于 H 面，且同时平行于 V 面和 W 面，但该直线不能称为正平线或侧平线，而只能称为铅垂线。

空间两直线的相对位置关系有平行、相交和交叉三种情况。

三、平面的投影

1. 平面的表示法

平面的空间位置可以用确定该平面的几何元素的投影来确定和表示，常见有五种形式，见图 1-18。

（1）不在同一直线上的三点，见图 1-18(a)；

（2）一直线和直线外一点，见图 1-18(b)；

（3）两相交直线，见图 1-18(c)；

（4）两平行直线，见图 1-18(d)；

（5）任意一平面图形，见图 1-18(e)。

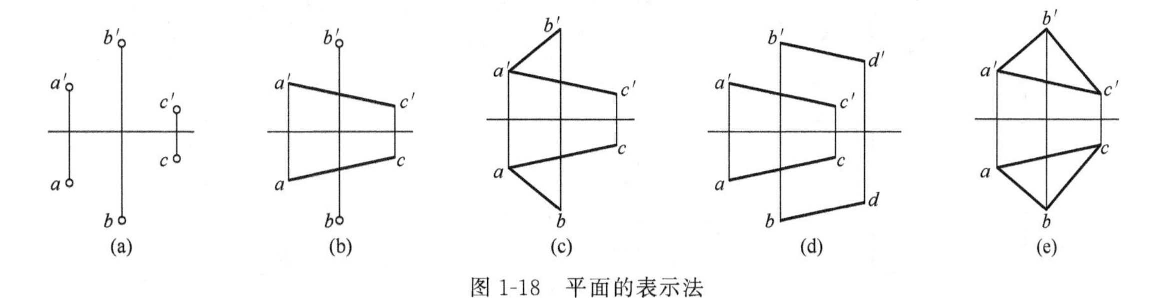

图 1-18　平面的表示法

平面按其对投影面相对位置的不同，分为一般位置面、投影面平行面和投影面垂直面，后两种平面统称为特殊位置平面。

2. 一般位置平面

对三个投影面都不平行也不垂直的平面，称为一般位置平面，见图 1-19。

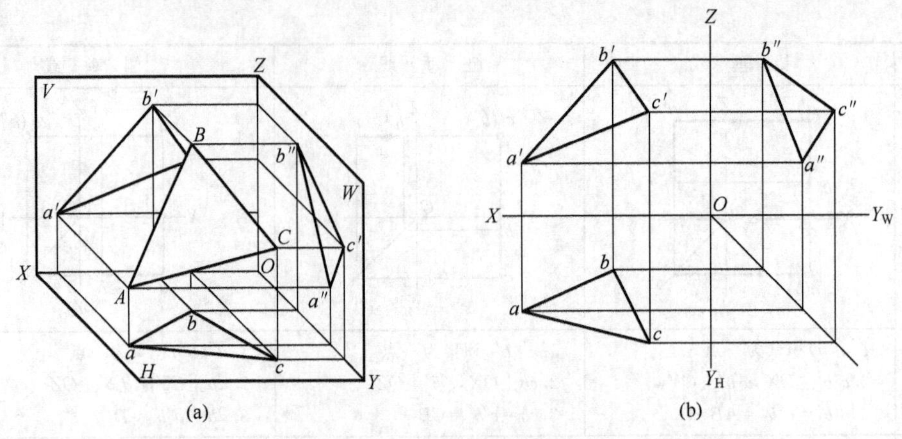

(a)　　　　(b)

图 1-19　一般位置平面的投影

一般位置平面的投影特点：它的三个投影既不反映实形，也不积聚为一直线，而只具有类似性。

3. 投影面平行面

平行于一投影面，因而垂直于另两个投影面的平面，称为投影面平行面。平行于水平投影面的平面称为水平面；平行于正立投影面的平面称为正平面；平行于侧立投影面的平面称为侧平面。投影面平行面的投影特征，见表 1-4。

表 1-4　投影面平行面的投影特性

名　称	水　平　面	正　平　面	侧　平　面
物体表面上的面			
立体图			
投影图			
投影特性	1. 水平投影反映实形 2. 正面投影有积聚性，且平行 OX 轴；侧面投影也有积聚性，且平行于 OY_W	1. 正面投影反映实形 2. 水平投影有积聚性，且平行 OX 轴；侧面投影也有积聚性，且平行于 OZ	1. 侧面投影反映实形 2. 正面投影有积聚性，且平行 OZ 轴；水平投影也有积聚性，且平行于 OY_H
共性	1. 平面在所平行的投影面的投影反映实形(显实性) 2. 在另外两个投影面上的投影积聚成一条直线(积聚性)，该直线平行相应的坐标轴		

投影面平行面的投影特性是：平面在它所平行的投影面上的投影反映实形，在另外两个投影面上的投影积聚成直线，并分别平行于相应的投影轴。

4. 投影面垂直面

垂直于某一投影面，同时倾斜于另两个投影面的平面，称为投影面垂直面。垂直于水平投影面的平面称为铅垂面；垂直于正立投影面的平面称为正垂面；垂直于侧立投影面的平面称为侧垂面。投影面垂直面的投影特征见表 1-5。

表 1-5　投影面垂直面的投影特性

名　称	铅　垂　面	正　垂　面	侧　垂　面
物体表面上的面	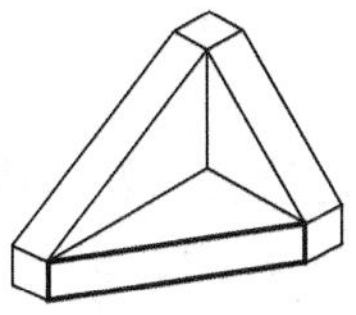	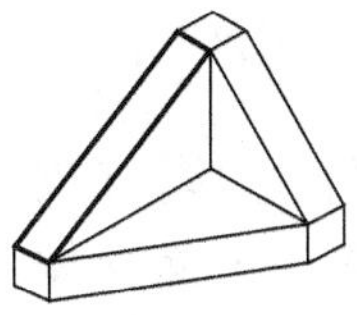	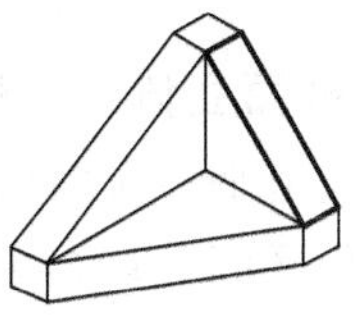
立体图	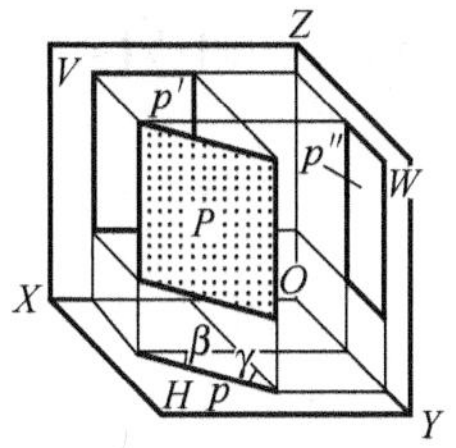	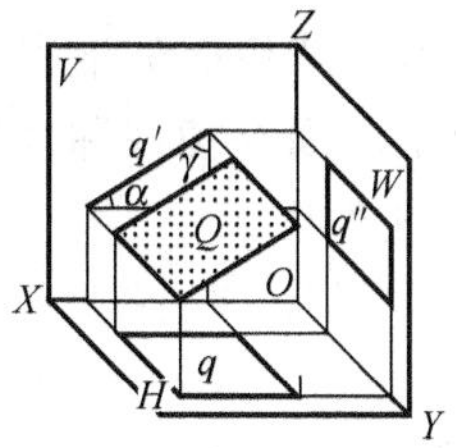	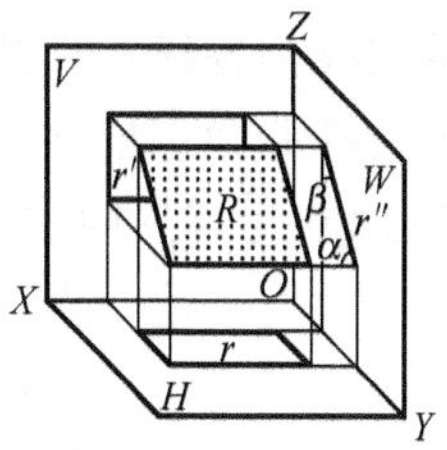
投影图	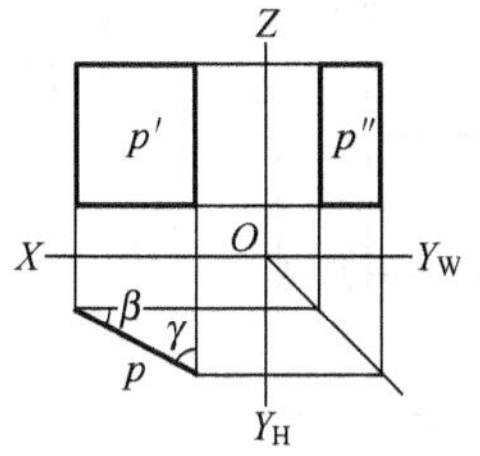	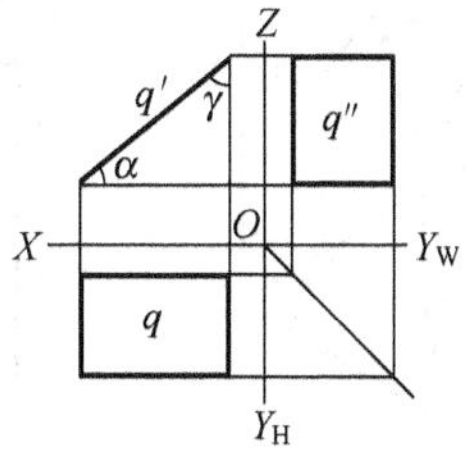	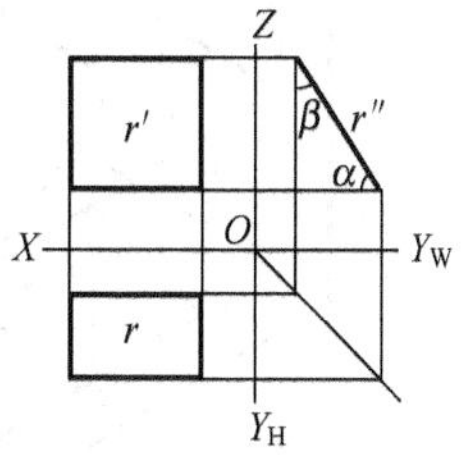
投影特性	1. 水平投影积聚成直线 p，且与其水平连线重合，该直线与 OX 轴和 OY_H 轴夹角反映 β 和 γ 角 2. 正面投影和侧面投影为平面的类似形	1. 正面投影积聚成直线 q'，且与其正面连线重合，该直线与 OX 轴和 OZ 轴夹角反映 α 和 γ 角 2. 水平投影和侧面投影为平面的类似形	1. 侧面投影积聚成直线 r''，且与其侧面连线重合，该直线与 OY_W 轴和 OZ 夹角反映 α 和 β 角 2. 正面投影和水平投影为平面的类似形
共性	1. 平面在其所垂直的投影面上的投影积聚成一条直线（积聚性）；它与两投影轴的夹角，分别反映空间平面与另外两个投影面的倾角 2. 另外两个投影面的投影为空间平面图形的类似形		

投影面垂直面的投影特性是：平面在它所垂直的投影面上的投影积聚成一直线，并反映该直线与另外两投影面的倾角，其另外的两个投影面上的投影为类似形（边数相同，形状相像的图形）。

直线与平面、平面与平面的相对位置关系有平行、相交、垂直三种。

第三节　立体的投影

一、基本几何体的投影

工程上的形体，不管它的构造多么复杂，都可以看作是由若干基本几何体按一定的方式组合而成的。这些简单的立体称为基本几何体，常见的基本几何体有平面立体和曲面立体两类。

1. 平面立体的投影

表面由平面所围成的立体称为平面立体。在建筑工程中，建筑物以及组成建筑物的构配件大多是平面立体，如梁、板、柱等。平面立体的形状有多种多样，最常见的有棱柱和棱锥。

（1）棱柱的投影　棱柱的表面由棱面和上下两个底面组成。底面通常为多边形，相邻两棱面的交线为棱线，且棱线互相平行。按棱线的数目可分为三棱柱、四棱柱等。棱线垂直于底面的棱柱称为直棱柱，棱线倾斜于底面的棱柱称为斜棱柱。

图 1-20 为直三棱柱的直观图和投影图。

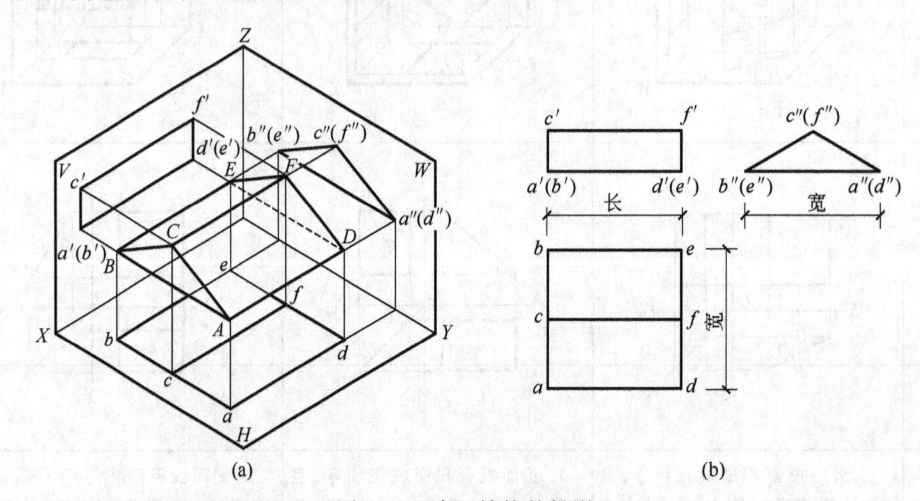

图 1-20　直三棱柱的投影

图 1-21 为斜三棱柱的直观图和投影图。斜三棱柱的上下两个底面为互相平行的水平面，三个棱面均为一般位置面，三条棱线为正平线，与上下底面倾斜。

（2）棱锥的投影　棱锥只有一个底面，且所有棱线交于一点，此点称为锥顶点。按棱锥棱线的条数多少可分为三棱锥、四棱锥等。

图 1-22 为三棱锥的直观图和投影图。三棱锥的底面为水平面，三个棱面为一般位置平面。

平面立体的投影实质上是围成平面立体各表面的投影。作投影时，应先作出平面立体的底面的投影，然后作出各棱面的投影。由于各棱面又是由棱线与底边组成的，而这些棱线和底边是分别交于棱柱体的不同顶点的，因此作棱面的投影也就是作棱柱体上顶点对应的连线的投影。

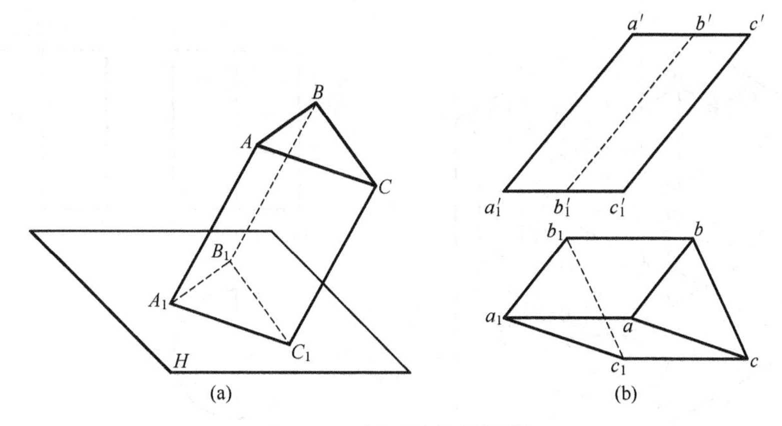

图 1-21 斜三棱柱的投影

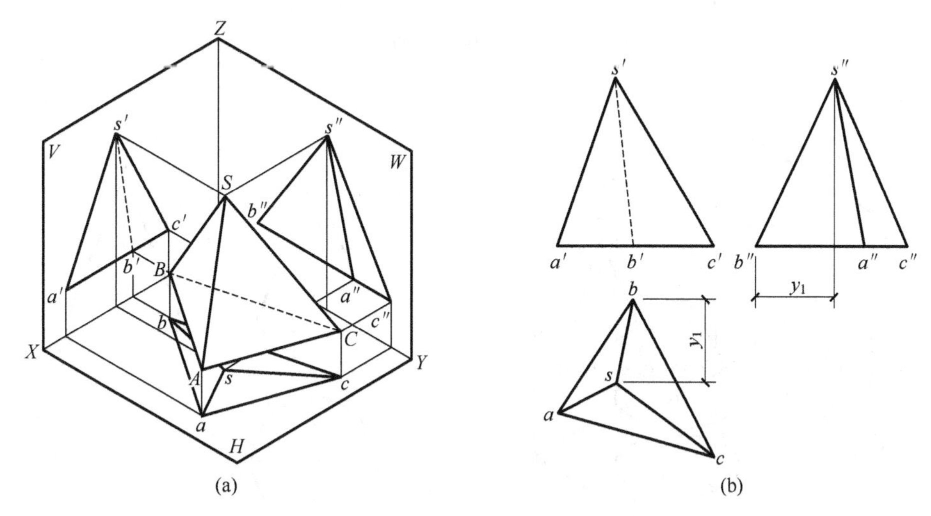

图 1-22 三棱锥的投影

2. 曲面立体的投影

曲面立体是指立体表面由曲面或曲面和平面所围成的立体。工程中常见的曲面立体是回转体，如圆柱、圆锥、圆球和圆环等。

（1）圆柱的投影 圆柱是由圆柱面和两个圆平面所围成的立体。圆柱面可看成是由一条直母线绕与其平行的轴线旋转一周所形成的，母线上两端点的运动轨迹为两个等径的圆，即为圆柱上下两底面圆的圆周。

图 1-23 为圆柱的直观图和投影图。圆柱的轴线为铅垂线，圆柱上、下两底面圆均为水平面，圆柱面上所有素线与其轴线平行，均为铅垂线。图中单点长画线表示圆柱轴线的投影。

（2）圆锥的投影 圆锥是由圆锥面和一个底面圆围成的立体。圆锥面可看成是一条直母线绕与其相交的轴线旋转所形成的曲面。母线与轴线相交点即为圆锥面顶点，母线另一端运动轨迹为圆锥底面圆的圆周。

图 1-24 为圆锥的直观图和投影图。圆锥的轴线铅垂放置，则圆锥的底面为水平面，圆锥面上所有素线与水平面的倾角均相等。

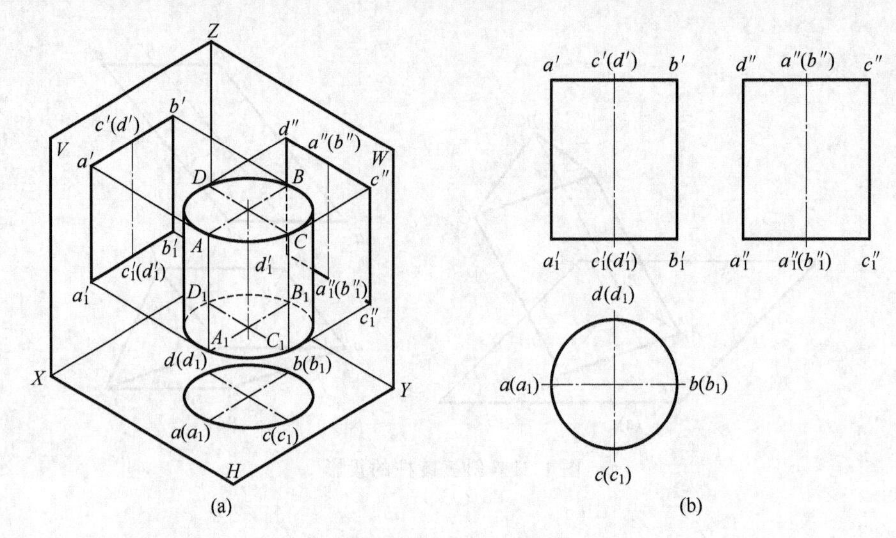

图 1-23　圆柱的投影

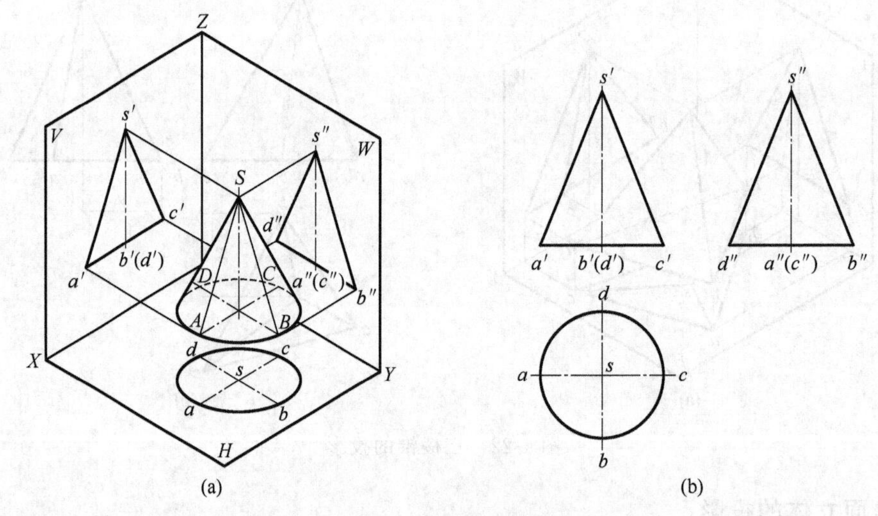

图 1-24　圆锥的投影

（3）圆球的投影　圆球是由圆球面围成的立体。圆球面可看成是母线圆绕其直径旋转所形成的曲面。

图 1-25 为圆球的直观图和投影图。圆球的三个投影均为等径的圆，是圆球在三个投影方向上球面转向轮廓线的投影。

（4）圆环的投影　圆环是由圆环面围成的。圆环面可看成是母线圆绕圆外且与圆平面共面的轴线旋转所形成的曲面。

图 1-26 为圆环的直观图和投影图。圆环的轴线为铅垂线，母线圆上外半圆弧绕轴线旋转形成外环面，内半圆弧绕轴线旋转形成内环面。母线的上半圆弧、下半圆弧旋转形成上半环面、下半环面。

曲面立体的表面是由曲面或曲面和平面组成的，曲面可看成是母线运动后的轨迹，也是曲面上所有素线的集合。曲面立体的投影实质上是曲面立体表面上曲面轮廓素线或曲面轮廓素线和平面的投影。

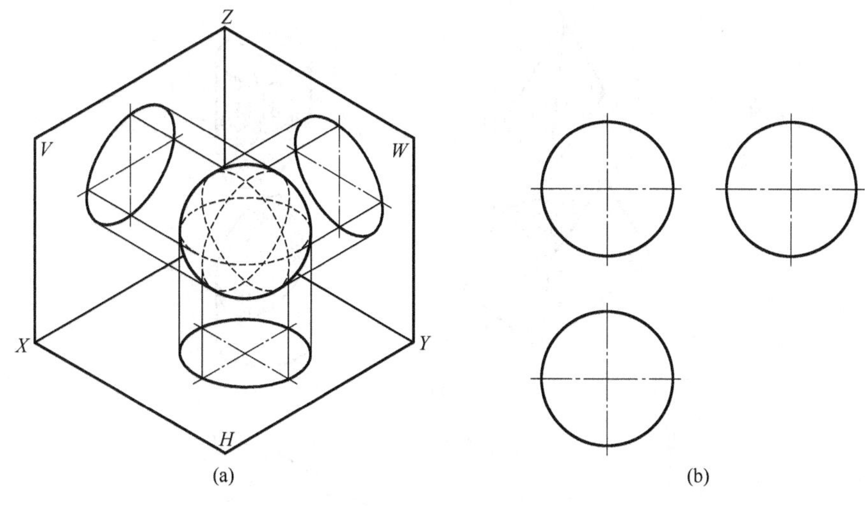

图 1-25　圆球的投影

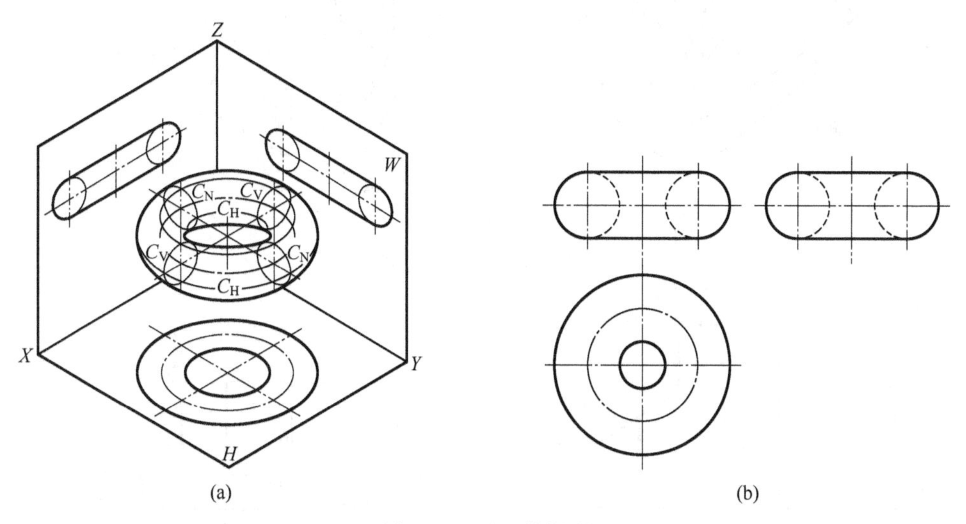

图 1-26　圆环的投影

二、切割体

被平面截切后的立体称为切割体，见图 1-27(a)。所用的平面称为截平面，截平面与立体表面的交线称为截交线，见图 1-27(b)。立体截交线的形状取决于立体表面的性质和截平面与立体间的相对位置。

1. 平面立体的截交线

平面立体截交线的形状是由直线段组成的平面多边形。多边形的顶点为平面立体上棱线（或底边）与截平面的交点，各条边是平面立体上参与相交的各棱面（或底面）与截平面的交线。求解平面与平面立体的截交线问题，实质上是求平面与平面立体上各表面的交线或求平面与平面立体上各棱线交点的集合问题。

例 1-1　完成切口五棱柱的正面投影和水平投影，见图 1-28(a)。

解　从侧面投影可以看出：五棱柱被一个正平面 P 和一个侧垂面 Q 所截切。截交线的侧面投影与正平面 P 和侧垂面 Q 的积聚投影重合，两截平面交于一条交线。正平面 P 与五

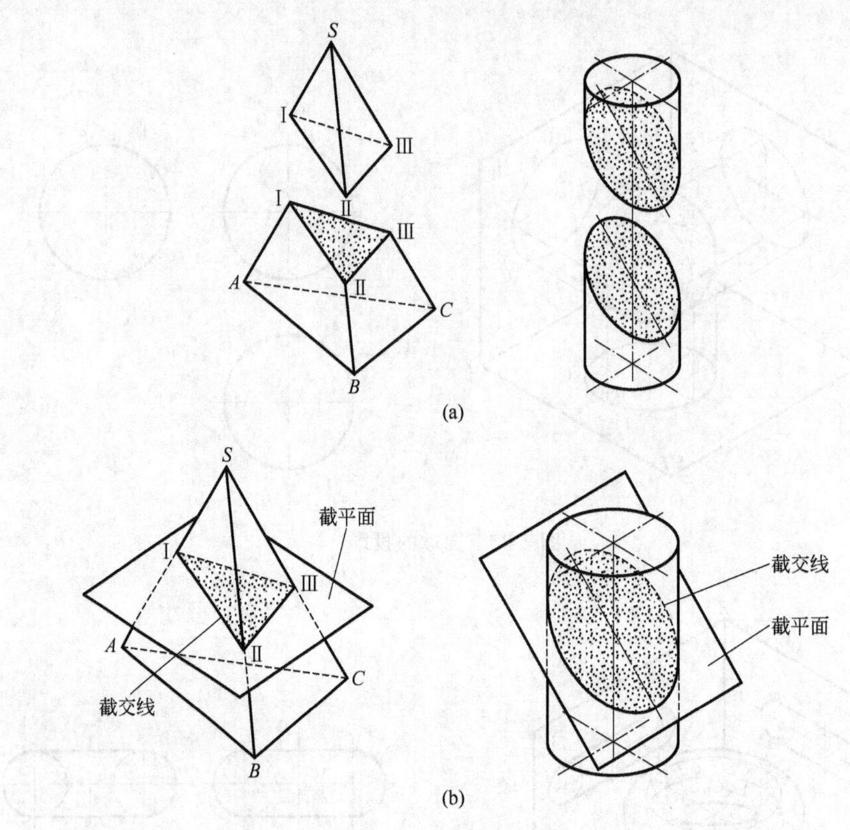

图 1-27 立体的切割

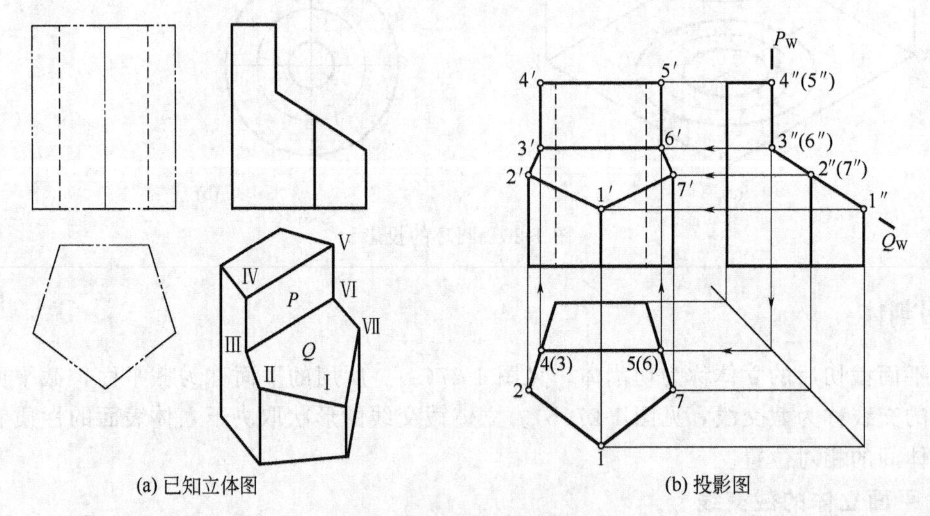

图 1-28 五棱柱切割体

棱柱截交线的正面投影为矩形实形，水平投影积聚成一条直线；侧垂面 Q 与五棱柱截交线的正面投影和水平投影均为类似五边形。

求解步骤：

① 在五棱柱侧面投影的切口处，标出切口各交点，见图 1-28(b)；

② 根据棱柱表面的积聚性，找出各交点的水平投影，见图 1-28(b)；

③ 利用交点的水平投影和侧面投影作出交点的正面投影，见图 1-28(b)；

④ 在正面投影中，将同一截平面所截的截交线相连，注意可见性；

⑤ 补画五棱柱的外形轮廓线的投影，注意，可见的画实线，不可见的画虚线，最后完成作图。

2. 曲面立体截交线

曲面立体截交线一般情况下为平面曲线。当截平面与直线曲面交于直素线，或与曲面体的平面部分相交时，截交线可为直线。

（1）圆柱的截交线　根据截平面与圆柱的相对位置不同，圆柱上的截交线有圆、椭圆、矩形三种，见表 1-6。

表 1-6　圆柱的三种截交线

截平面位置	与轴线平行	与轴线垂直	与轴线倾斜
截交线形状	矩　形	圆	椭　圆
立体图	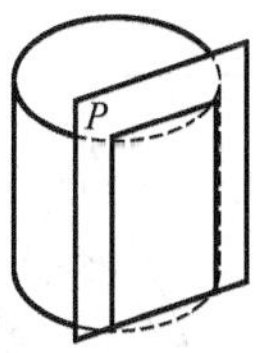 P	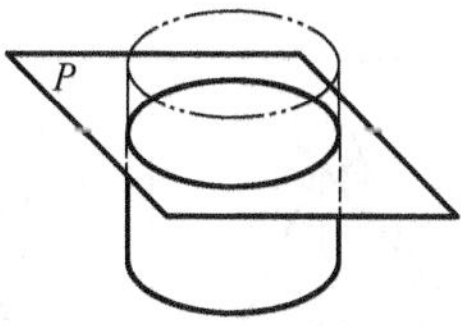 P	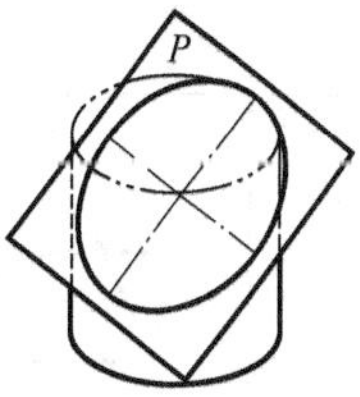 P
投影图	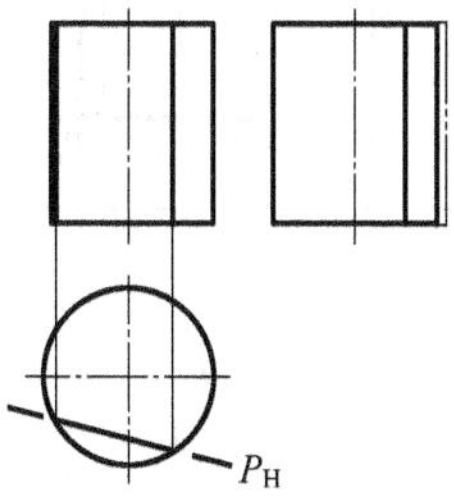 P_H	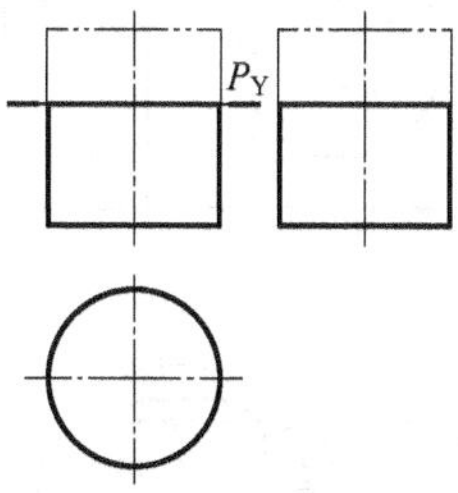 P_Y	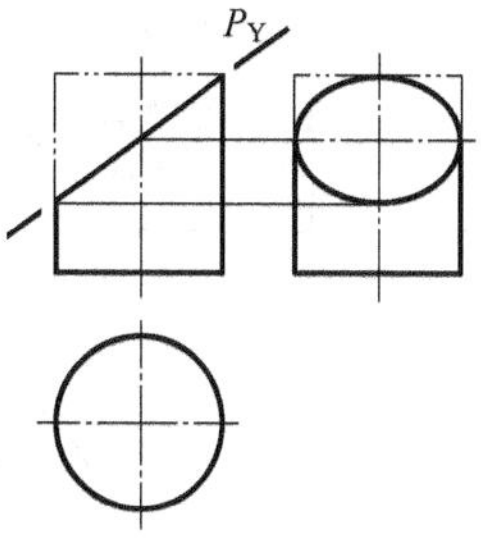 P_Y

当截平面平行于圆柱的轴线时，截交线一般为两条平行的直线；当截平面垂直于圆柱的轴线时，截交线为圆；当截平面倾斜于圆柱的轴线时，截交线为椭圆，此椭圆的短轴等于圆柱的直径，长轴随着截平面与轴线的角度变化而变化。

（2）圆锥的截交线　圆锥体表面上截交线的形状取决于截平面与圆锥的相对位置，截交线的形状有五种，见表 1-7。

当截平面垂直于圆锥的轴线时，截交线为圆；当截平面倾斜于圆锥的轴线且与所有的素线均相交时，截交线为椭圆；当截平面只平行于圆锥面上的一条素线时，截交线为抛物线；当截平面平行于圆锥面上的两条素线时，截交线为双曲线；当截平面通过圆锥的顶点时，截交线为直线，一般为两条相交直线。

（3）球的截交线　平面截切圆球的截交线只有一种，其交线的形状为圆，见图 1-29(a)。交线圆的半径取决于截平面到球心距离，交线圆的投影取决于截平面的相对位置。当截平面与某投影面倾斜，则交线圆在该投影面的投影为椭圆，投影椭圆的长轴等于交线圆的直径；当截平面与某投影面垂直，则交线圆在该投影面的投影为直线段，直线段的长度等于交线圆的直径，见图 1-29(b)；当截平面与某投影面平行，则交线圆在该投影面的投影反映实形，见图 1-29(c)。

表 1-7 圆锥的五种截交线

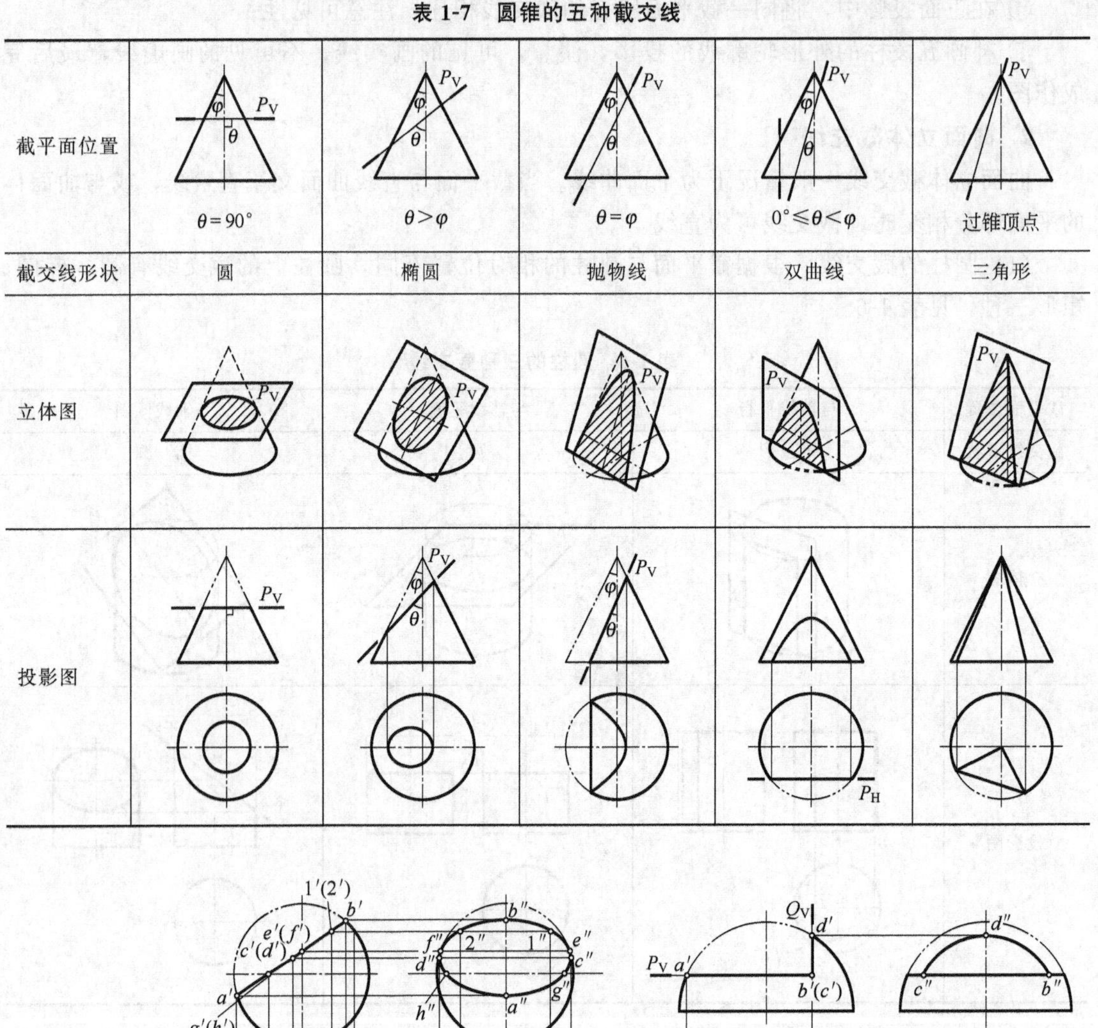

截平面位置	$\theta=90°$	$\theta>\varphi$	$\theta=\varphi$	$0°\leqslant\theta<\varphi$	过锥顶点
截交线形状	圆	椭圆	抛物线	双曲线	三角形
立体图					
投影图					

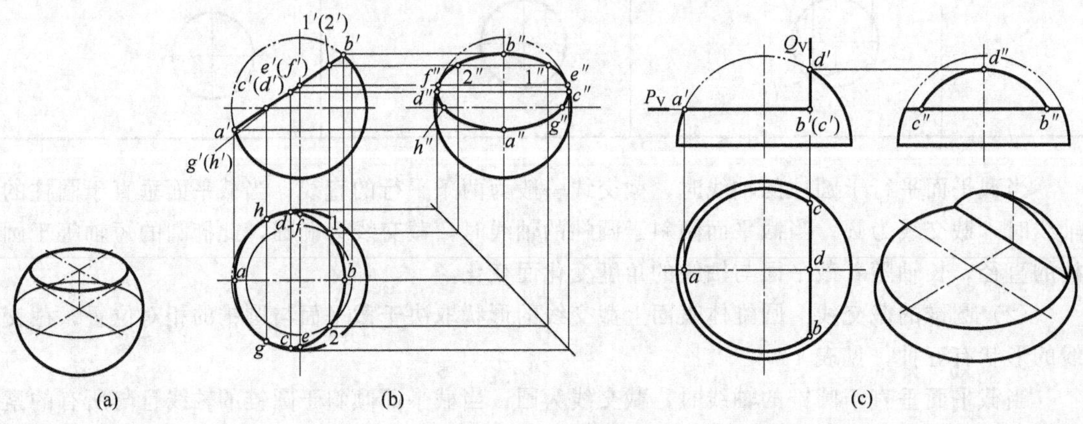

图 1-29 球切割体

三、相贯体

两立体相交又称两立体相贯，相交两立体的表面交线称为相贯线。相贯线上的点称为相贯点。两立体相贯线的形状取决于参与相交的两立体表面形状，以及两立体之间的相对位置。

相贯线可分为两平面立体相交［图 1-30(a)］、平面立体与曲面立体相交［图 1-30(b)］、两曲面立体相交［图 1-30(c)］三种情况。

一般情况下相贯线总是闭合的，特殊情况下可能不闭合。当一个立体全部贯穿到另一立

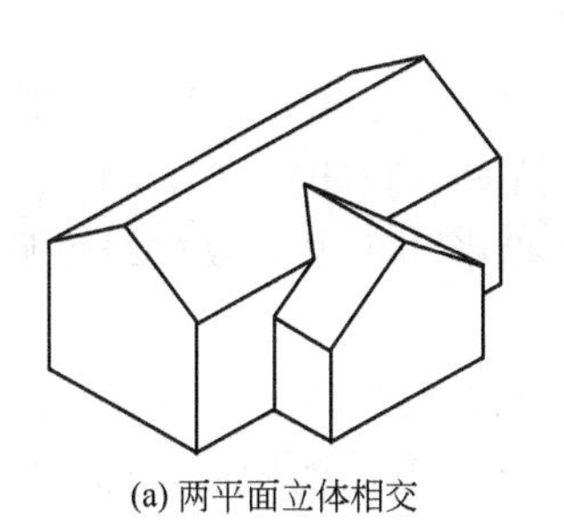

(a) 两平面立体相交

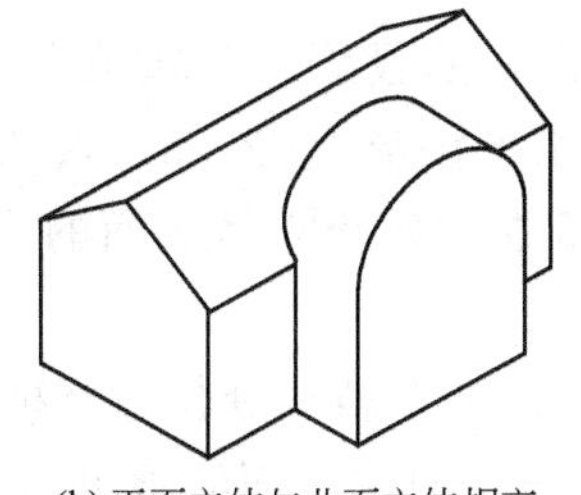

(b) 平面立体与曲面立体相交

(c) 两曲面立体相交

图 1-30　相贯线的三种类型

体时，在立体表面形成两条相贯线，这种相贯形式称为全贯，见图1-31(a)；当两个立体各有一部分棱线参与相贯时，在立体表面只形成一条相贯线，这种相贯形式称为互贯，见图1-31(b)。

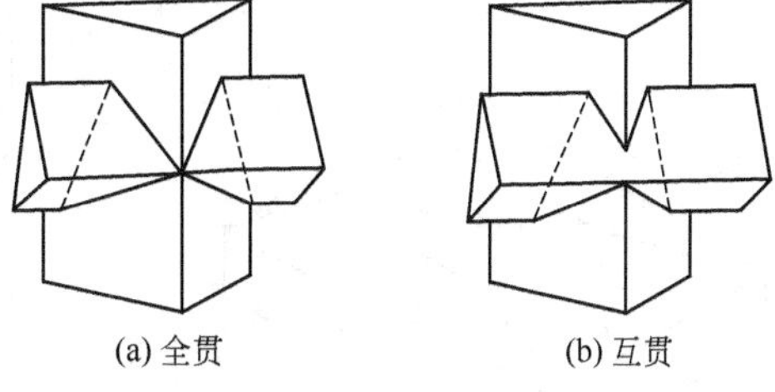

(a) 全贯　　(b) 互贯

图 1-31　相贯线的两种形式

1. 两平面立体相交

相贯线通常为由直线段组成的空间闭合折线，当两个立体有公共表面时，其相贯线为非闭合的空间折线。每段折线是两平面立体表面的交线，折点是一平面立体上参与相交的棱线(或底边）与另一平面立体上参与相交的棱面（或底面）的交点。

两平面立体相贯线投影作图方法与平面立体截交线投影作图方法相同。

例 1-2　已知房屋的正面投影和侧面投影，求房屋表面交线，见图 1-32(a)。

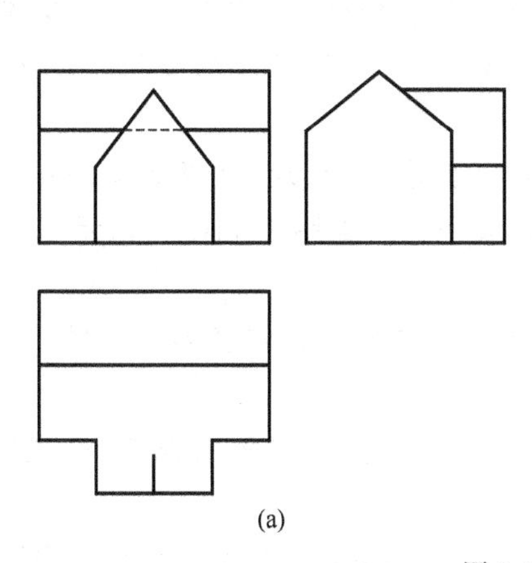

(a)

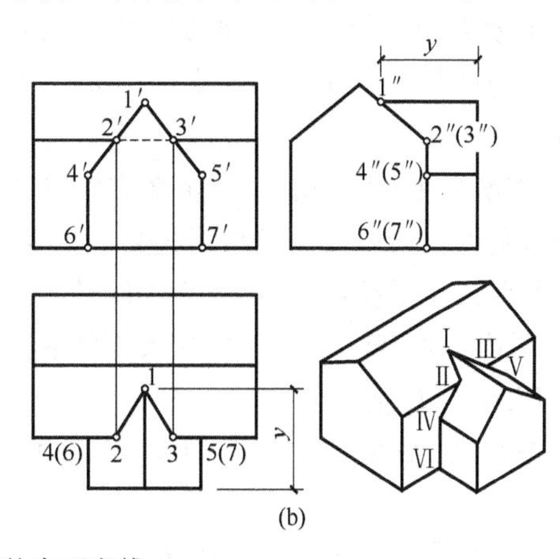

(b)

图 1-32　房屋的表面交线

解　房屋可看成是大五棱柱与小五棱柱相交，如图 1-32(a) 所示。由正面投影可知，小五棱柱的左、右正垂面分别与大五棱柱四个棱面交于四条直线段ⅠⅡ、ⅡⅣ和ⅠⅢ、ⅢⅤ；小五棱柱的左、右两侧平面分别与大五棱柱交于两条直线段ⅣⅥ、ⅤⅦ，又由于两立体有一个公共面，故它们的相贯线为非闭合的空间折线。相贯线的正面投影落在小五棱柱棱面的积聚性投影上，其侧面投影落在大五棱柱棱面的积聚性投影上，所要求的是相贯线的水平投影。由于交线ⅣⅥ、ⅤⅦ为铅垂线，交线ⅡⅣ、ⅢⅤ为正平线，它们的水平投影落在大五棱柱前表面的水平积聚性投影上，故只需求出交线ⅠⅡ、ⅡⅣ、ⅠⅢ、ⅢⅤ的水平投影即可。

求解步骤：

① 作出顶点Ⅰ、Ⅱ、Ⅲ、Ⅳ、Ⅴ的投影。已知顶点$1'$、$2'$、$3'$、$4'$、$5'$和$1''$、$2''$、$3''$、$4''$、$5''$，依据点的投影规律作出其水平投影1、2、3、4、5，见图1-32(b)。

② 可见性判别并连线。交线所在的两个立体表面的水平投影均可见，故交线可见，连实线，见图1-32(b)。

③ 整理立体棱线。将参与相交的各条棱线延长画至相贯线的顶点。

在建筑工程中，若屋顶的各个坡面对水平面的倾角相等、屋檐等高的屋面，称为同坡屋面，见图1-33(a)。同坡屋面的交线是两平面体相贯的工程实例。

当屋面夹角为凸角时，交线称为斜脊；当屋面夹角为凹角时，交线称为天沟或斜沟。

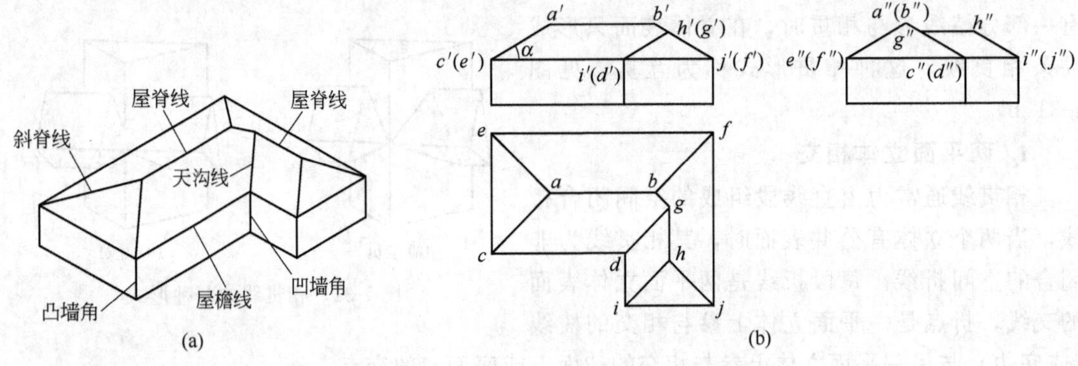

图1-33 同坡屋面交线

同坡屋面交线及其投影有以下规律。

① 屋檐线互相平行的两坡面必相交为水平屋脊线，其水平投影必平行于屋檐线的水平投影，且与两屋檐线的水平投影等距；见图1-33(b)，ab平行于cd、ef；gh平行于id、jf。

② 屋檐线相交的两坡面必相交成斜脊线或天沟线，其水平投影必为两屋檐线水平投影夹角的分角线。斜脊线位于凸墙角处，天沟线位于凹墙角处。如图1-33(b)所示，ac、ae等为斜脊线的水平投影，dg为天沟线的水平投影。

③ 屋面上若有两条斜脊线或天沟线相交，则必有一条屋脊线通过该点。如图1-33(b)中A、B、G、H各点。

例1-3 已知图1-34(a)所示的四坡顶屋面的平面形状及坡面的倾角α，求屋面交线。

解 利用同坡屋面交线的投影特性，首先作出四坡顶屋面的水平投影，依据屋顶坡面倾角α，作出坡顶屋面的正面投影和侧面投影。

求解步骤：

① 延长屋檐线的水平投影，使其成三个重叠的矩形1-2-3-4、5-6-7-8、5-9-3-10，如图1-34(b)。

② 画出斜脊线和天沟线的水平投影。分别过矩形各顶点作45°方向分角线，交于a、b、c、d、e、f，见图1-34(c)，凸角处是斜脊线，凹角处是天沟线。

③ 画出各屋脊线的水平投影，即连接a、b、c、d、e、f，并擦除无墙角处的45°线，因为这些部位实际无墙角，不存在屋面交线，见图1-34(d)。

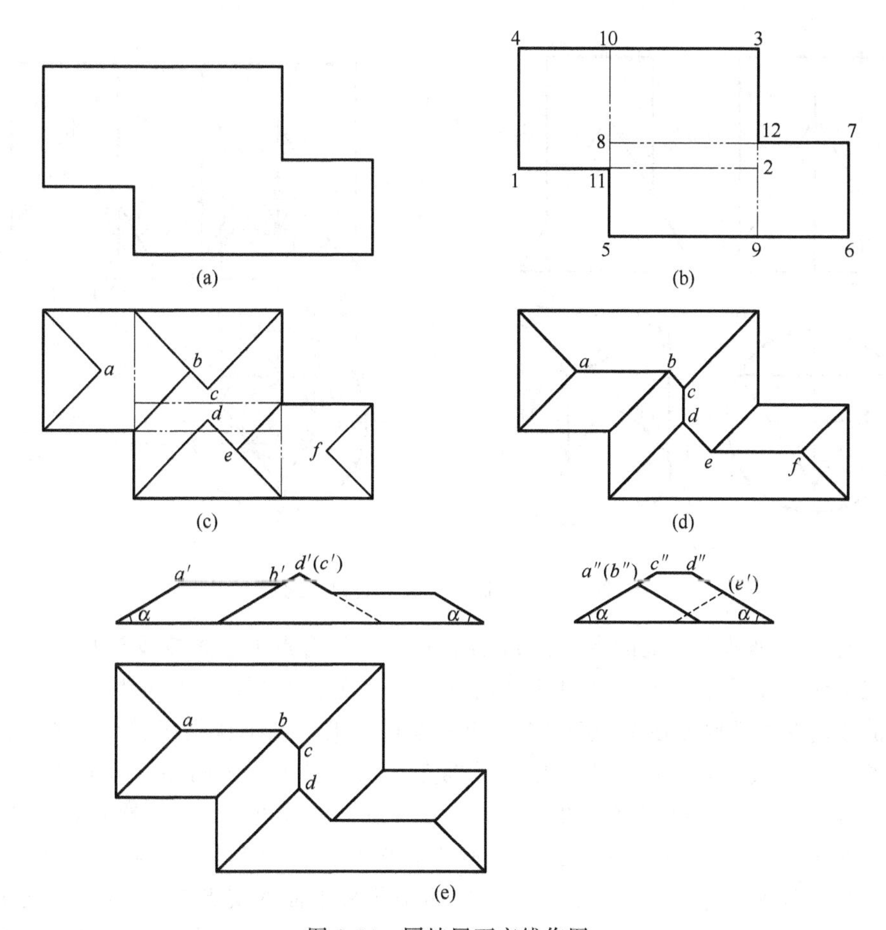

图 1-34　同坡屋面交线作图

④ 根据屋顶坡面倾角 α 和投影作图规律，作出屋面的正面投影和侧面投影，见图 1-34(e)。

2. 平面立体与曲面立体相交

平面立体与曲面立体的相贯线，一般情况下是由若干段平面曲线组成的，特殊情况下包含直线段。每段平面曲线或直线均是平面立体的棱面与曲面立体的截交线，相邻平面曲线的连接点是平面立体棱线与曲面立体的交点。因此，平面立体与曲面立体相贯线的求解可归结为曲面立体截交线的求解问题。

例 1-4　已知三棱柱与圆锥相交，求作相贯线的投影，见图 1-35(a)。

解　图 1-35(a) 所示三棱柱与圆锥的相贯线是由三棱柱的三个棱面与圆锥面相交形成的三条截交线组成的，其空间形状均为双曲线（表 1-7）。三棱柱的三条棱线与圆锥面的三个交点是这三段双曲线的结合点。

在投影图上，由于三棱柱的水平投影具有积聚性，故相贯线的水平投影积聚在三棱柱的水平投影上，为已知；又由于三棱柱的后面为正平面，故该面上相贯线的正面投影反映实形，侧面投影在后棱面的积聚投影上；另两个棱面上的相贯线的正面投影左右对称，侧面投影重合。

求解步骤：

① 求特殊点。见图 1-35(b)，特殊点包括每段平面曲线的结合点（双曲线的端点）、最

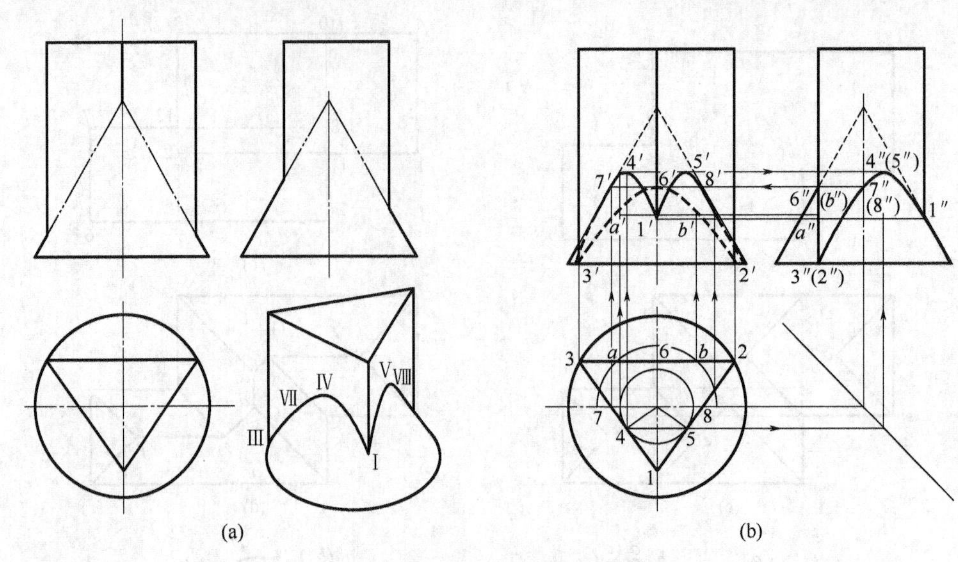

图 1-35 三棱柱与圆锥的相贯线

低点、最高点、圆锥转向线上的点。在 H 面投影中，结合点为三条棱线与圆锥面的交点 1、2、3。W 面投影中最前面的棱线与圆锥转向轮廓线的交点为 1″，由此可得正面投影 1′；2′、3′和 2″、3″分别在圆锥底面在 V 面和 W 面的积聚投影上。点Ⅰ也是相贯线上的最前点，点Ⅱ、Ⅲ是相贯线上最左点、最右点，也是最低点。在水平投影过圆心作棱面积聚投影的垂线，垂足点 4、5、6 是三段相贯线的最高点。用纬圆法先求出 4′、5′，然后利用“二补三”求 4″、5″，在 W 面中，后棱面积聚投影与圆锥轮廓线的交点为 6″，6′在正面圆锥轴线上。在水平投影中，圆锥水平中心线与三棱柱左右两个积聚平面的交点 7、8 为圆锥正面投影可见与不可见的分界点，其正面投影 7′、8′在圆锥的转向轮廓线上，侧面投影 7″、8″在圆锥的轴线上。

② 求一般点。见图 1-35(b)，在水平投影中，作圆锥的截切纬圆与三棱柱积聚投影相交 a、b，纬圆的正面投影和侧面投影均为直线段，根据水平投影的交点可求正面投影 a'、b'，和侧面投影 a''、b''，它们积聚在后棱面上。

③ 依次光滑连接各点并判别可见性。见图 1-35(b)，在正面投影中，前半个锥面和三棱柱的前两个棱面可见，因此，相贯线上 7′、8′两点之前的相贯线为可见，用实线连接；7′、8′两点之后相贯线为不可见，用虚线连接；由于相贯线左右对称，其侧面投影中可见与不可见部分重合。只画出左半部分投影即可，用实线连接。

④ 整理立体棱线和转向轮廓线。在 V 面上三棱柱左、右棱应补到 3′、2′，其中被圆锥遮挡部分看不见，画虚线；前棱应补到 1′点，可见，画实线。圆锥正面轮廓线应补到 7′、8′两点分界，可见，画实线。在 W 面上三棱柱后面两棱应补到 3″（2″），前棱补到 1″；圆锥侧面轮廓线应补到 1″、6″点，见图 1-35(b)。

3. 两曲面立体相交

两个曲面立体相交，由于相交两立体的形状和相对位置不同，相贯线的表现形式也有所不同。其相贯线一般情况下是封闭光滑的空间曲线，特殊情况下可能为平面曲线或直线段。

求两曲面立体的相贯线，一般要先作出一系列的相贯点，然后顺次光滑地连接成曲线。相贯点是两曲面的共有点，要根据两曲面的形状、大小、位置以及投影特性来作图。

两立体相交可能是它们的外表面，也可能是内表面。两圆柱相交有图 1-36 所示的三种形式。

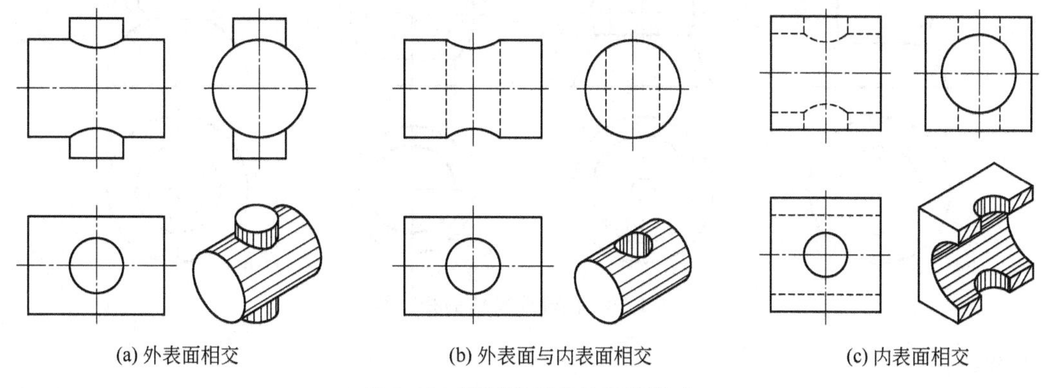

图 1-36 两圆柱相交的三种形式

当相交两圆柱轴线的相对位置变动时，其相贯线的形状也发生变化，见图 1-37。

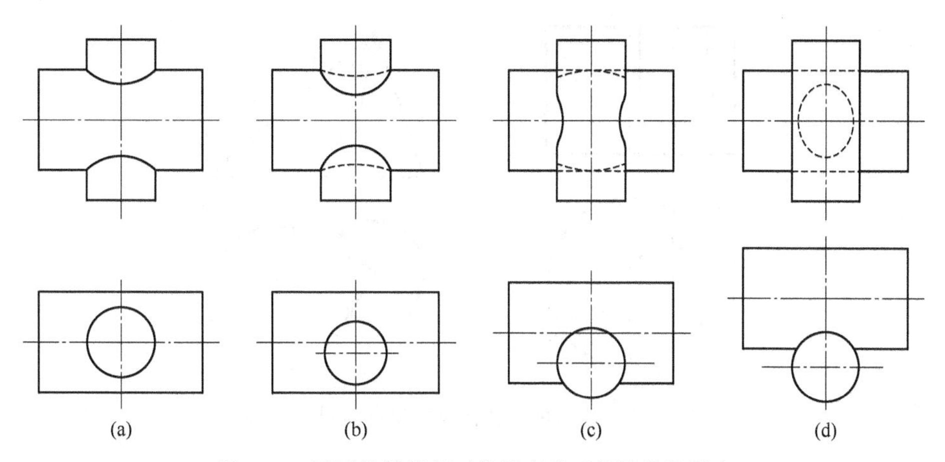

图 1-37 两圆柱轴线相对位置变动对相贯线的影响

外切于同一球面的圆柱与圆柱、圆柱与圆锥相交，其相贯线为平面曲线——椭圆，见图 1-38。

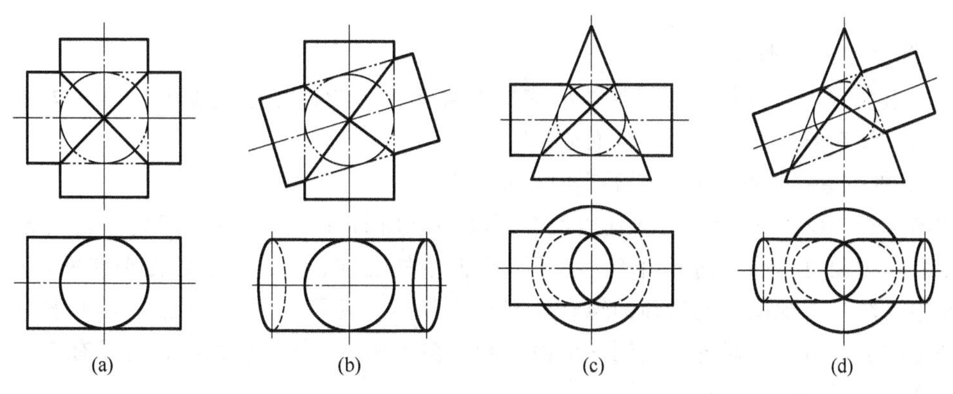

图 1-38 外切于同一球面的两个二次曲面相交

当两个具有公共轴线的回转体相交，或回转体轴线通过球心时，其相贯线为圆，见

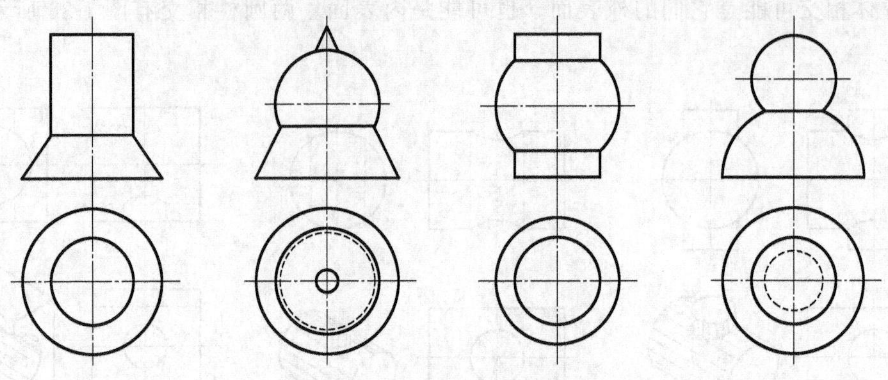

图 1-39　同轴回转体的相贯线

图 1-39。

两个轴线相互平行的圆柱相交，或两个共顶点的圆锥相交时，其相贯线为直线段，见图 1-40。

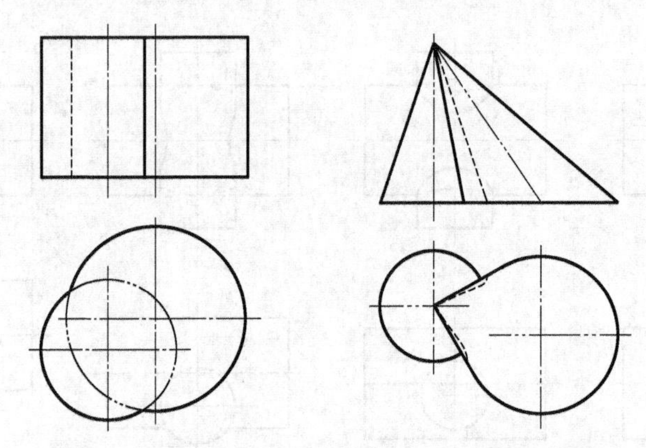

图 1-40　轴线平行的两圆柱及共顶点两圆锥的相贯线

四、组合体

由基本几何形体（如棱柱、棱锥、圆柱、圆锥、球等）经过叠加、切割或穿孔等方式组合而成的形体，称为组合体。

1. 组合方式及形体分析

(1) 组合方式　由基本几何形体构成的组合体，一般都是通过基本几何形体叠加、相交、相切、切割或穿孔等形式组合而成的。

① 叠加　指两基本几何形体的表面相互重合。

如图 1-41 所示，两个组合体均由两个四棱柱叠加而成，由于两个四棱柱摆放的位置不同，因而三视图也不同。前者由于上、下两个四棱柱的前、后、左、右四个棱面均不重合，所以其主视图与左视图上两形体的结合处有实线分界，见图 1-41(a)。而后者由于上、下两个四棱柱的前面重合（对齐）为同一个面，所以在主视图上两形体的结合处没有实线（即各自的轮廓线），见图 1-41(b)。

② 相交　指两基本形体的表面相交，在相交时会产生各种性质的交线。如图 1-42 所示，组合体由直立小圆柱与水平半圆柱相交而成，因此产生了圆柱之间的交线。在主视图上

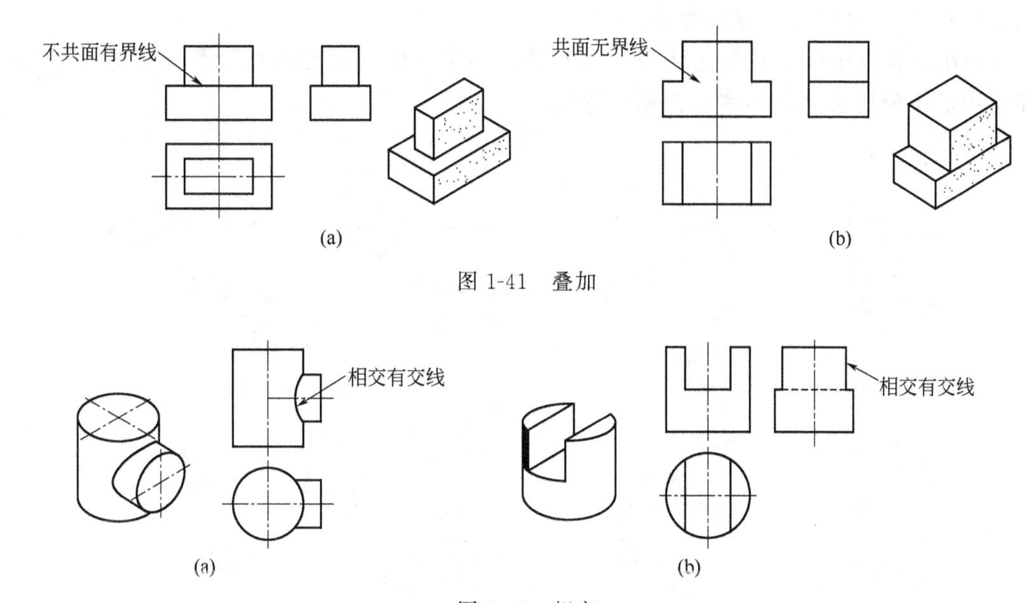

图 1-41 叠加

图 1-42 相交

必须画出此交线的投影。

③ 相切 指两基本形体表面光滑过渡。当曲面与曲面、曲面与平面相切时，在相切处不存在轮廓线，见图 1-43。底板的前后两平面与圆柱面相切，由于相切处为光滑过渡连接，因此没有投影线。画图时特别需要注意不能画线。因此底板在主视图上的投影，画到相切处为止。

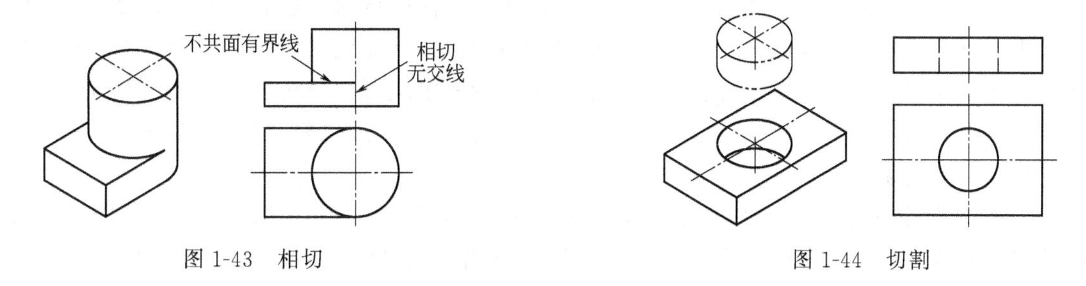

图 1-43 相切

图 1-44 切割

④ 切割或穿孔 基本形体被平面切割时，画视图的关键是作出其截交线的投影。基本形体被穿孔时，画视图的关键是作出其交线的投影。

图 1-44 所示为四棱柱被切去一个圆柱后的组合体。

(2) 形体分析 假想把组合体分解为若干个简单的基本体，并清楚它们的形状，确定它们的组合方式和相对位置，分析它们的表面过渡关系及投影特性，这种思维方法称为形体分析法。形体分析法的过程，简单地说就是“先分解，后综合；分解时认识局部，综合时认识整体”。

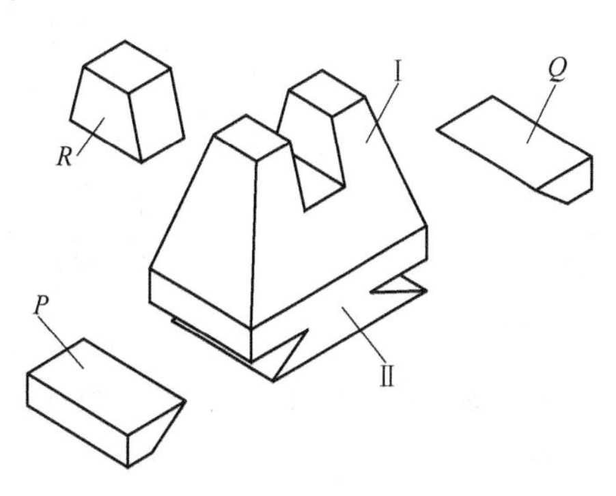

图 1-45 组合体组成

图 1-45 所示为一形体，它可以分解为由四棱锥台Ⅰ和长方体Ⅱ上下结合而成，然后再在Ⅰ的顶部挖去棱柱 *R* 而形成一个槽，在Ⅱ下部左右两边

分别切去棱柱 P 和 Q 而形成燕尾形。

分析组合体视图时，经常运用形体分析法，使复杂的问题变得较为简单。图 1-46 表示怎样运用形体分析法分析形体三视图的过程。

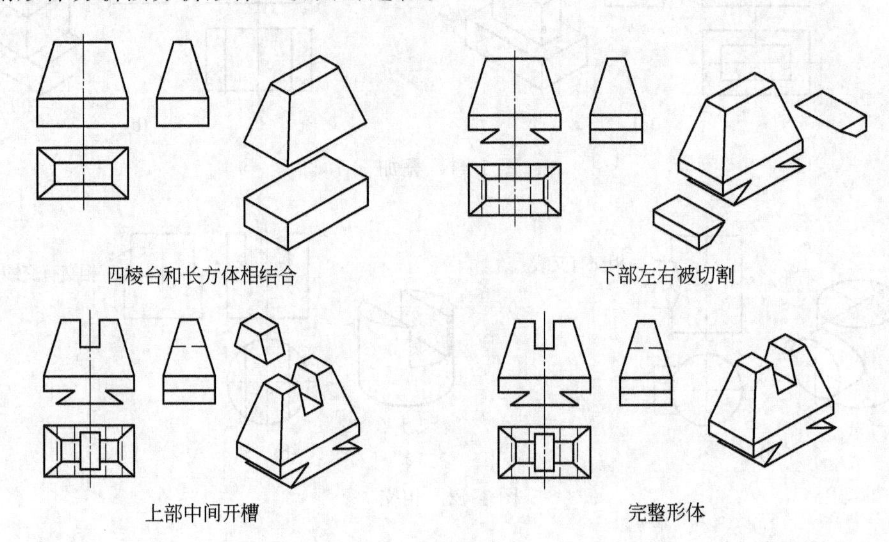

图 1-46　组合体组成分析

2. 组合体的读图方法

读图是根据形体的一组投影图，想象出该物体的空间形状。组合体的读图经常采用的方法仍然是形体分析法，有时也应用线面分析法。通常运用形体分析法阅读组合体，基本上可以想象出形体的整体形状。当组合体某些部位的形状不能确认时，就需要对其表面的线、面的投影进行分析，弄清其表面交线的形状以及相对位置，从而确切想象出整个形体的空间形状。因此，线面分析法是形体分析法读图的补充，用来解决形体分析过程中难以看清的结构形状，常用于切割式组合形体的投影分析，特别是物体上面与面倾斜相交的地方。读图时需要注意的几个问题如下。

① 要把几个视图联系起来进行分析　在没有标注的情况下，只看一个视图不能确定形体的空间形状。有时虽有两个视图，但视图选择不当，也可能不能确定。如图 1-47 中，若只看主、俯两个视图，则形体的形状不能确定。随着左视图的不同，形体可能是长方体或三棱柱，或四分之一圆柱等。

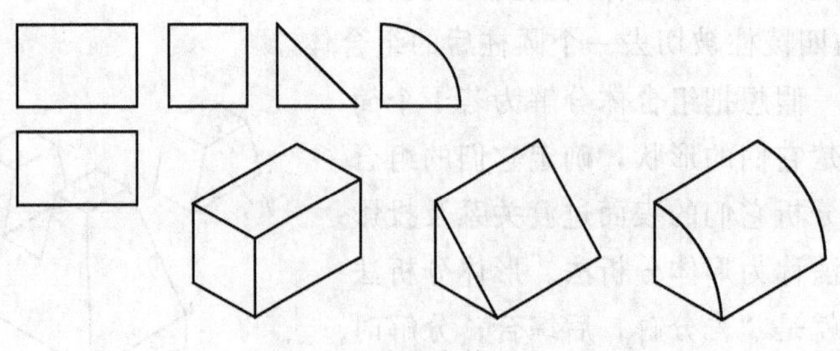

图 1-47　组合体（一）

又如图 1-48 所示的主、左两个视图完全相同，但俯视图可以不同。它们是两个完全不同的形体。

因此，在看图时，必须把所给视图全部注意到，并把它们联系起来进行分析，才能弄清

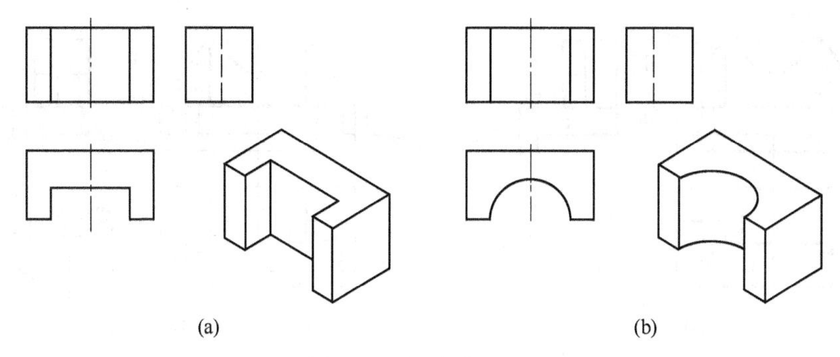

图 1-48　组合体（二）

形体的空间形状。

② 要找出特征视图　特征视图就是能把形体的形状特征表达得最充分的那个视图。如图 1-48 中的俯视图，找到这个视图，再配合其他视图，就能较快地认清形体了。

③ 要注意视图中反映形体之间连接关系的图线　形体之间表面连接关系的变化，会使视图中的图线也产生相应的变化。如图 1-49(a) 中的三角形肋与底板及侧板的连接是实线，说明它们的前面不平齐，因此，三角形肋是在底板中间。在图 1-49(b) 中，三角形肋与底板及侧板的连接是虚线，说明它们的前面平齐，因此，根据俯视图，可以肯定三角形肋有两块，一块在前，一块在后。

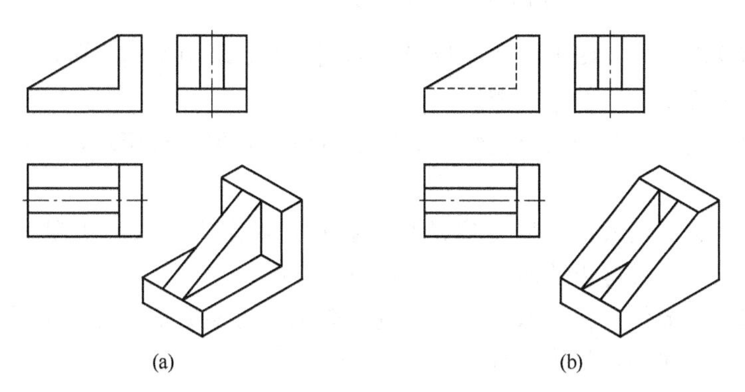

图 1-49　组合体（三）

这种根据形体之间的图线来判断各形体的相对位置和表面连接关系的方法，对于读图十分有用。

3. 看图的方法和步骤

(1) 认识视图抓特征　认识视图就是以主视图为主，弄清楚图纸上各个视图的名称与投影方向。哪个是左视图，哪个是俯视图等。这是最基本的前提。抓特征就是抓特征视图。找出反映形体特征较多的视图，以便在较短的时间里，对整个形体有一个大致的了解。

(2) 分析形体对投影　参照形体的特征视图，从图上对形体进行形体分析，把它分解成几部分。再根据投影规律——“三等”对应关系，划分出每一部分的三个投影，想象出它们的形状。在看图时，一般顺序是先看主要部分，后看次要部分；先看容易确定的部分，后看难于确定的部分；先看整体形状，后看细节形状。

如何看懂组合体的视图？图 1-50(a) 中反映组合体形状特征较多的是主视图。根据这个视图，可以把组合体分成Ⅰ、Ⅱ、Ⅲ三部分。从形体Ⅰ的视图出发，根据“三等”对应关系

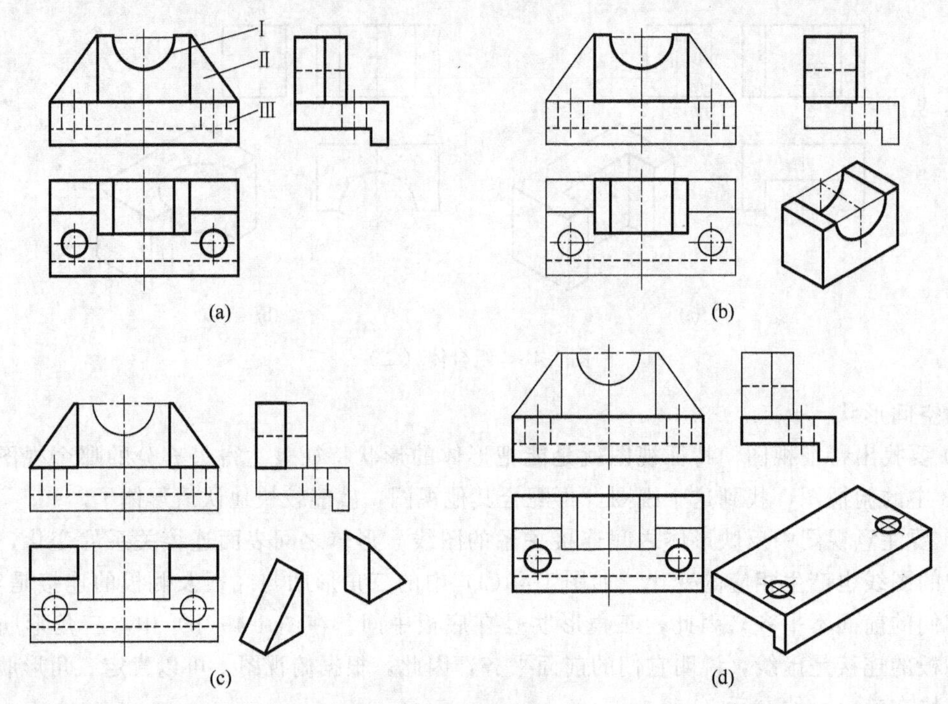

图 1-50 组合体的读图方法（一）

对投影，找到俯视图、左视图上的相应投影，如图 1-50(b) 中粗实线所示。可以看出形体Ⅰ是一个长方体，上部挖了一个半圆槽。

同样，可以找到形体Ⅱ的其余投影，如图 1-50(c) 中粗实线所示，可以看出它是一个三角形肋。

最后，看底板Ⅲ。俯视图反映了它的形状特征，如图 1-50(d) 中粗实线所示，再配合左视图，可以看出它是带弯边的四方板，上面有两个孔。

(3) 综合起来想形体　在看懂每块形体的基础上，再根据整体的三视图，想象它们的相互位置关系，逐渐形成一个整体形状。

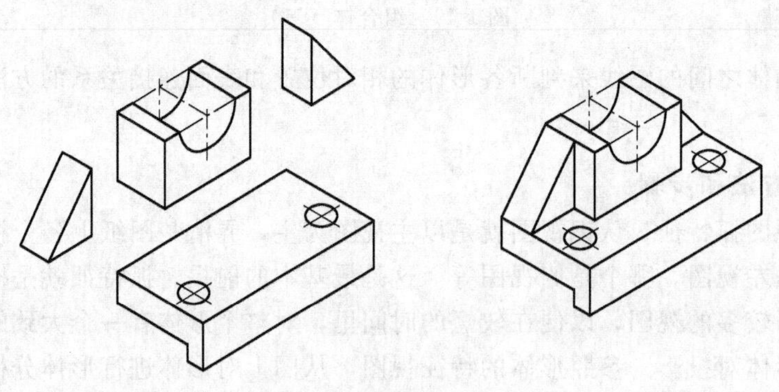
图 1-51 组合体（四）

如图 1-50 所示，各形体的相对位置从主视图、俯视图上可以清楚地表示出来。方块Ⅰ在底板Ⅲ的上面，位置是中间靠后；肋Ⅱ在方块Ⅰ的两侧，并且后面平齐。底板Ⅲ的前面有一弯边，它的位置可以从左视图上清楚地看出。这样综合起来想象整体，就能形成图 1-51 所示的空间形状。

（4）线面分析攻难点　在一般情况下，形体清晰的组合体，用上述形体分析方法看图就解决问题了。然而，有些组合体较为复杂，完全用形体分析法还不够。因此，对于一些局部较复杂的形体，有时候需要应用另一种方法——线面分析法来解决。根据平面和曲面的投影规律，在一般情况下，视图中的一个封闭线框代表形体的一个面的投影，不同线框代表不同的面。利用这个规律去分析形体的表面性质和相对位置的方法，就是线面分析法。如图1-52所示的形体。

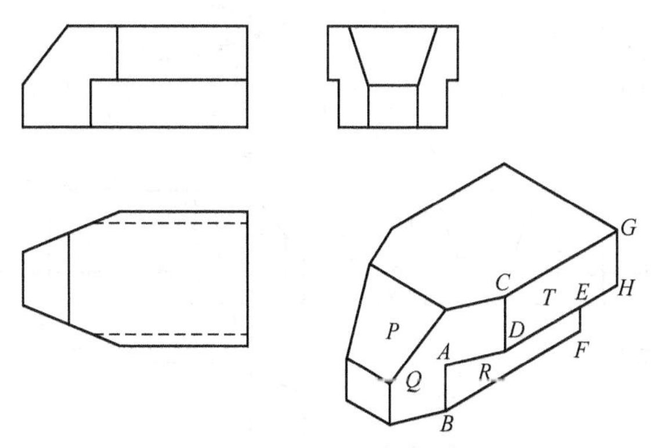

图 1-52　组合体（五）

先分析整体形状。由于组合体的三个视图的轮廓基本上都是长方形（只缺几个角），所以它的基本形体是一个长方体。

进一步分析细节形状。从主视图看出，主视图的长方体缺个角，说明在长方体的左上方切掉一角。俯视图的长方体缺两个角，说明在长方体的左端切掉前后两角。左视图也缺两个角，说明前后两边各切去一块。

这样，从形体分析的角度看，大致有了数。但是，究竟被什么样的平面切的？切割以后的投影为什么会成为这样？还需进一步的线面分析。

如图 1-53(a) 所示，从俯视图的梯形框 P 看起，在主视图上找出它的对应投影。由于在主视图上没有与它等长的梯形线框，所以它的正面投影只能对应斜线 p'。因此，P 面是垂直于正面的梯形平面。长方体的左上角就是由这个平面切割而成的。平面 P 对侧立面和水平面都处于倾斜位置，所以，它的侧面投影 p'' 和水平投影 p 是类似形，不反映 P 面实形。

如图 1-53(b) 所示，从主视图的七边形 q' 看起，在俯视图中找它的对应投影。由于俯视图上没有与它等长的七边形，所以，它的水平投影只可能对应斜线 q，因此，Q 面是垂直于水平面的平面。长方体在左端就是由这样的两个平面切割而成的。平面 Q 对正立面和侧立面都处于倾斜位置，因而侧面投影 q'' 也是一个类似的七边形。

如图 1-53(c) 所示，从主视图的长方形 r' 看起，在俯视图中找它的对应投影。因为长方形 $a'b'c'd'$ 的水平投影不可能是梯形 $adhe$，如果这样，d 点在主视图上就没有对应点。所以，它的水平投影只能是虚线 ae。因此，R 面平行于正立面，它的侧面投影是垂直线 $a''b''$。线段 $a'b'$ 是 R 面与 Q 面的交线的正面投影。

如图 1-53(d) 所示，从主视图的长方形 $c'd'h'g'$ 看起，在俯视图中找出与它对应的投影只能是水平线 cg，因此，该面也是正平面。它的侧面投影是铅垂线 $c''d''$。

其余的表面比较简单易看，读者可自行分析。这样，既从形体上，又从线面的投影上彻底弄清楚了整个组合体的三视图，就可以想象出图 1-52 所示组合体的空间形状了。组合体

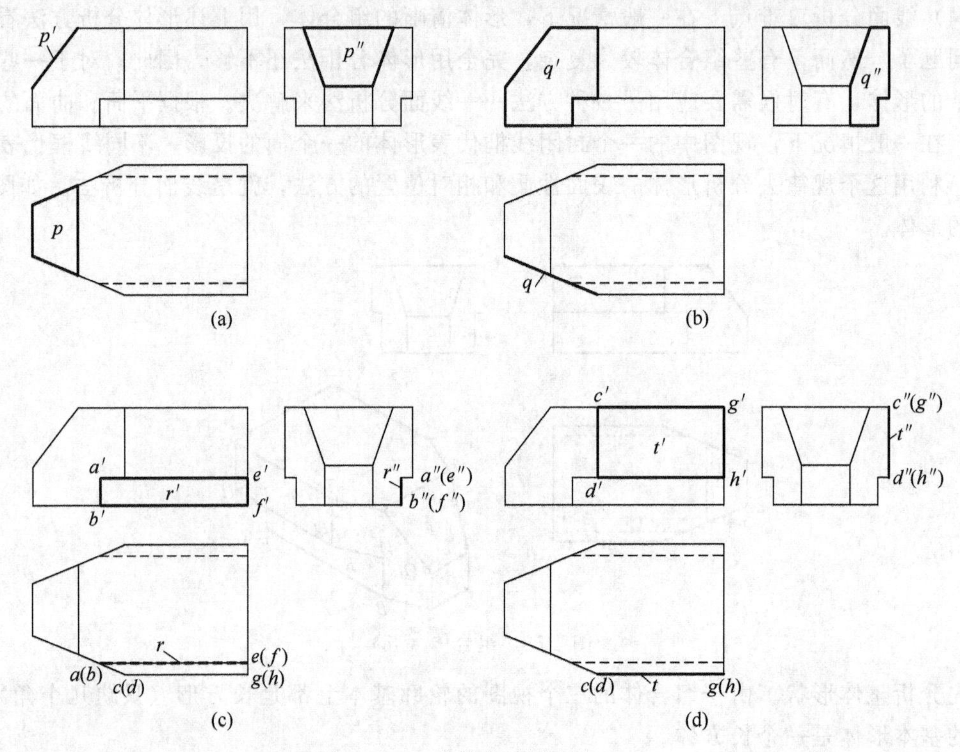

图 1-53　组合体的读图方法（二）

的读图是培养形体空间想象能力的重要环节，形体分析法和线面分析法是读图的重要方法。

在读图过程中，一般以形体分析法为主，线面分析法为辅，依据不同的组合体灵活运用，两者不能截然分开。通常运用形体分析法分析组合体各组成部分的形状及其相对位置，而线面分析法则分析组合体表面的线面投影特性，帮助构思组合体细部的形状。

应注意各投影图之间的对应投影关系（即长对正、高平齐、宽相等）。读图应从投影关系入手。按组合体的组成及其他们之间的相对位置，首先从反映形状特征的投影出发，依据投影关系逐次完成其三面投影。读图时应善于捕捉形体的特征投影，并结合其对应的其他投影，建立其空间形状。

应注意运用形体表面连接关系、线面分析检查作图的正确性。如相交处是否遗漏交线，共面处是否有多余的图线，物体上斜面的投影是否具有面的投影特性等。

4. 组合体的尺寸标注

组合体的视图只能确定其形状，要确定其大小及各部分的相对位置，还必须标注出完整的尺寸。

(1) 标注尺寸的基本要求

正确——要符合国家最新颁布的《制图标准》；

完整——所标注的尺寸必须能够完整、准确、唯一地表示形体的形状和大小；

清晰——尺寸的布置要整齐、清晰，便于读图；

合理——标注的尺寸应满足设计要求，并满足施工、测量和检验的要求。

读图时，常把组合体分解成基本几何形体，看组合体的尺寸时也可用同样的方法对组合体的尺寸进行分析。组合体的尺寸分为三类：定形尺寸、定位尺寸和总体尺寸。

① 定形尺寸 指确定基本形体大小的尺寸。常见的基本形体有棱柱、棱锥、棱台、圆柱、圆锥、圆台、圆球、圆环等。这些常见基本形体的定形尺寸标注见表 1-8。

表 1-8 常见基本几何体的尺寸标注

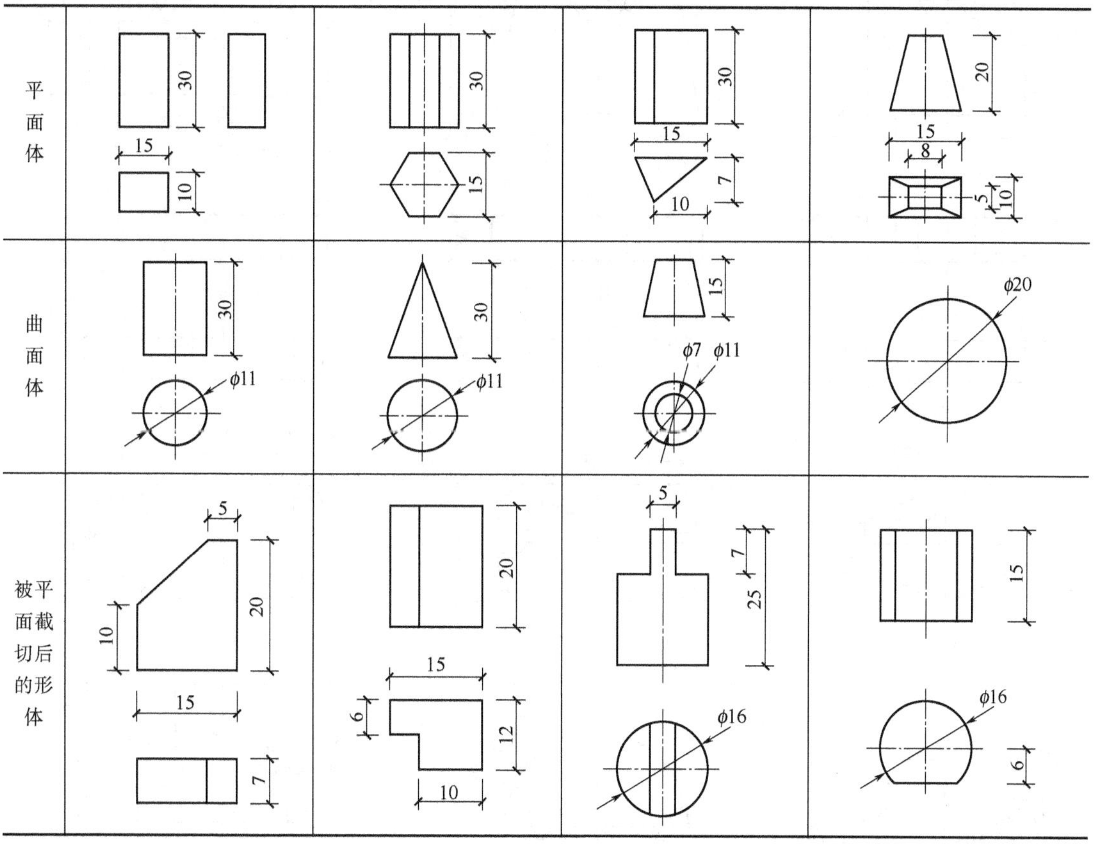

平面体	30 15 10	30 15	30 15 7 10	20 15 8 5 10
曲面体	30 ϕ11	30 ϕ11	15 ϕ7 ϕ11	ϕ20
被平面截切后的形体	5 20 10 15 7	20 15 6 12 10	5 7 25 ϕ16	15 ϕ16 6

组合体中一个基本体某方向上的定形尺寸与另一个基本体同方向的定形尺寸重复时省略不注；若有两个以上大小一样、形状相同的基本体，且按规律分布，可用省略方式标注定形尺寸。

② 定位尺寸 表示组合体中各基本几何体之间相对位置的尺寸，称为定位尺寸。

在组合体的长、宽、高任一方向上，至少要有一个尺寸基准作为标准定位尺寸的基准面。一般选择组合体的对称平面（反映在视图上是单点长画线）、大的或重要的底面、端面或回转体的轴线作为尺寸基准。基准选定后，即可分别注出各基本形体的定位尺寸。

③ 总体尺寸 表示组合体的总长、总宽、总高的尺寸，称为总体尺寸。

（2）常见结构的尺寸标注 有些简单的“组合结构”在形体中出现的频率较多，其尺寸标注方法已经固定，读图时供参考，见图 1-54。

（3）组合体尺寸标注的方法和步骤 组合体尺寸标注的核心内容是运用形体分析法保证尺寸标注得完整、准确。其方法和步骤如下。

① 分析组合体是由哪几个基本体组成的。

② 标注出每个基本体的定形尺寸。

③ 标注出基本体之间的定位尺寸。

④ 标注出组合体的整体尺寸。

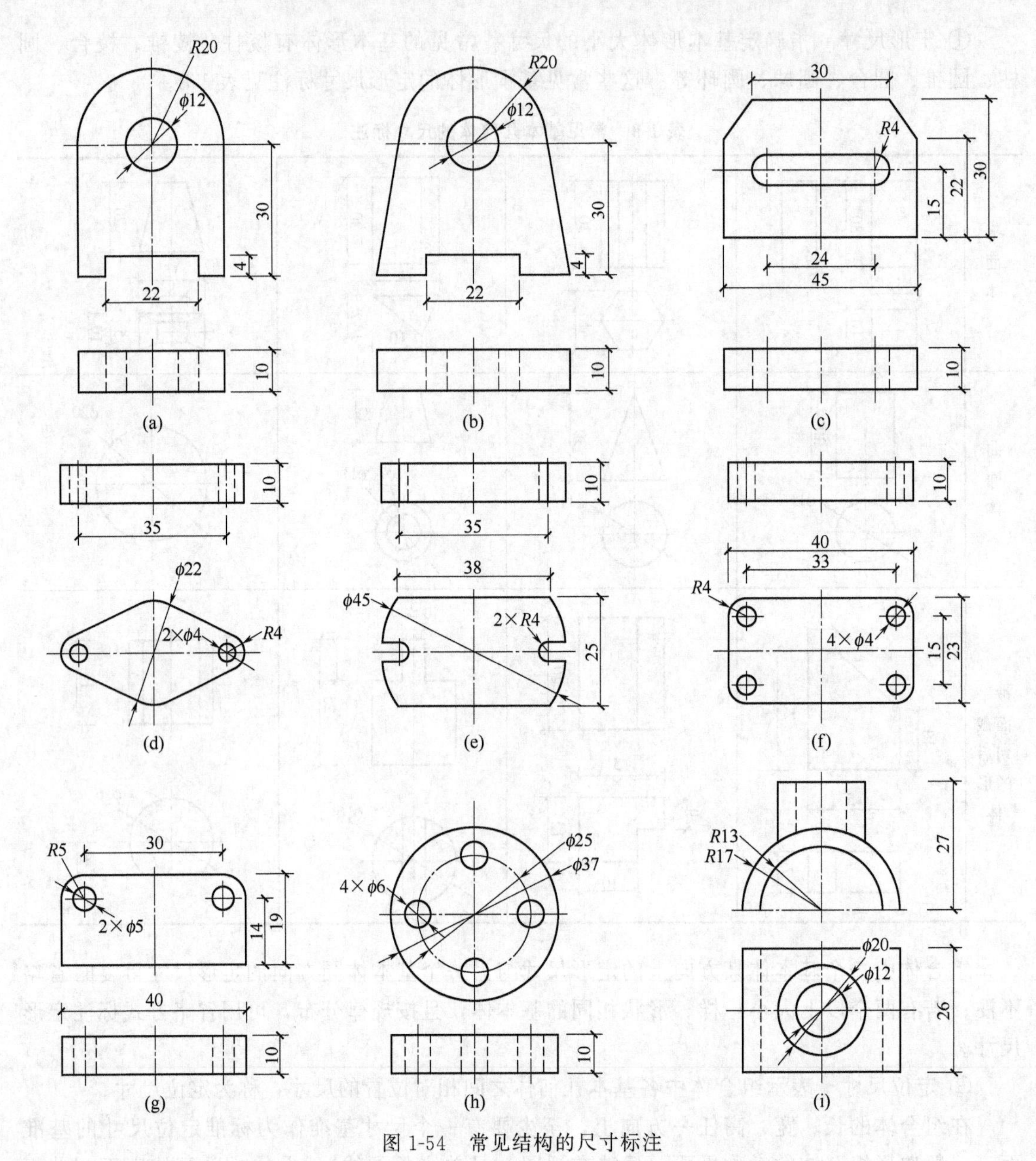

图 1-54 常见结构的尺寸标注

⑤ 调节定形尺寸、定位尺寸和总体尺寸的位置，将重复或多余尺寸去掉。

例 1-5 读图 1-55 所示组合体的尺寸。

解 读图步骤如下。

① 形体分析：该组合体是由底板、立板和筋板（肋板）组合而成的形体，在立板上挖切出一个长圆孔，在底板上挖切出一个圆孔。

② 定形尺寸：底板的长、宽、高分别为 60、40、10；立板的长、宽、高分别为 60、10、30；肋板的高、宽、厚分别为 30、30、8；底板上的圆孔直径为 14，孔深为 10；立板上的长孔孔长 20，上、下为两个半圆，半圆的半径为 7。

③ 定位尺寸：立板在底板的上面，其左、右和后面与底板对齐，所以在长度、高度、宽度方向的定位尺寸都可以省略；肋板在底板上面，其后面与主板的前面相靠，所以其高

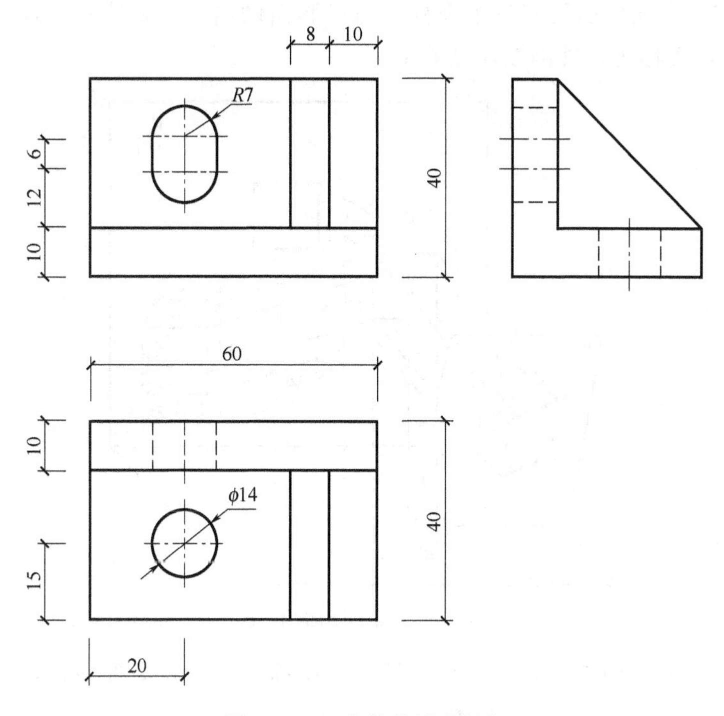

图 1-55　组合体的尺寸标注

度、宽度方向的定位尺寸可以省略，在长度方向上，以底板的右端面为基准，定位尺寸是10。底板上的圆孔以底板的左侧面和前端面为基准，在长度和宽度方向上的定位尺寸分别是20和15。立板上的长圆孔以立板的左侧面和下面为基准，在长度方向上的定位尺寸是20；在高度方向上的定位尺寸分别是12和18。

④ 总体尺寸：总体尺寸为60×40×40。

⑤ 去掉了立板和肋板的高度尺寸，以保证尺寸的清晰性。

第四节　轴测投影

一、轴测投影的概念

1. 轴测投影的形成

轴测投影体系由一束平行投射线（轴测投影方向）、一个投影面（轴测投影面）和被投影形体组成。

将空间形体连同确定其空间位置的直角坐标系沿不平行于任一坐标面的方向，用平行投影法投射在单一投影面（此面称轴测投影面）上而得到的投影图称为轴测投影图，简称轴测图，见图1-56。轴测投影图不仅能反映形体三个侧面的形状，立体感强，而且能够测量形体三个方向的尺寸，具有可量性。但测量时必须沿轴测量，这也是轴测投影命名的由来。

要想在一个投影面上同时反映形体的长、宽、高，有以下两种方法。

① 将形体三个方向的面及其三个坐标轴与投影面倾斜，投射线垂直投影面，这种投影称为正轴测投影，也称为正轴测图，见图 1-56。

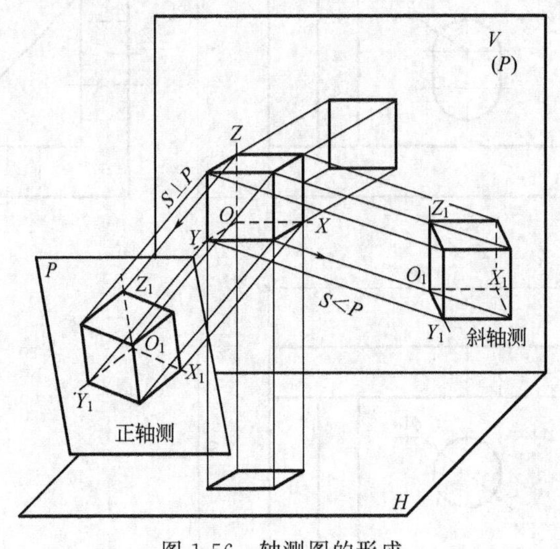

图 1-56 轴测图的形成

② 将形体一个方向的面及其两个坐标轴与投影面平行，投射线与投影面倾斜，得到的投影称为斜轴测投影，也称为斜轴测图，见图 1-56。

2. 有关术语和符号

① 轴测轴　直角坐标轴 OX、OY、OZ 在轴测投影面上的投影 O_1X_1、O_1Y_1、O_1Z_1 称为轴测轴。

② 轴间角　轴测轴之间的夹角称为轴间角。三个轴间角之和为 360°。

③ 轴向伸缩系数　轴测轴上的单位长度与空间对应长度的比值称为轴向伸缩系数。O_1X_1、O_1Y_1、O_1Z_1 轴上的轴向伸缩系数分别用 p、q、r 表示。即 $p = O_1X_1 : OX$、$q=O_1Y_1 : OY$、$r = O_1Z_1 : OZ$。轴间角和轴向伸缩系数是绘制轴测图必须具备的要素，不同类型的轴测图有不同的轴间角和轴向伸缩系数，见图 1-56。

3. 轴测投影的基本性质

因为轴测投影仍然是平行投影，所以它必然具有平行投影的投影特性。

① 平行性　形体上互相平行的直线，其轴测投影仍平行。

② 定比性　形体上与轴平行的线段，其轴测投影平行于相应的轴测轴，其轴向伸缩系数与相应轴测轴的轴向伸缩系数相等。只要给出各轴测轴的方向以及各轴向伸缩系数，即可根据形体的正投影图画出它的轴测投影图。画轴测图时，形体上凡平行于坐标轴的线段，都可按其原长度乘以相应的轴向伸缩系数得到轴测长度，这就是轴测图“轴测”二字的含义。

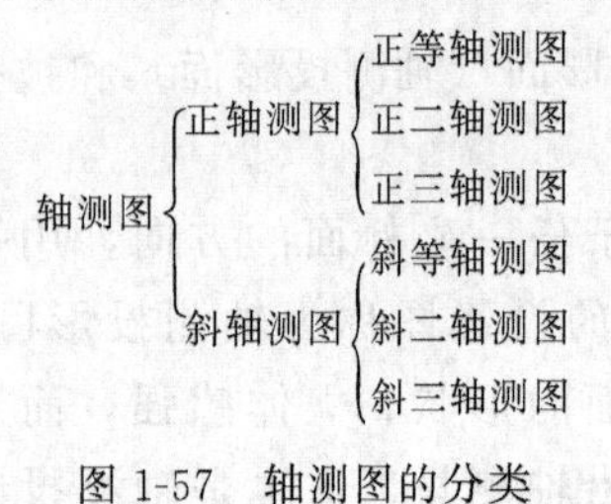

图 1-57 轴测图的分类

4. 轴测图的分类

按照投射方向与轴向伸缩系数的不同，轴测图可按图1-57所示分类。

工程中最常用的是正等轴测图（简称正等测）和斜二等轴测图（简称斜二测）。

二、正等轴测图

当形体的三个坐标轴与轴测投影面倾角相同时，用正投影法绘制的轴测图称为正等轴测图，简称正等测。在正等测轴测图中，各轴测轴之间的夹角均为120°，各轴的轴向伸缩系数均相等，即 $p=q=r=0.82$。为了作图方便，一般将轴向伸缩系数均简化为1，即沿轴向尺寸可按实长量取。用简化的轴向伸缩系数画出的轴测图比原轴测图等比例放大了约1.22倍。正等测轴测投影的轴测轴，见图1-58。

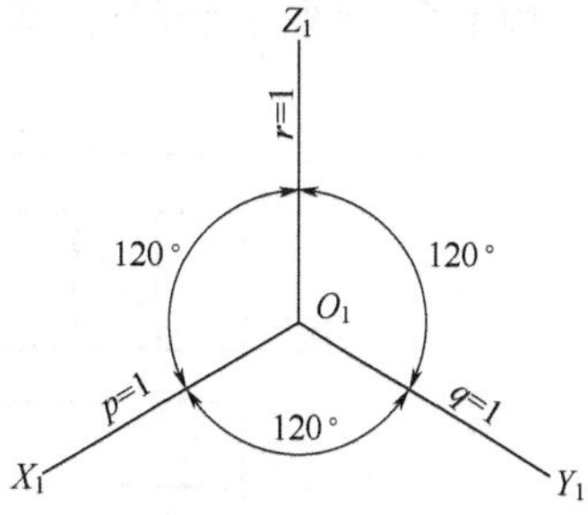

图1-58　正等轴测图的轴向伸缩系数和轴间角

1. 平面立体正等轴测图的画法

绘制形体的轴测图常采用坐标法、切割法与叠加法。其中坐标法为最基本的画法。

例1-6　已知三棱锥的正投影，见图1-59(a)，画出其正等轴测图。

解　选锥底所在平面为 XOY 平面，建立坐标系。用坐标法作出各定点的正等测，依次连线即可。

求解步骤：

① 在三视图上设置直角坐标系：见图1-59(b)，选锥底所在平面为 XOY 平面，以锥底 C 为坐标原点 O，以 AC 作为 X 轴，高方向为 Z 轴方向；

② 画轴测轴：根据坐标画出底面各顶点的轴测图，见图1-59(c)；

③ 根据顶点 S 的坐标，先定出锥顶 S 的水平投影 s 的轴测图 s_1，再由 s_1 升高，得锥顶 S 的轴测图 S_1，见图1-59(d)；

④ 连接各顶点，构成三棱锥的轴测图，见图1-59(e)；

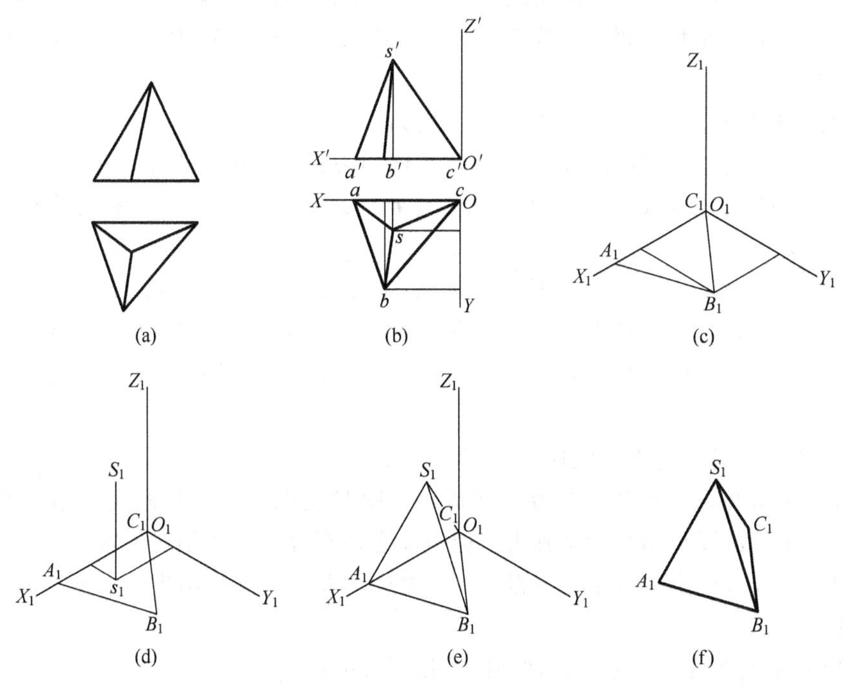

图1-59　三棱锥的正等轴测图的画法

⑤ 加深图线，完成作图，注意轴测图上一般不画虚线，见图 1-59(f)。

本例的作图过程实际上是根据三棱锥各顶点的坐标值定出其在轴测投影中的位置，并沿轴测轴量出尺寸，从而画出轴测图，这种作图方法称为坐标法。

例 1-7 见图 1-60(a)，画形体的正等轴测图。

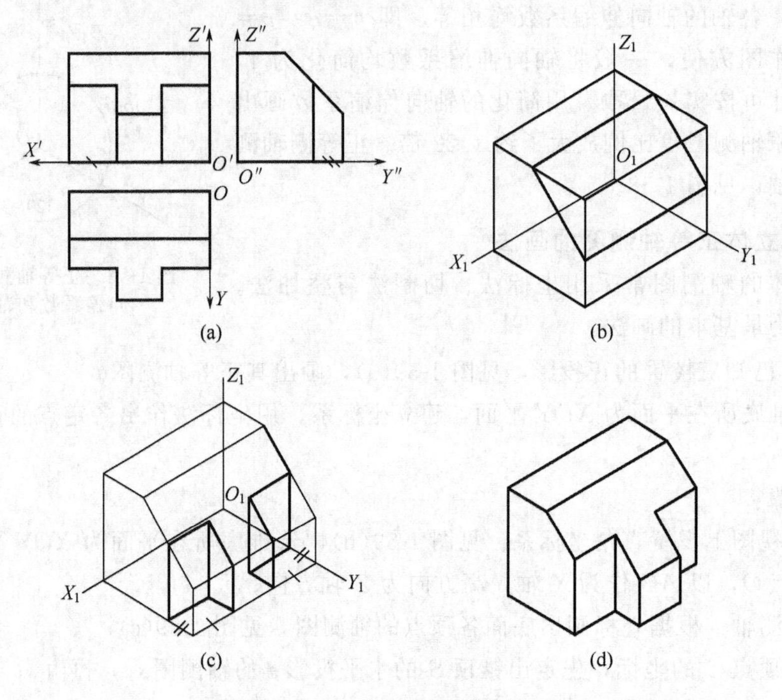

图 1-60 用切割法画正等轴测图

解 该形体可看成是长方形的切割体，其切割顺序为先用侧垂面切去长方体的前上角，然后再用一个正平面和两个侧平面分别切去左前角和右前角，作图时可按切割顺序进行。

求解步骤：

① 在正投影图上确定坐标系：见图 1-60(a)；

② 画出长方体的正等轴测图，然后用侧垂面切去长方体的前上角，见图 1-60(b)；

③ 在正投影图上量取侧平面和正平面的位置，画出被切的左前角和右前角：一定要沿轴向量取距离，见图 1-60(c)；

④ 擦去多余和被遮挡的图线，检查、加深，完成作图，见图 1-60(d)。

本例的作图过程实际上是先画出完整的形体，再进行切割。这种作图方法称为切割法。注意：在正等测轴测图中不与轴测轴平行的直线不能按 1∶1 量取，应先根据坐标定出两个端点，再连接而成。

例 1-8 画组合体的正等轴测图，见图 1-61(a)。

解 该形体由几个基本几何体叠加而成，画图时应先主后次地画出各组成部分的轴测图。每一部分的轴测图仍用坐标法画出，但应注意各部分之间的相对位置（坐标关系）的确定。画图时，从较大的形体入手，根据各部分之间的关系，逐步画出，见图 1-61。

求解步骤：

① 画出底板及四棱台的上底面轴测图，见图 1-61(b)；

② 画出四棱台的轴测图，注意与底板的相对位置，见图 1-61(c)；

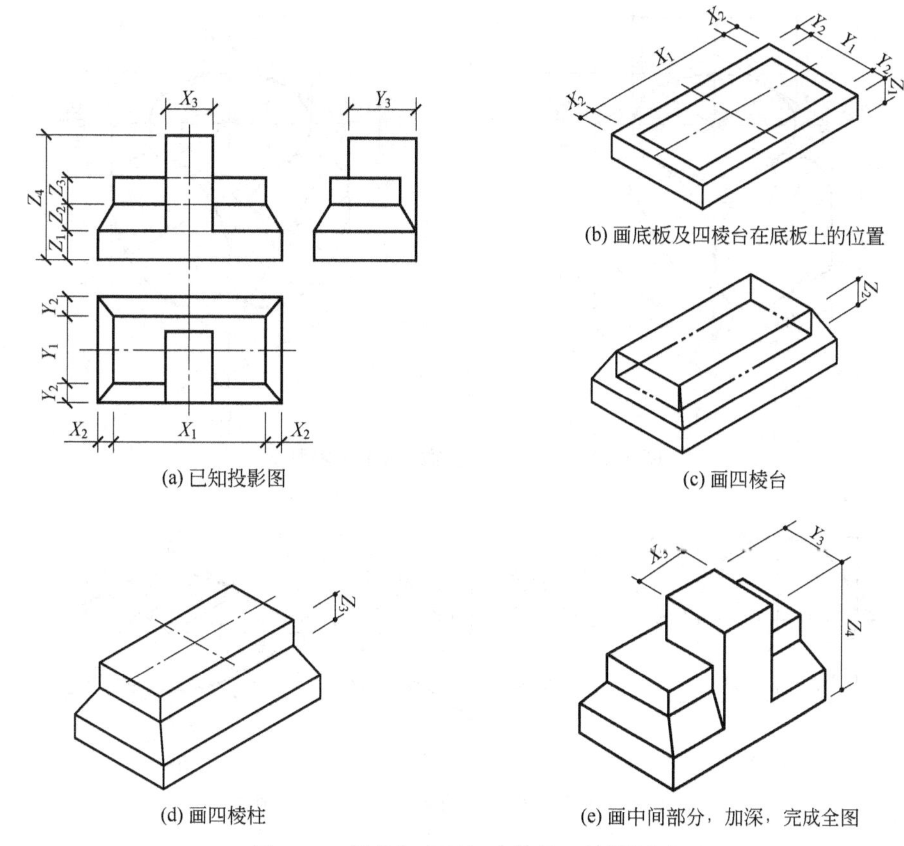

(a) 已知投影图　(b) 画底板及四棱台在底板上的位置　(c) 画四棱台　(d) 画四棱柱　(e) 画中间部分，加深，完成全图

图 1-61　用叠加法画组合体的正等轴测图

③ 画出四棱柱的轴测图，同样注意它的位置，见图 1-61(d)；

④ 画中间部分，检查，加深可见部分的轮廓线即成，见图 1-61(e)。

对于由几个基本体叠加而成的组合体，宜在形体分析的基础上，将各基本体逐个画出，最后完成整个形体的轴测图，此种方法称为叠加法。

2. 曲面立体正等轴测图的画法

曲线在正等轴测投影中仍为曲线，物体表面圆的轴测投影一般为椭圆。在实际作图中，对于曲线，可用坐标法求出曲线上一系列点的轴测投影，然后光滑连接。

(1) 平行于坐标面的圆正等轴测图的画法　见图 1-62，平行于坐标面的圆正等测投影都是椭圆。椭圆的长轴等于圆的直径，短轴等于直径的 0.58 倍，见图 1-62(a)。当按简化轴向伸缩系数作图时，椭圆的长、短轴长度均放大了 1.22 倍，但形状不变，见图 1-62(b)。

对于这些椭圆可用近似画法——四心扁圆法（又称菱形四心法）画出。

四心扁圆法的具体画法见图 1-63。圆平行于水平投影面。先做圆的外切正方形，其正等测投影为一菱形，此菱形也外切于圆的轴测投影。分别以菱形短对角线的端点 1、2 为圆心，以 $1A_1$、$2D_1$ 为半径，画出圆弧 A_1C_1、D_1B_1；分别以 3、4 为圆心，以 $3D_1$、$4B_1$ 为半径，画出圆弧 A_1D_1、B_1C_1；注意菱形的两对角线是此椭圆的长轴和短轴的方向。平行于正面或侧面的圆，它们的正等轴测图可依照上述菱形四心法画出，但要注意菱形各边的方向与椭圆长、短轴的方向。

用四心扁圆法画椭圆，就是用四段不同心的圆弧近似画椭圆。实际中为简化作图，一般

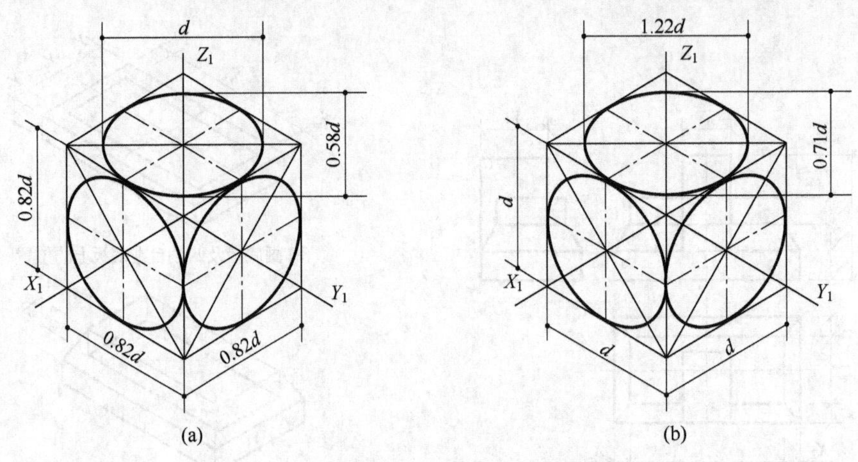

图 1-62 平行于坐标面的圆正等轴测图

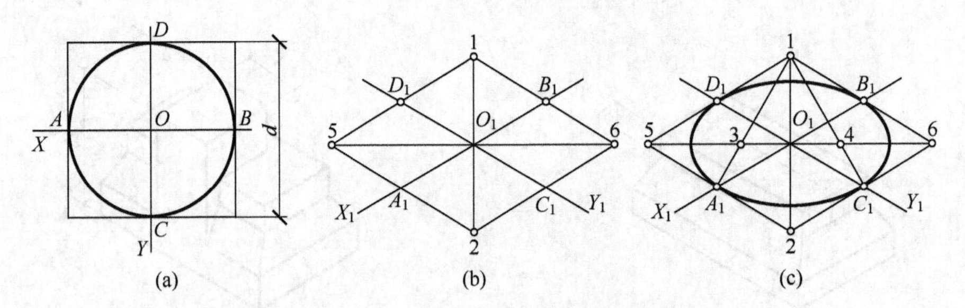

图 1-63 平行于投影面的圆正等轴测图的画法

不作菱形，只定出四段圆弧的圆心及四个切点即可，作法见图 1-64。

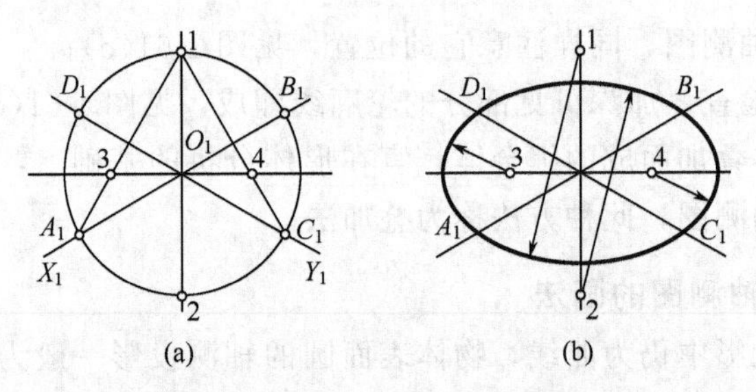

图 1-64 圆的正等轴测图的简化画法

例 1-9 画圆台的正等轴测图，见图 1-65。

解 画圆台的正等轴测图时，其两底圆的正等轴测图可按上述的四心扁圆法画出。圆台的侧面轮廓线应是两个椭圆的公切线。

求解步骤：

① 在正投影图中确定坐标系：为简化作图，可取右底面的圆心为轴测轴的原点，见图 1-65(a)；

② 画左、右底面的椭圆，可用四心扁圆法画出，也可将左（右）底椭圆中的各圆弧连接点和各圆心沿 OX 轴向右（左）移动 h，求得另一底椭圆的相应点，画出，见图 1-65(b)；

③ 画左右椭圆的公切线，擦去不可见部分，加深，完成正等轴测图，见图 1-65(d)。

(2) 带四分之一圆角形体正等轴测图的近似画法——切点垂线法 见图 1-66(a)，带有

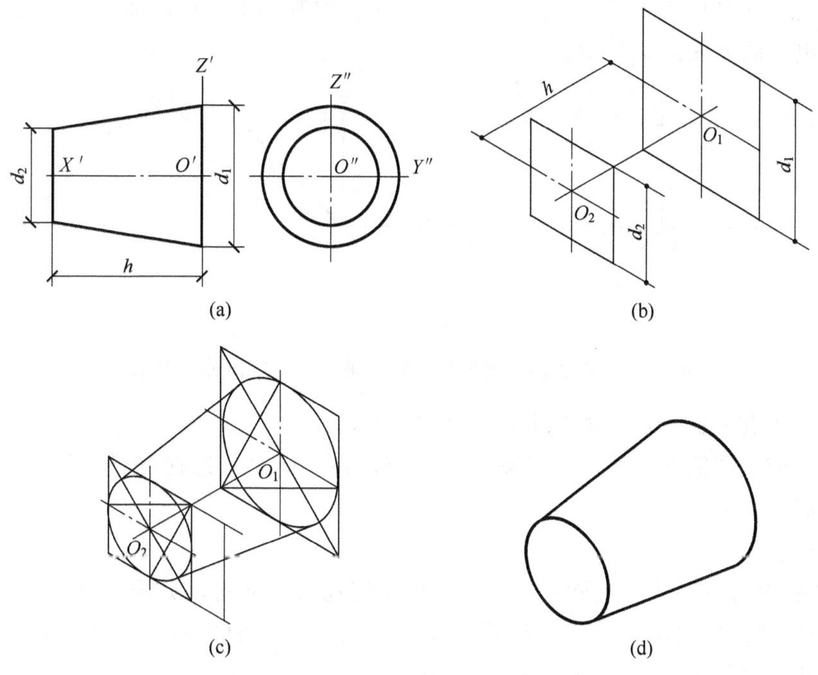

图 1-65　圆台的正等轴测图

四分之一圆角的底板，其圆角正等轴测图的近似画法如下：首先画出不带圆角底板的轴测图，然后从长方体上各顶点向两边量取半径 R 的点作为切点，过切点作相应边线的垂线，得交点 1、2、3、4，以 1、2、3、4 为圆心，至相应切点的距离为半径作圆弧，便是 1/4 圆的轴测图。将圆心和切点向下平移一个底板厚度，画出同样的一段弧，并作出各角点两圆弧的公切线即可，见图 1-66(b)。

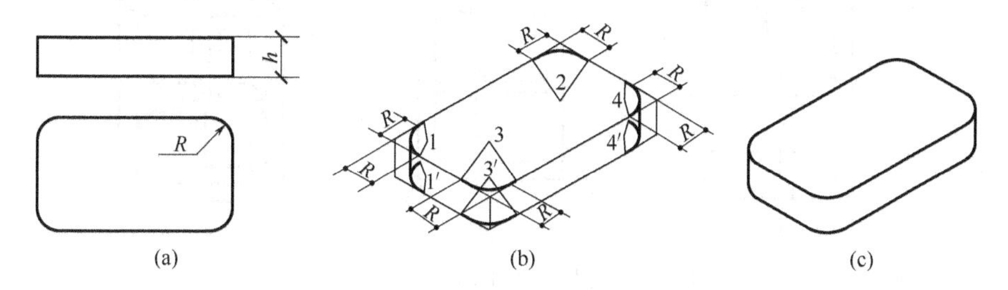

图 1-66　圆角正等轴测图的画法

三、斜二等轴测图

用斜投影法绘制的轴测图称为斜轴测图。此时形体的一个参考坐标面应平行于轴测投影面。在斜轴测投影中，以正立面（V 面）为轴测投影面的轴测投影称为正面斜轴测投影；以水平面（H 面）为轴测投影面的轴测投影称为水平斜轴测投影。

1. 正面斜轴测图的画法

由于在正面斜轴测投影中坐标面 XOZ 平行于 V 面，物体在 XOZ 方向的投影是反映实形的。所以轴测轴 OZ 和 OX 的夹角为 90°，轴向伸缩系数为 1。OY 轴的轴向伸缩系数有两种：当 $q=1$ 时的斜轴测图称为正面斜等测图，当 $q=0.5$ 时称为正面斜二测图。斜二测的投影轴及轴间角和轴向伸缩系数见图 1-67。在绘制斜轴测图时，OY 轴的方向可根据需要选择，以便画出不同方向的轴测图。

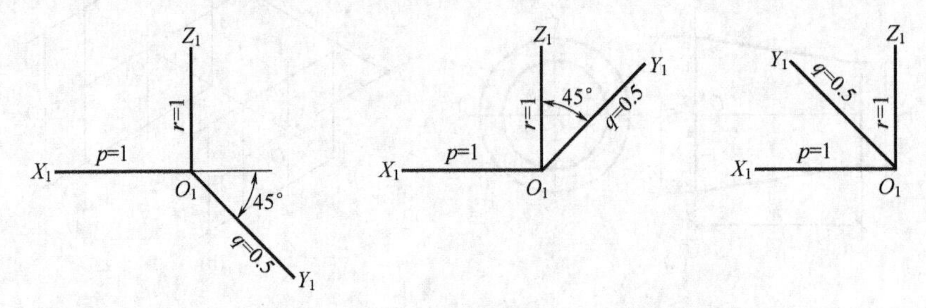

图 1-67 正面斜二测的投影轴及轴间角和轴向伸缩系数

例 1-10 作花格砖的斜二测轴测图，见图 1-68(a)。

解 为了使作图简便，采用正面斜二测投影。将坐标原点选在花格砖的顶点处，OY 轴与砖的厚度同一方向。

求解步骤：

① 取坐标面与花格砖的正面重合，坐标原点定在右前下角，见图 1-68(a)；

② 画轴测轴，根据花格砖的正面投影完成花格砖的正面形状，并从各角点作与 O_1Y_1 轴平行的棱线，只作出看得见的七条棱线即可，见图 1-68(b)；

③ 在与 O_1Y_1 轴平行的棱线上截取花格砖宽度的一半，并画出花格砖后面的可见轮廓线，加深，完成其正面斜二测轴测图，见图 1-68(c)。

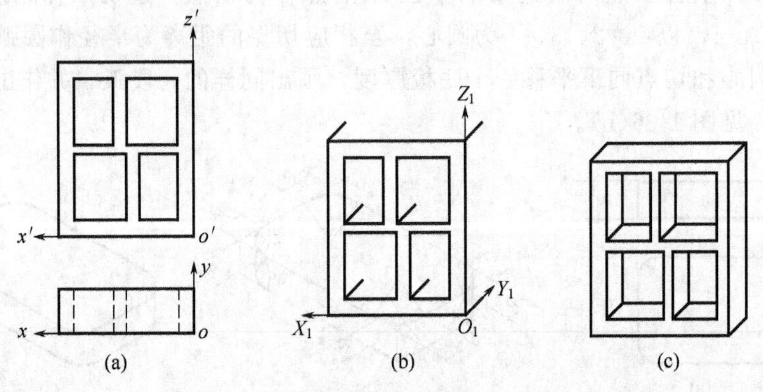

图 1-68 花格砖的正面斜二测轴测图

这种作图方法称为端面法，当形体在一个方向有一系列的复杂形状时，让这个方向与坐标面 XOZ 平行，作图就非常方便。

2. 水平斜轴测图的画法

水平斜轴测投影是以水平面作为轴测投影面，并使坐标面 XOY 平行于轴测投影面，形体在平行于 XOY 方向的轴测投影反映实形。轴间角 $XOY=90°$。一般将 OZ 轴铅垂绘制，OZ 轴的伸缩系数也有两种：当 $r=1$ 时，称为水平斜等轴测图；当 $r=0.5$ 时，称为水平斜二测轴测图。这种轴测图，适宜用来绘制房屋的水平剖面或一个区域的总平面图，它可以表达建筑的内部布置，或一个区域中各建筑物、道路、设施等的平面位置及相互关系，以及建筑物和设施等的实际高度。水平斜轴测图的轴间角和轴向伸缩系数见图 1-69。

水平斜轴测图常用于建筑总平面布置，这种轴测图也称为鸟瞰图。图 1-70(c) 就是根据

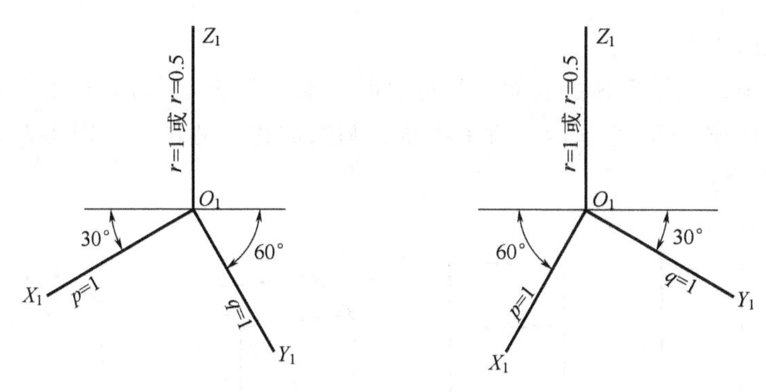

图 1-69 水平斜轴测图的轴间角和轴向伸缩系数

图 1-70(a) 所示的建筑物平面图所绘制的鸟瞰图。画图时先将水平投影向左旋转 30°，然后按建筑物的高度或高度的 1/2，画出每个建筑物，就成了该建筑群的鸟瞰图。

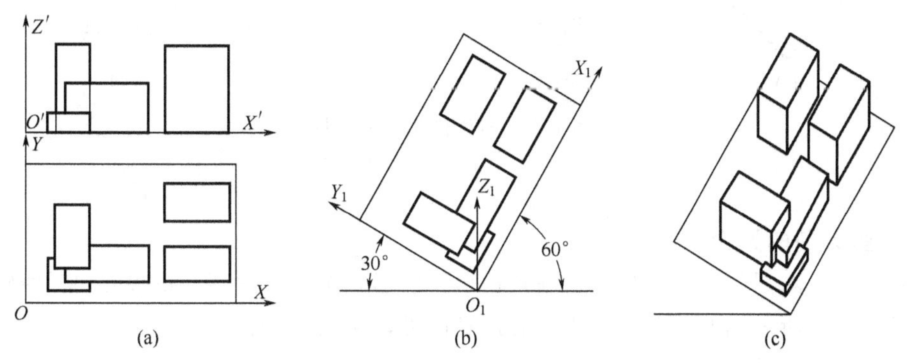

图 1-70 建筑群的平面布置和鸟瞰图

四、轴测图的选择原则

画轴测图的目的是使所表达的图形能反映形体的主要形状，有立体感，并大致符合人们所看到形体时的具体形象。因此绘制轴测图时，应首先考虑选用哪种轴测图来表达形体，轴测图类型的选择直接影响到轴测图的表达效果。轴测图类型确定后还要选择适当的投影方向，使需要表达的部分最清楚。总之，轴测图的选择应以立体感强和作图简单快捷为原则。

1. 轴测图类型的选择

选择时，一般应优先采用正等测，尤其是形体上与坐标面平行的各表面有圆、半圆或圆角时采用正等测更合适，见图 1-71。斜二测图则适用于和某一坐标面平行的平面图形比较

图 1-71 两个坐标面均有圆的形体的正等轴测图

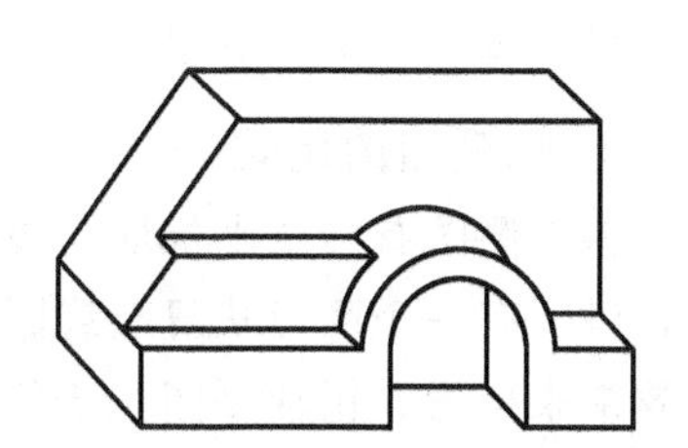

图 1-72 形体的正面斜二测图

复杂的形体，见图 1-72。

在正投影图中，如果形体的表面有和正立面、水平面成 45°的或在正投影图中形体的交线位于和水平方向成 45°的平面内，宜采用斜二测图或正二测图。见图 1-73，这种情况下正二测图的立体感较好。

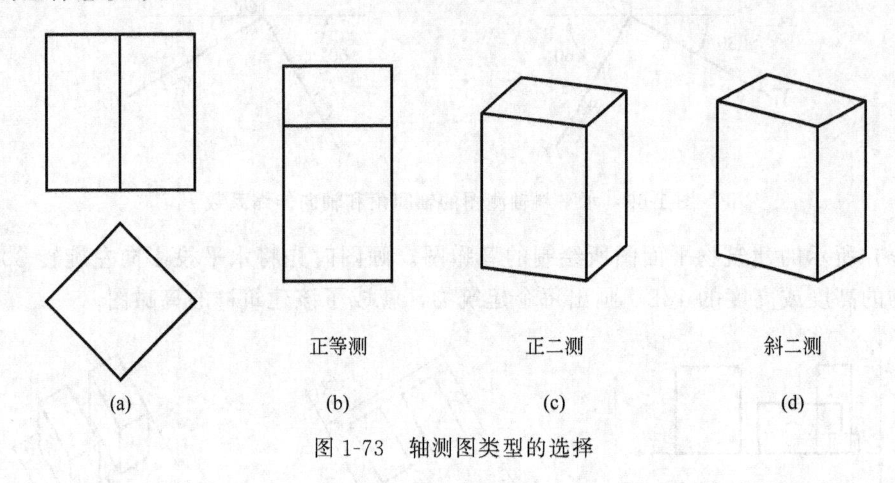

图 1-73 轴测图类型的选择

2. 投影方向的选择

在决定了轴测图的类型以后，还须根据形体的形状选择一适当的投影方向，使轴测图能清楚地反映形体所表达的部分。常用的方向有四种，见图 1-74。

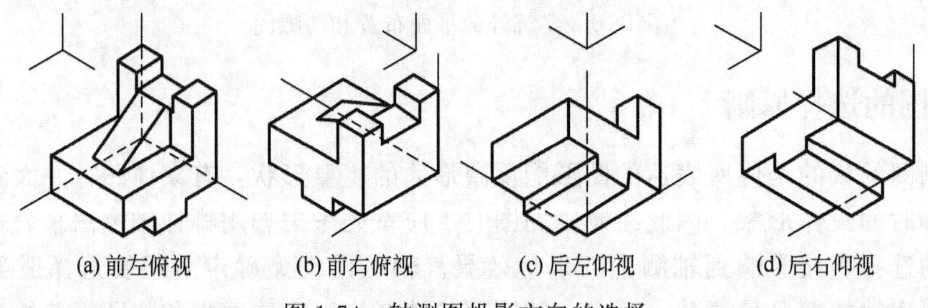

图 1-74 轴测图投影方向的选择

如图 1-75(a) 所示的梁，图 1-75(b) 是从左前上方向右后下方投射的结果，而图 1-75(c) 是从右前下方向左后上方投射的结果。两个都是梁的正等轴测投影图，但图 1-75(c) 更清楚地反映立体的形状特征。

绘图时轴测轴可明确地画出也可不画。应根据物体的形状特征，灵活选用不同的作图方法，如坐标法、叠加法、端面法等。轴测图中用粗实线画出物体的可见轮廓，不可见轮廓不画，必要时，也可用虚线画出。

3. 三种轴测图的比较

正面斜二测图有一个坐标面与投影面平行，平行于这个坐标面的几何图形的轴测投影反映实形，对于有一个面形状复杂或圆弧较多的形体，宜采用斜二测图，可使作图简便。按人的视觉效果来衡量，正轴测图优于斜轴测图，而正二测图又分别优于正等测图和斜二测图。但正二测图的轴测轴不能利用三角板上的现成角度直接画出，圆的投影作图较繁，因而较少采用。常用的是正等测图和斜二测图。

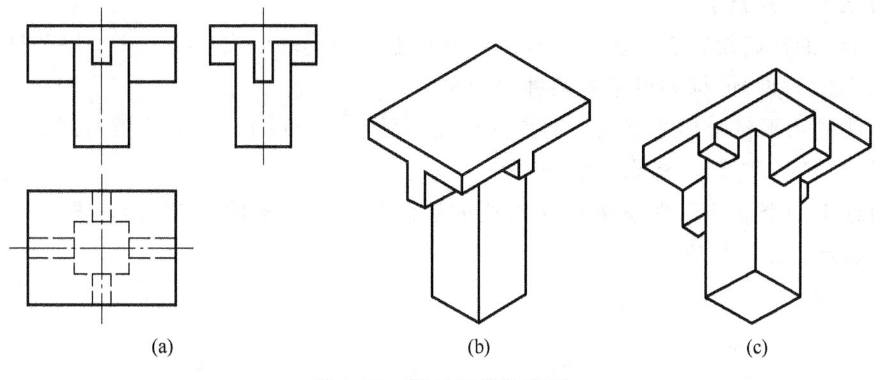

图 1-75 梁的正等轴测图

第五节 标 高 投 影

建筑物是建在地面上或地面下的。因此，地面的形状对建筑群的布置、建筑物的施工、各类建筑设施的安装等都有较大的影响。一般来讲，地面形状比较复杂，高低不平，没有一定规律。而且，地面的高度和地面的长度、宽度比较起来一般显得很小。如果用前面介绍的各种图示方法表示地面形状，则难以表达清楚，而标高投影可以解决此问题。标高投影属于单面正投影，标高投影图实际上就是标出高度的水平投影图。因此标高投影具有正投影的一些特性。

一、点、直线和平面的标高投影

1. 点的标高投影

如图 1-76(a) 所示，设水平投影面 H 为基准面，其高度为零，点 A 在 H 面上方 4m，点 B 在 H 面上，点 C 在 H 面下方 3m。若在 A、B、C 三点水平投影 a、b、c 的右下角标明其高度值 4、0、−3（a_4、b_0、c_{-3}），就可得到 A、B、C 三点的标高投影图，见图 1-76(b)。高度数值称为标高或高程，单位为米（m）。高于 H 面的点标高为正值；低于 H 面的点标高为负值，在数字前加“−”号；在 H 面上的点标高值为零。如图 1-76(b) 中的 a_4、b_0、c_{-3}。图中应画出由一粗一细平行双线所表示的比例尺。

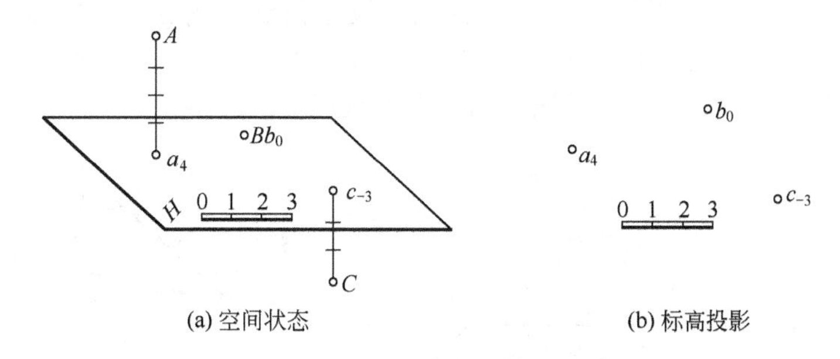

(a) 空间状态 (b) 标高投影

图 1-76 点的标高投影

由于水平投影给出了 X、Y 坐标，标高给出了 Z 坐标，因而根据一点的标高投影，就可以唯一确定点的空间位置。例如，由点 a_4 作垂直于 H 面的投射线，向上量 4m，即可得到点 A。

2. 直线的标高投影

（1）直线的标高投影表示法　直线的位置是由直线上两点或直线上一点以及该直线的方向确定。因此，直线的标高投影有两种表示法。

① 直线的水平投影加注直线上两点的标高，见图 1-77(b)。一般位置直线 AB、铅垂线 CD 和水平线 EF，它们的标高投影分别为 a_5b_2、c_5d_2 和 e_3f_3。

② 直线上一个点的标高投影加注直线的坡度和方向，见图 1-77(c)，图中箭头指向下坡，3∶4 表示直线的坡度。

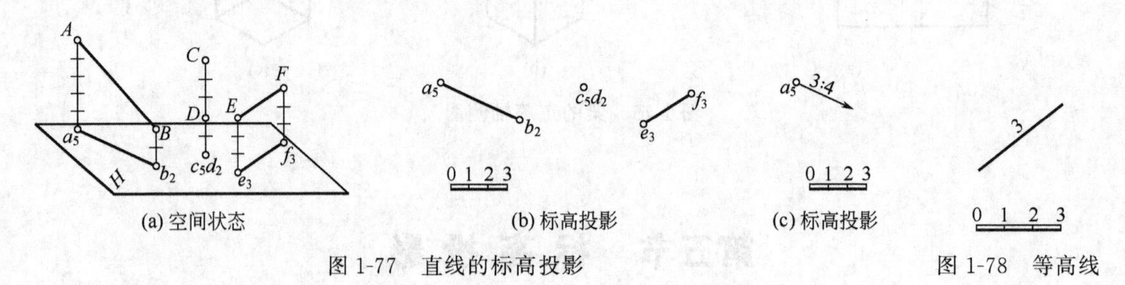

(a) 空间状态　(b) 标高投影　(c) 标高投影

图 1-77　直线的标高投影　　图 1-78　等高线

水平线也可由其水平投影加注一个标高来表示，见图 1-78。由于水平线上各点的标高相等，因而只标出一个标高值，该线称为等高线。

（2）直线的实长、倾角、刻度、平距和坡度

① 直线的实长、倾角　在标高投影中求直线的实长可采用正投影中的直角三角形法。如图 1-79 所示，以直线标高投影 a_6b_2 为一直角边，以 A、B 两端点的标高差（6－2＝4）为另一直角边，用给定的比例尺作出直角三角形后，斜边即为直线的实长。斜边与标高投影的夹角等于直线 AB 与投影面 H 的夹角 α。

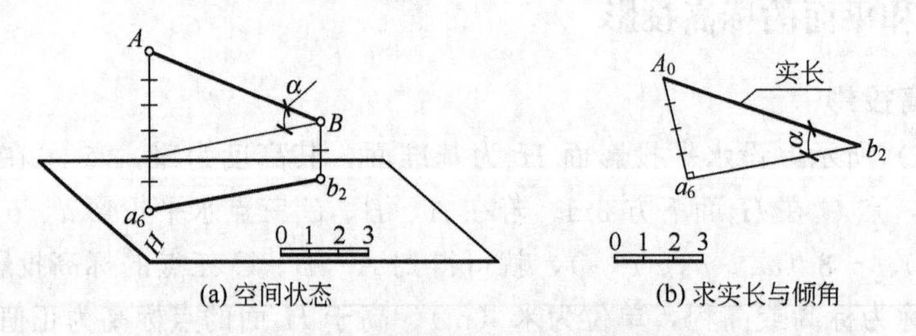

(a) 空间状态　(b) 求实长与倾角

图 1-79　求线段的实长与倾角

② 直线的刻度　将直线上有整数标高的各点的投影全部标注出来，即为对直线作刻度。如给线段 $a_{2.5}b_6$ 作刻度，见图 1-80。需要在该线段上找到标高为 3、4、5 的三个整数标高点的投影。可在表示实长的三角形上，作出标高为 3、4、5 的直线平行于 $a_{2.5}b_6$，由它们与斜边 $a_{2.5}B_0$ 的交点，向 $a_{2.5}b_6$ 作垂线，垂足即为刻度 3、4、5。

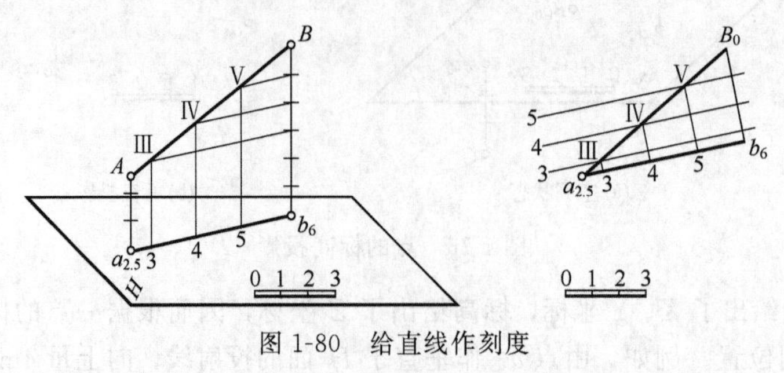

图 1-80　给直线作刻度

③ 直线的坡度和平距　在标高投影中用直线的坡度和平距表示直线的倾斜程度。

直线上任意两点的高度差 ΔH 与其水平距离 L 之比称为该直线的坡度。也相当于两点间的水平距离为 1 单位长度（m）时的高度差 Δh。坡度符号用 i 表示，即

$$i=\Delta H/L=\Delta h/1=\tan\alpha$$

如图 1-81 中，直线 AB 的高度差 $\Delta H=6-3=3\text{m}$，用比例尺量得其水平距离 $L=6\text{m}$，所以该直线的坡度

$$i=\Delta H/L=3/6=1/2=1:2$$

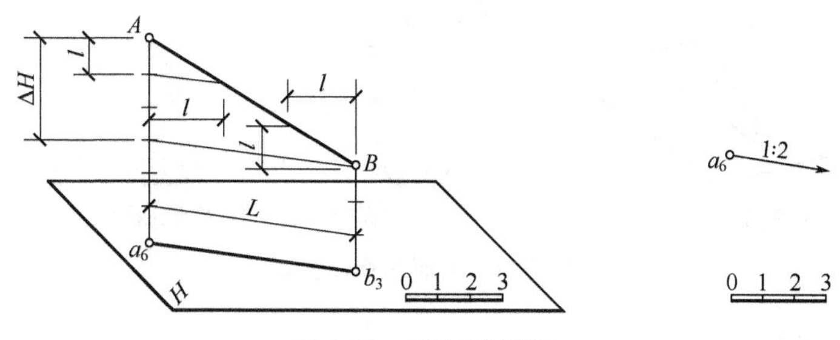

图 1-81　直线的坡度

当两点间的高差为 1 个单位长度（m）时的水平距离称为平距，用符号 I 表示，即

$$I=L/\Delta H=\cot\alpha=1/\tan\alpha=1/i$$

由此可见，平距和坡度互为倒数。故直线的坡度越大，平距越小；反之，直线的坡度越小，平距越大。

例 1-11　如图 1-82 所示，已知直线 AB 的标高投影 $a_{3.2}b_{6.8}$ 和直线上一点 C 的水平投影 c，求直线上各整数标高点及 C 的标高。

解

① 平行于 $a_{3.2}b_{6.8}$ 作五条等距（间距按比例尺）的平行线；

② 由点 $a_{3.2}b_{6.8}$ 作直线垂直于 $a_{3.2}b_{6.8}$；

③ 在其垂线上分别按其标高数字 3.2 和 6.8 定出 A、B 两点，连 AB 即为实长；

④ AB 与各平行线的交点Ⅳ、Ⅴ、Ⅵ即为直线 AB 的整数标高点，由此可定出各整数标高点的投影 4、5、6；

⑤ 由 c 作 $a_{3.2}b_{6.8}$ 的垂线，与 AB 交于 C 点，就可以由长度 cC 定出 C 点的标高为 4.5m。

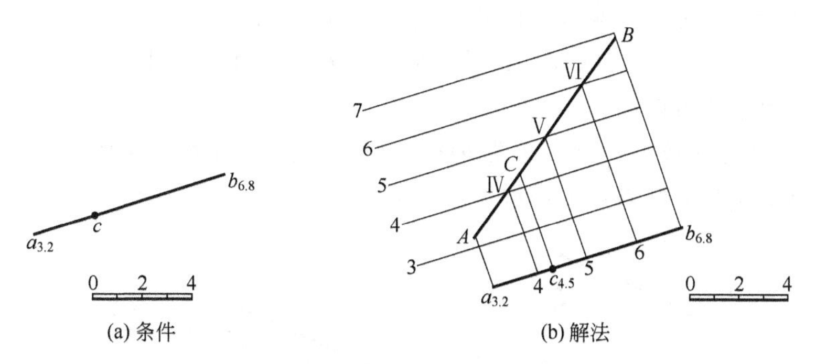

图 1-82　求直线上各整数标高点

3. 平面的标高投影

(1) 平面上的等高线和最大坡度线　等高线是平面上具有相等高程点的连线。平面上所

有的水平线都是平面上的等高线，也可看成是水平面与该平面的交线。平面与水平面 H 的交线是高度为零的等高线。在实际工程应用中，常取整数标高的等高线。如图 1-83(a) 中 0、1、2、…表示平面上的等高线；图 1-83(b) 中 0、1、2、…表示平面上等高线的标高投影。等高线用细实线表示。

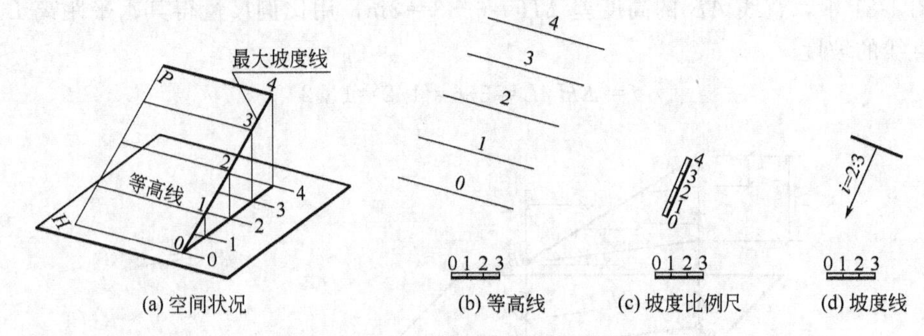

(a) 空间状况　(b) 等高线　(c) 坡度比例尺　(d) 坡度线

图 1-83　平面的标高投影

等高线有以下特性。

① 等高线是相互平行的直线；

② 等高线高差相等，水平间距也相等。

图中相邻等高线的高差为 1m，其水平间距就是平距。

最大坡度线就是平面上对 H 面的最大斜度线，平面上凡是与水平线垂直的直线都是平面的最大坡度线。根据直角投影定理，它们的水平投影相互垂直，见图 1-83(d)。最大坡度线的坡度就是该平面的坡度。

平面上带有刻度的最大坡度线的标高投影，称为平面的坡度比例尺，用平行的一粗一细双线表示。见图 1-83(c)，P 平面的坡度比例尺用字母 P_i 表示。

(2) 平面的表示法　平面的标高投影，可用几何元素的标高投影表示。即不在同一直线上的三点；一直线和直线外一点；相交两直线；平行两直线；任意一平面图形。

平面的标高投影，还可用下列形式表示。

① 用一组等高线表示平面：见图 1-83(b)，一组等高线的标高数字的字头应朝向高处。

② 用坡度比例尺表示平面：见图 1-83(c)，过坡度比例尺上的各整数标高点作它的垂线，就是平面上相应高程的等高线，由此来决定平面的位置。

③ 用平面上任意一条等高线和一条最大坡度线表示平面：见图 1-83(d)，最大坡度线用注有坡度 i 和带有下降方向箭头的细实线表示。

④ 用平面上任意一条一般位置直线和该平面的坡度表示平面：见图 1-84(a)，由于平面下降的方向是大致方向，故坡度方向线用虚线表示。

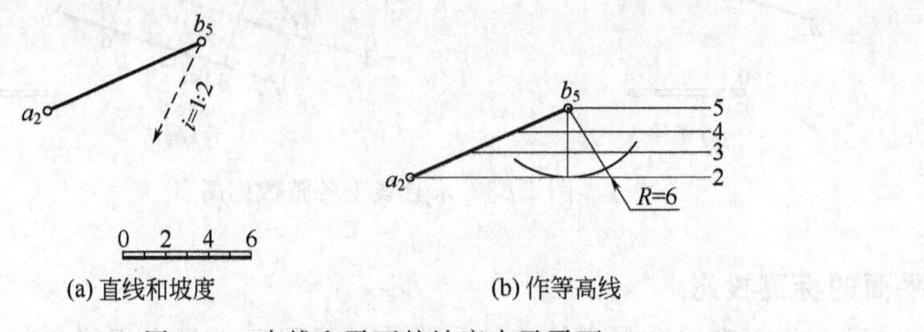

(a) 直线和坡度　(b) 作等高线

图 1-84　直线和平面的坡度表示平面

图 1-84(b) 所示为根据上述两条件作出等高线的方法：过 a_2、b_5 分别有一条标高为 2、5 的等高线，它们之间的水平距离 L 应为

$$L=\Delta H/i=(5-2)/(1/2)=3\times2=6$$

以 b_5 为圆心、$L=6$ 为半径（按比例尺量取）画弧，过 a_2 作圆弧切线就得到标高为 2 的等高线。过 b_5 作平行线得到标高为 5 的等高线。将两等高线间距离三等分，并过等分点作平行线，得到 3、4 两条等高线。

⑤ 水平面的表示法：水平面用一个完全涂黑的三角形加注标高来表示。

(3) 求两平面的交线　在标高投影中，求两平面的交线通常采用水平面作辅助平面。见图 1-85(a)，用两个标高为 5 和 8 的水平面作辅助平面，与 P、Q 两面相交，其交线是标高为 5 和 8 的两对等高线，这两对等高线的交点 M、N 是 P、Q 两平面的公共点，连接 M、N 即为所求交线。

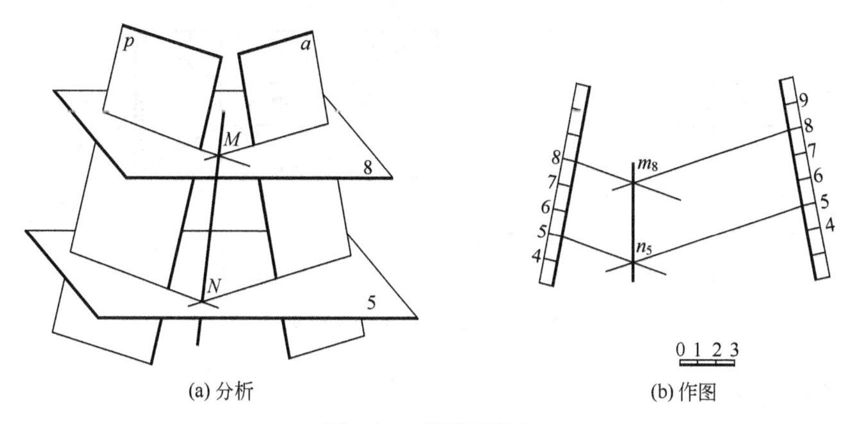

(a) 分析　　(b) 作图

图 1-85　两平面相交

例 1-12　已知两个平面的标高投影。其中一个由坡度比例尺 a_0b_4 表示，另一个由等高线 3 和坡度线表示，坡度为 1∶2。求两平面交线的标高投影，见图 1-86。

解　空间及投影分析：求两平面的交线，关键是作出两个平面上标高相同的两对等高线。在此取两组标高为 0 和 3 的等高线。

① 在由坡度比例尺表示的平面上，由刻度 0 和 3，作坡度比例尺的垂线，可得出等高线 0 和 3；

② 在由等高线 3 和坡度线表示的平面上，平距 $L=1/i=2$，则等高线 3 与 0 间距为 $3\times2=6$，根据比例尺，可作出标高为 0 的等高线；

③ 两对等高线分别交于 c_0d_3，连 c_0d_3 即为所求。

在工程中，把建筑物相邻两坡面的交线称为坡面交线，坡面与地面的交线称为坡脚线（填方）或开挖线（挖方）。

例 1-13　已知坑底的标高为−4m，坑底的大小和各坡面的坡度见图 1-87 (a)，地面标高为 0，求作开挖线和坡面交线。

解

① 求开挖线：地面标高为 0，因此开挖线就是各坡面上高程为 0 的等高线，它们分别与坑底的相应底边线平行，高差为 4m，水平距离 $L_1=2\times4=8$m，$L_2=(3/2)\times4=6$m，$L_3=1\times4=4$m；

② 求坡面交线：连接相邻两坡面高程相同的两条等高线交点，即为四条坡面交线；

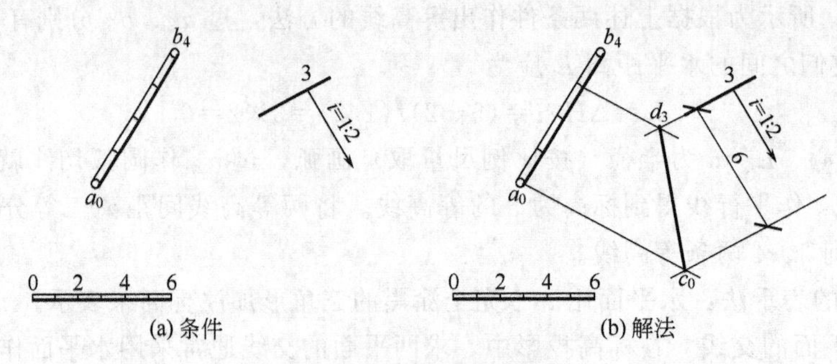

图 1-86 求两平面的交线

③ 将结果加深，画出各坡面的示坡线（画在坡面高的一侧，且一长一短相同间隔的细线，方向垂直等高线）。

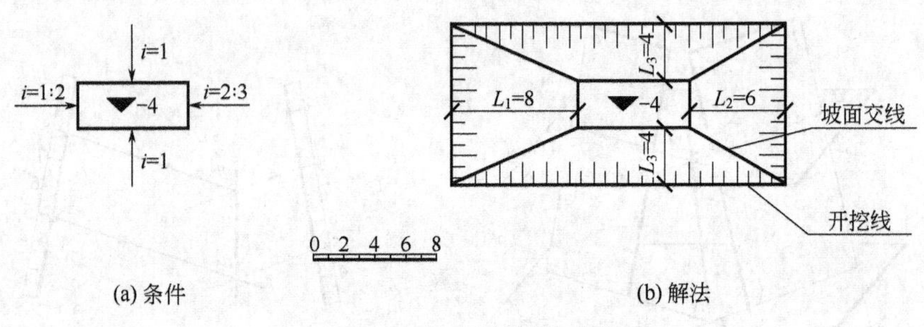

图 1-87 求开挖线和坡面线

二、曲面的标高投影

工程上常见的曲面有锥面、同坡曲面和地形面等。曲面的标高投影，是由曲面上一组等高线表示的。这组等高线就是一组水平面与曲面的交线。

(1) 圆锥曲面 见图 1-88，正圆锥的等高线都是水平圆，它们的水平投影是大小不同的同心圆。把这些同心圆分别标出它们的高程，就是正圆锥面的标高投影。当圆锥正立时，标高向圆心递升；当圆锥倒立时，标高向圆心递减。正置的斜圆锥，见图 1-89，由于该锥面的左侧坡度大，右侧坡度小，故等高线间距距离左侧密，右侧稀，因而等高线为一些不同

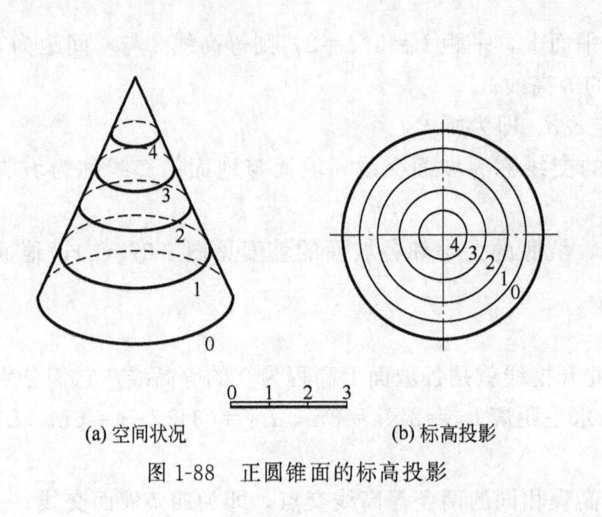

图 1-88 正圆锥面的标高投影

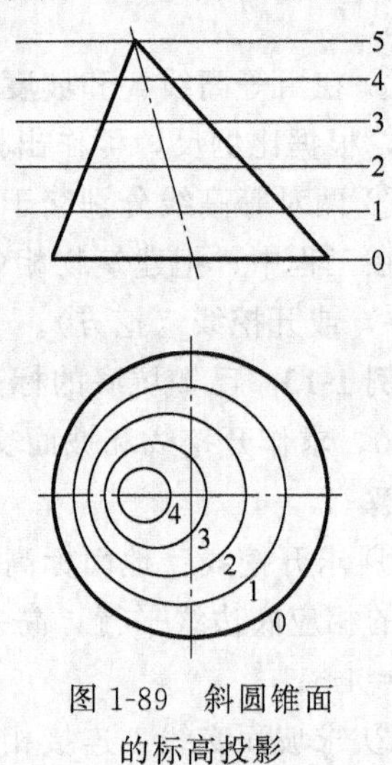

图 1-89 斜圆锥面的标高投影

心的圆。

（2）同坡曲面　各处坡度均相等的曲面，称为同坡曲面，正圆锥面属于同坡曲面。如图1-90(a) 所示，一个正圆锥的锥顶沿着曲导线 $A_1B_2C_3$ 移动，各位置圆锥的包络面即为同坡曲面。同坡曲面的坡度线就是同坡曲面与圆锥相切的素线。因此，同坡曲面的坡度处处相等。

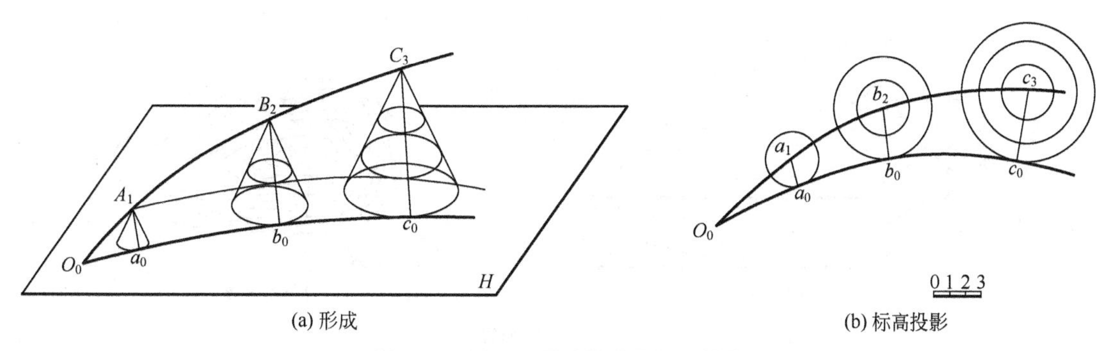

(a) 形成　　(b) 标高投影

图 1-90　同坡曲面的形成及标高投影

如图 1-90(b) 所示，已知空间曲导线的标高投影及同坡曲面的坡度，分别以 a_1、b_2、c_3 为圆心，用平距为半径差作出各圆锥面上同心圆形状的等高线，作等高线的包络切线，即为同坡曲面上的等高线。

同坡曲面常见于弯曲路面的边坡，它与平直路面的边坡相交，就是同坡曲面与平面相交。

例 1-14　图 1-91(a) 所示为一弯曲倾斜引道与干道相连，若干道顶面的标高为 4m，地面标高为 0，弯曲引道由地面逐渐升高与干道相连。各边坡的坡度见图 1-91(a) 所示，求各坡面等高线与坡面的交线。

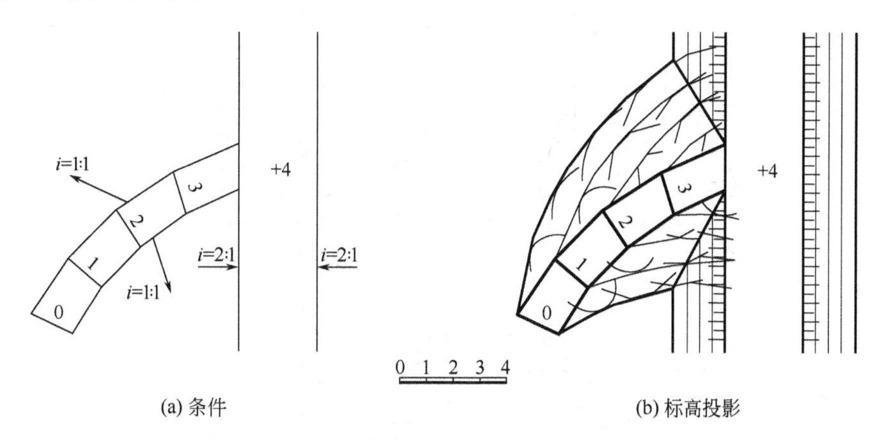

(a) 条件　　(b) 标高投影

图 1-91　求各坡面等高线坡面交线

解

① 引道两边的边坡是同坡曲面，其平距为 $I=1$ 单位。引道的两条路边即为同坡曲面的导线，在导线上取整数标高点 1、2、3、4（平均分割导线），作为锥顶的位置。

② 以 1、2、3、4 为圆心，分别以 $R=1$、2、3、4 为半径画同心圆，即为各正圆锥的等高线。

③ 作出各正圆锥上同名等高线的包络线，就是同坡曲面上的等高线。

④ 干道的边坡坡度为 2∶1，则平距为 1/2，作出等高线。

⑤ 连接同坡曲面与干道坡面相同等高线的交点，即为两坡面的交线。

(3) 地形图　用等高线表示地形面形状的标高投影，称为地形图。见图 1-92，由于地形面是不规则的曲面，所以它的等高线是不规则的曲线。它们的间隔不同，疏密不同。等高线越密，表示地势越陡峭；等高线越疏，表明地势越平坦。

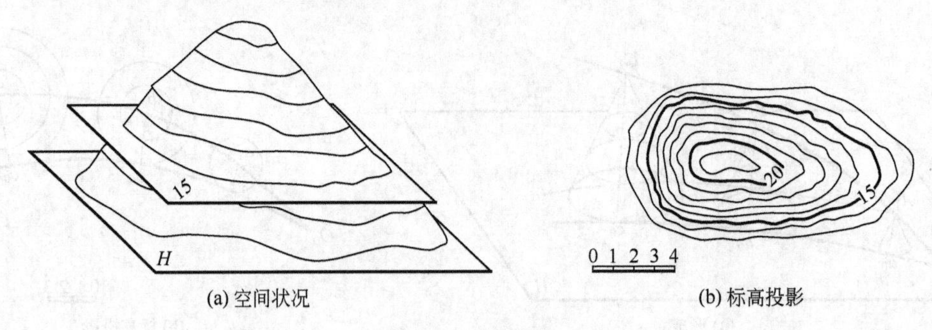

(a) 空间状况　(b) 标高投影

图 1-92　地形图

为便于看图，地形图等高线一般每隔四条有一条画成粗实线，并标注其标高，这样的粗实线称计曲线。

例 1-15　已知管线两端的高程分别为 19.5m 和 20.5m，见图 1-93。求管线 AB 与地形面的交点。

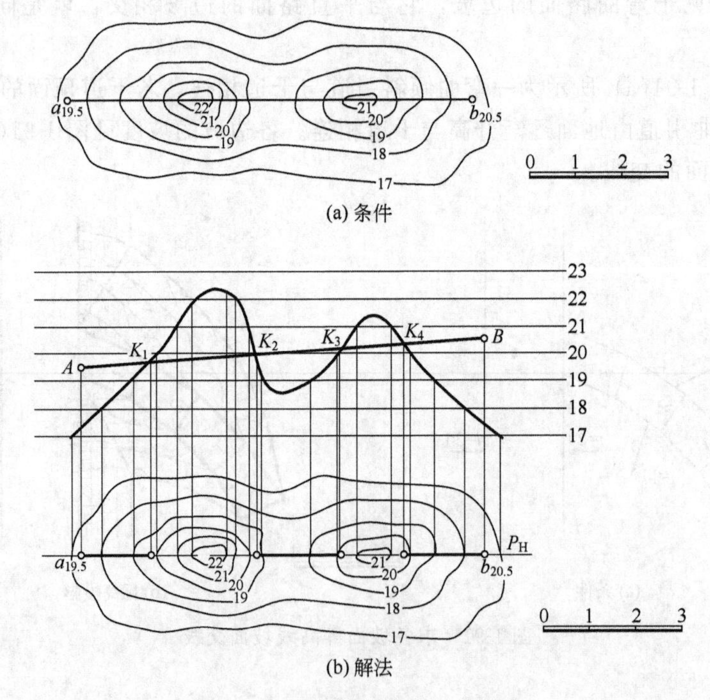

(a) 条件

(b) 解法

图 1-93　求管线与地形图的交点

解　空间及投影分析：求直线与地面的交点，一般都是包含直线作铅垂面，作出铅垂面与地形面的交线，即断面的轮廓线，再求直线与断面轮廓线的交点，就是直线与地形面的交点。

求解方法：

① 在地形图上方作间距为 1 单位的平行线，且平行于 $a_{19.5}b_{20.5}$，标出各线的高程。

② 在地形图上过管线 AB 作铅垂面 P。

③ 求断面图（P 面与地形面的截交线）：自 P_H 线与等高线相交的各地面点分别向上引垂线，并根据其标高找到它们在标高线上的相应位置，再把标高线上的各点连成曲线，即得地形断面图。

④ 根据标高投影 $a_{19.5}b_{20.5}$，在断面图上作出直线 AB。

⑤ 找出直线 AB 与地面线的交点 K_1、K_2、K_3、K_4。由此可在地形图中得到交点的标高投影。

例 1-16 见图 1-94，路面标高为 62，挖方坡度 $i=1$，填方坡度 $i=2:3$，求挖方、填方的边界线。

解 空间及投影分析：该段道路由直道与弯道两部分组成。直道部分地形面高于路面，故求挖方的边界线。这段边界线实际就是坡度为 $i=1$ 的平面与地形面的交线。弯道部分地形面低于路面，故求填方的边界线。这段边界线实际就是坡度为 $i=2/3$ 的同坡曲面与地形

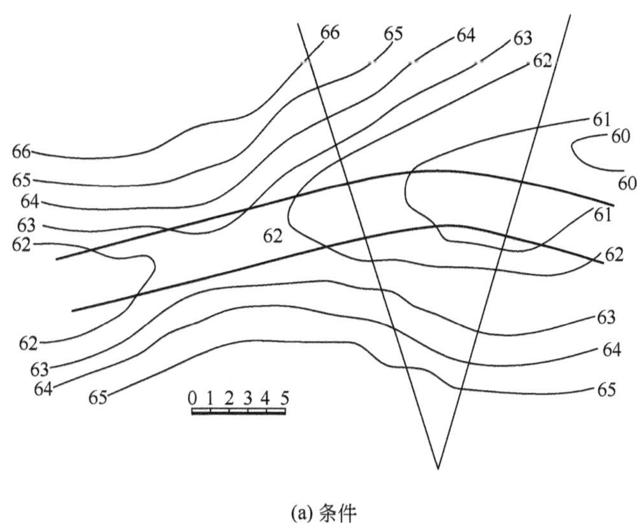

(a) 条件

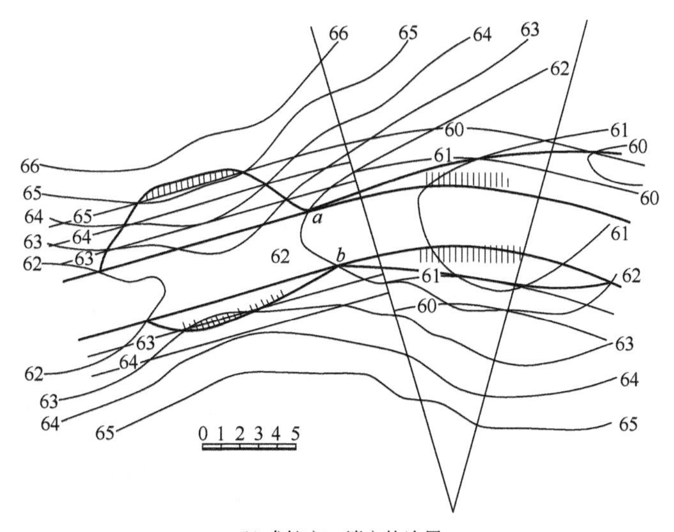

(b) 求挖方、填方的边界

图 1-94 求道路两侧挖方、填方的边界

面的交线。上述两种分界线均用等高线求解。

求解方法：

① 地形面上与路面上高程相同点 a、b 为填挖分界点，左边为挖方，右边为填方；

② 在挖方路两侧，根据 $i=1$（$L=1$）作出挖方坡面的等高线（平行于路面边界线）；

③ 在填方路面两侧，根据 $i=2/3$（$L=2/3$）作出填方坡面的等高线（实际就是以 O 为圆心，以平距差 $L=2/3$ 为半径的同心圆）；

④ 求出这些等高线与地形面上相同高度等高线的交点；

⑤ 用曲线依次连接各交点，即得到挖、填方的边界线。

第二章　工程形体的表达方法

第一节　视　　图

工程上把表达建筑形体的投影图称为视图。一般来讲，用三面视图及尺寸标注就可以表达出建筑形体的形状、大小和结构。但是，有些形体的形状和结构比较复杂，仅用三面视图无法将它们的形状完整、清晰地表达出来。为此，国家制图标准中规定了多种表达方法，实际中可根据具体情况适当选用。

一、基本视图

用正投影法在三个投影面（V、H、W）上获得形体的三面投影图，在工程上称为三视图。其中正面投影称为主视图，水平投影称为俯视图，侧面投影称为左视图。从投影理论上讲，形体的形状一般用三面投影均可表示。三视图的排列位置以及它们之间的三等关系见图2-1。所谓三等关系，即主视图和俯视图反映形体的同一长度，主视图和左视图反映形体的同一高度，俯视图和左视图反映形体的同一宽度。也就是：长对正、高平齐、宽相等。

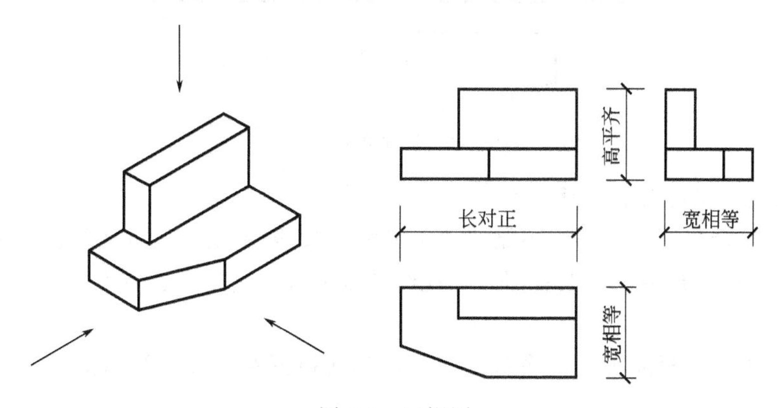

图 2-1　三视图

但是，当形体的形状比较复杂时，它的六个面的形状都可能不相同。若单纯用三面投影图表示则看不见的部分在投影中都要用虚线表示，这样在图中各种图线易于密集、重合，不仅影响图面清晰，有时也会给读图带来困难。为了清晰、准确地表达形体的六个面，国家《房屋建筑制图的统一标准》（GB/T 50001—2010）规定，在三个投影面的基础上，再增加三个投影面组成一个正方形立体。构成正方形的六个投影面称为基本投影面。

把形体放在正立方体中，将形体向六个基本投影面投影，可得到六个基本视图。这六个基本视图的名称是：从前向后投射得到主视图（正立面图），从上到下投射得到俯视图（平面图），从左向右投射得到左视图（左侧立面图），从右向左投射得到右视图（右侧立面图），从下到上投射得到仰视图（底面图），从后向前投射得到后视图（背立面图），见图 2-2。

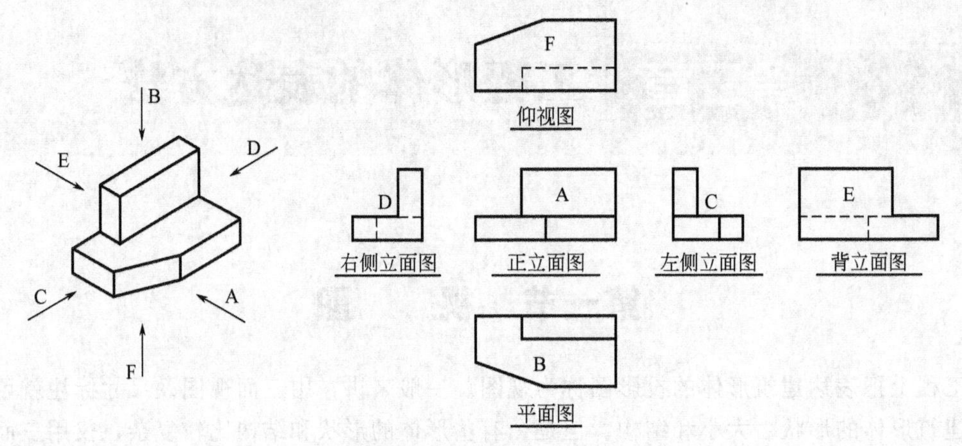

图 2-2 基本视图（一）

六个投影面的展开方法是正投影面保持不动，其他各个投影面逐步展开到与正投影面在同一个平面上。

当六个基本视图按展开后的位置（图 2-3）配置时，一律不标注视图的名称。

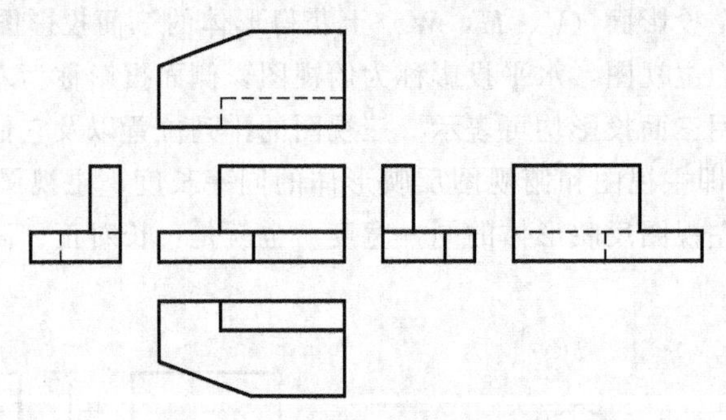

图 2-3 基本视图（二）

六面投影图的投影对应关系如下。

① 六视图的度量对应关系，仍保持“三等关系”，即主视图、后视图、左视图、右视图高度相等；主视图、后视图、俯视图、仰视图长度相等；左视图、右视图、俯视图、仰视图宽度相等。

② 六视图的方位对应关系，除后视图外，其他视图在远离主视图的一侧，仍表示形体的前面部分。

没有特殊情况，一般应优先选用正立面图、平面图和左侧立面图。

二、辅助视图

（1）向视图　将形体从某一方向投射所得到的视图称为向视图。向视图是可自由配置的视图。根据专业的需要，只允许从以下两种表达方式中选择其一。

① 若六视图不按上述位置配置时，也可用向视图自由配置。即在向视图的上方用大写拉丁字母标注，同时在相应视图的附近用箭头指明投射方向，并标注相同的字母，见图 2-4。

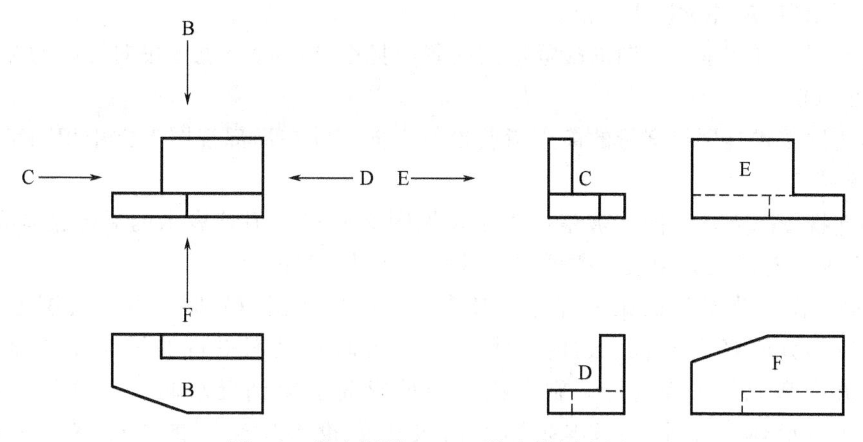

图 2-4 基本视图（三）（按向视图配置）

② 在视图下方（或上方）标注图名。标注图名的各视图的位置，应根据需要和可能，按相应的规则布置，见图 2-5。

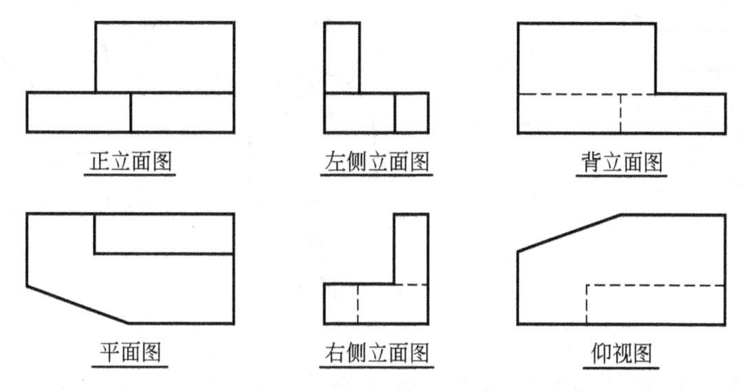

图 2-5 基本视图（四）

（2）局部视图 如果形体主要形状已在基本视图上表达清楚，只有某一部分形状尚未表达清楚。这时，可将形体的某一部分向基本投影面投影，所得到的视图称为局部视图，见图 2-6。

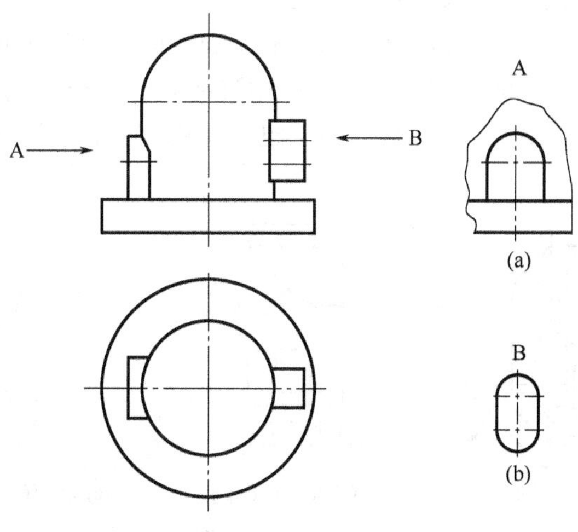

图 2-6 局部视图

读局部视图时应注意以下几点。

① 局部视图可按基本视图的配置形式配置，见图 2-6(a)，也可按向视图的配置形式配置，见图 2-6(b)。

② 标注的方式是用带字母的箭头指明投射方向，并在局部视图上方用相同字母注明视图名称，见图 2-6。

③ 局部视图的周边范围用波浪线表示，见图 2-6(a)。但若表示的局部结构是完整的，且外形轮廓又是封闭的，则波浪线可省略不画，见图 2-6(b)。

(3) 斜视图　当形体的某一部分与基本投影面成倾斜位置时，基本视图上的投影则不能反映该部分的真实形状。这时可设立一个与倾斜表面平行的辅助投影面，且垂直于 V 面，并对着此投影面投影，则在该辅助投影面上得到反映倾斜部分真实形状的图形。像这样将形体向不平行基本投影面的投影面投影所得到的视图称为斜视图，见图 2-7。

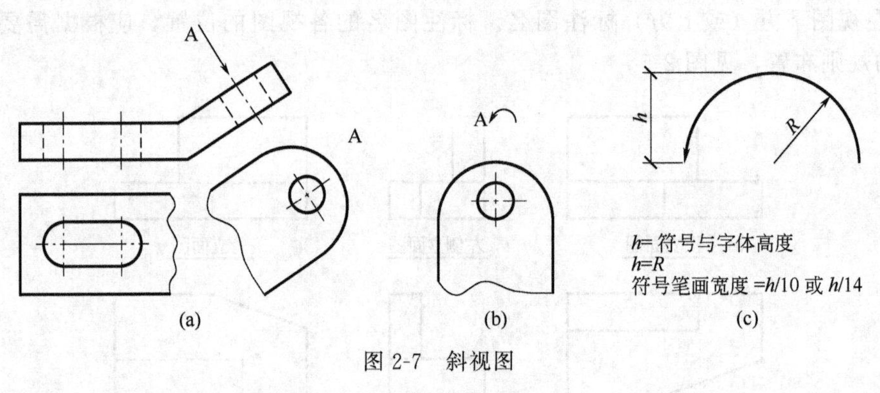

图 2-7　斜视图

读斜视图时应注意下列几点。

① 斜视图通常按向视图的配置形式配置并标注。即用大写拉丁字母及箭头指明投射方向，且在斜视图上方用相同字母注明试图的名称，见图 2-7(a)。

② 斜视图只要求表达倾斜部分的局部形状，其余部分不必画出，可用波浪线表示其断裂边界。

③ 必要时，允许将斜视图旋转配置。表示该视图的大写拉丁字母应靠近旋转符号的箭头端，见图 2-7(b)。旋转符号的尺寸和比例见图 2-7(c)。

(4) 镜像视图　某些工程构造用上述方法不易表达时，可用镜像投影法绘制［《房屋建筑制图统一标准》(GB/T 50001—2010)］，采用镜像投影法绘制的视图称为镜像视图，但应在图名后注写“镜像”二字，见图 2-8(b)。也可按图 2-8(c) 所示的方法画出镜像投影画法识别符号。

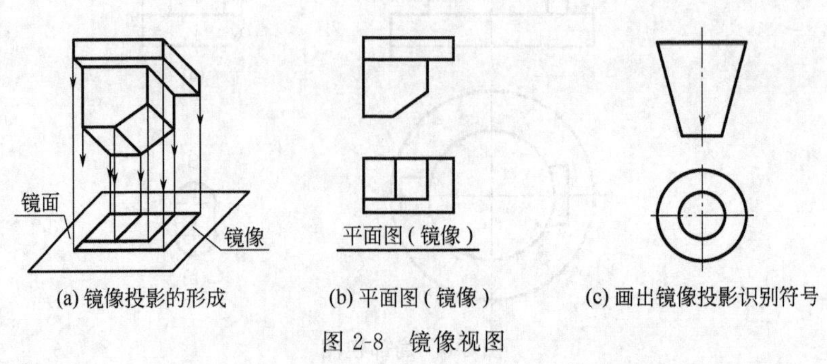

图 2-8　镜像视图

第二节　剖　面　图

在画形体的投影时，形体上不可见的轮廓线在投影图上需要用虚线画出。这样，对于内形复杂的形体必然形成虚实线交错，混淆不清，给读图带来不便。长期的生产实践证明，解决这个问题的最好方法，是将假想形体剖开，让它的内部显露出来，使形体的不可见部分变成看得见的部分，然后用实线画出这些形体内部的投影图。国家标准 GB/T 17452—1998、GB/T 17453—2005，《房屋建筑制图统一标准》(GB/T 50001—2010)，《建筑制图标准》(GB/T 50104—2010) 等规定了剖面图的画法。

一、剖面图的基本概念

假想用一个（或几个）剖切平面（或曲面）沿形体的某一部分切开，移走剖切面与观察者之间的部分，将剩余部分向投影面投影，所得到的视图称为剖面图，简称剖面，见图 2-9。图 2-9 所示物体为一杯形基础，其主视图中孔洞因被外形遮住而用虚线表示。现假想用一个剖切面 P（正平面）剖切后，移走剖切平面与观察者之间的那部分基础，将剩余的部分基础重新向投影面进行投影，所得投影图称为剖面图，简称剖面，如图 2-9(b) 所示的 1—1 剖面。由于将形体假想切开，形体内部结构显露出来。在剖面图上，原来不可见的线变成了可见线，而原外轮廓可见的线有部分变成不可见了，此时的不可见线不必画出。

一般情况下剖切面应平行某一投影面，并通过内部结构的主要轴线或对称中心线。必要时也可以用投影面垂直面作剖切面。

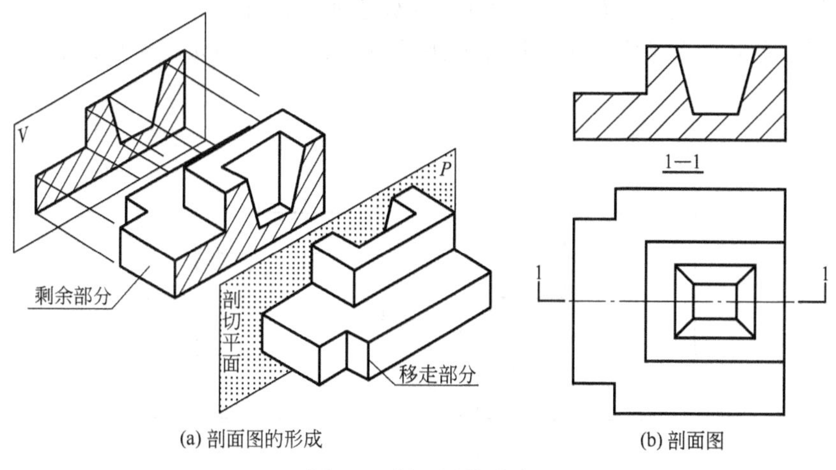

(a) 剖面图的形成　　(b) 剖面图

图 2-9　剖面图的形成

二、剖面图的画法

(1) 确定剖切位置　剖切的位置和方向应根据需要来确定。例如，图 2-9 中所示的基础，在主视图中有表示内部形状的虚线，为了在主视图上作剖面，剖切平面应平行正立投影且通过物体的内部形状（有对称平面时应通过对称平面）进行剖切。

(2) 画剖面　剖面图位置确定后。就可假想把物体剖开，画出剖面图。由于剖切是假想的，画其他方向的视图或剖面图仍是完整的。

应当注意，画剖面时，除了要画出物体被剖切平面切到的图形外，还要画出被保留的后半部分的投影，如图 2-9(b) 所示的 1—1 剖面。

在工程图样中，视图主要用于表示物体的外形，剖面主要用于表示物体的内形。当外形比较简单时，有表示内形的剖面，则同一方向的视图可以省略。例如，图 2-9(b) 中由于外形比较简单，用剖面的外形轮廓和俯视图足以表示清楚，所以左视图可以省略，为了便于读图和画图，常把剖面放在主视图的位置上。

三、剖面图的标注

剖面的内容与剖切平面的剖切位置和投影方向有关。因此在图中必须用剖切符号指明剖切位置和投影方向。为了便于读图，还要对每个剖切符号进行编号，并在剖面图下方标注相应的名称。具体标注方法如下。

① 剖切位置在图中用剖切线位置表示：剖切位置线用两段粗实线绘制，其长度为 6～10mm。在图中不得与其他图线相交，如图 2-9(b) 所示的“——”。

② 投影方向在图中用剖视方向线表示：剖视方向线应垂直画在剖切位置线的两端，其长度应短于剖切位置线，宜为 4～6mm，并且用粗实线绘制，如图 2-9(b) 所示的“|”。

③ 剖切符号的编号，要用阿拉伯数字按顺序从左至右，由下至上连续编排，并写在剖视方向线的端部，编号数字一律水平书写，如图 2-9(b) 所示“1”。

④ 剖面的名称要用与剖切符号相同的编号命名，且符号下面加上一粗实线，命名书写在剖面图的正下方，如图 2-9(b) 中的“1—1”。

当剖切平面通过物体的对称平面，而且剖面又画在投影方向上，中间没有其他图形相隔，上述标注可完全省略，例如，图 2-9(b) 的标注便可省略。

剖切符号、剖切线和数字的组合标注方法见图 2-10(a)，剖切线也可以省略不画，见图 2-10(b)。

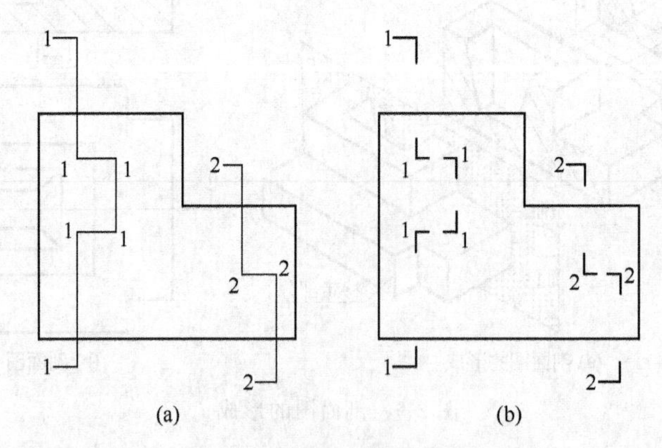

图 2-10 剖面图的标注方法

⑤ 材料图例线：剖切平面与形体接触的部分，一般要画出表示材料类型的图线，见图 2-11。在不指明材料时，用间隔均匀（一般为 2～6mm）的 45°方向细斜线画出图例线，在同一形体的各个剖面中，图例线方向、间距应一致。

四、剖面图中注意的几个问题

① 剖切面的位置：剖切面一般应通过形体的主要对称面或轴线，并要平行或垂直某一

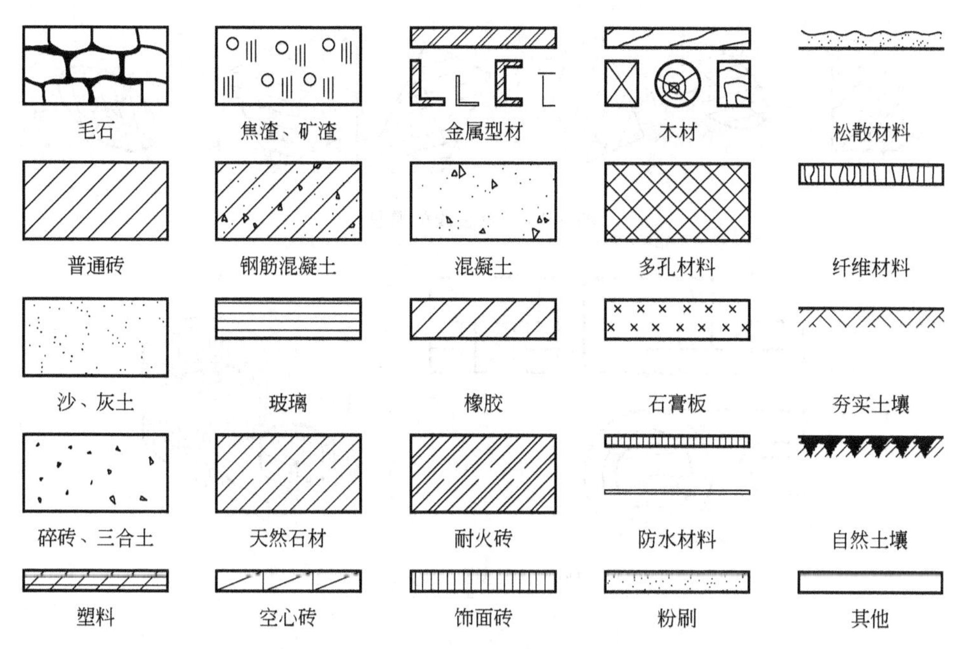

图 2-11　常用建筑材料图例

投影面。

② 剖面图只要假想用剖切面将形体剖开，所以画其他视图时仍应画完整的，而不应只画出剖切后剩余的部分，见图 2-12。

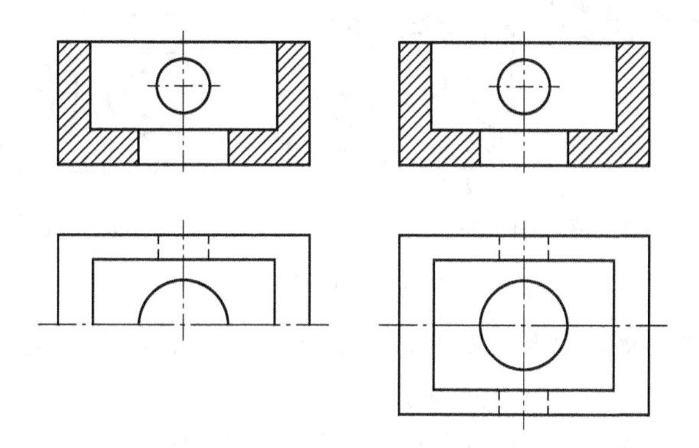

图 2-12　剖面图中的错误画法

③ 当在剖面图或其他视图上已表达清楚的结构、形状，而在剖面图或其他视图中此部分投影为虚线时，一律不画出。但没有表示清楚的结构、形状，允许在剖面图或其他视图上画出少量的虚线。

④ 剖切后余下可见部分的投影全部画出，并分析其结构形状及投影特点，见图 2-12。

⑤ 被剖切面切着的断面应画出剖面符号。一般以适当角度的细实线绘制。最好与主要轮廓线或轴线成 45°，其剖面方向、间距应一致，见图 2-13。

五、剖面图的种类

1. 全剖面图

用剖切面完全剖开形体的剖面图称为全剖面图，简称全剖面，见图 2-14。

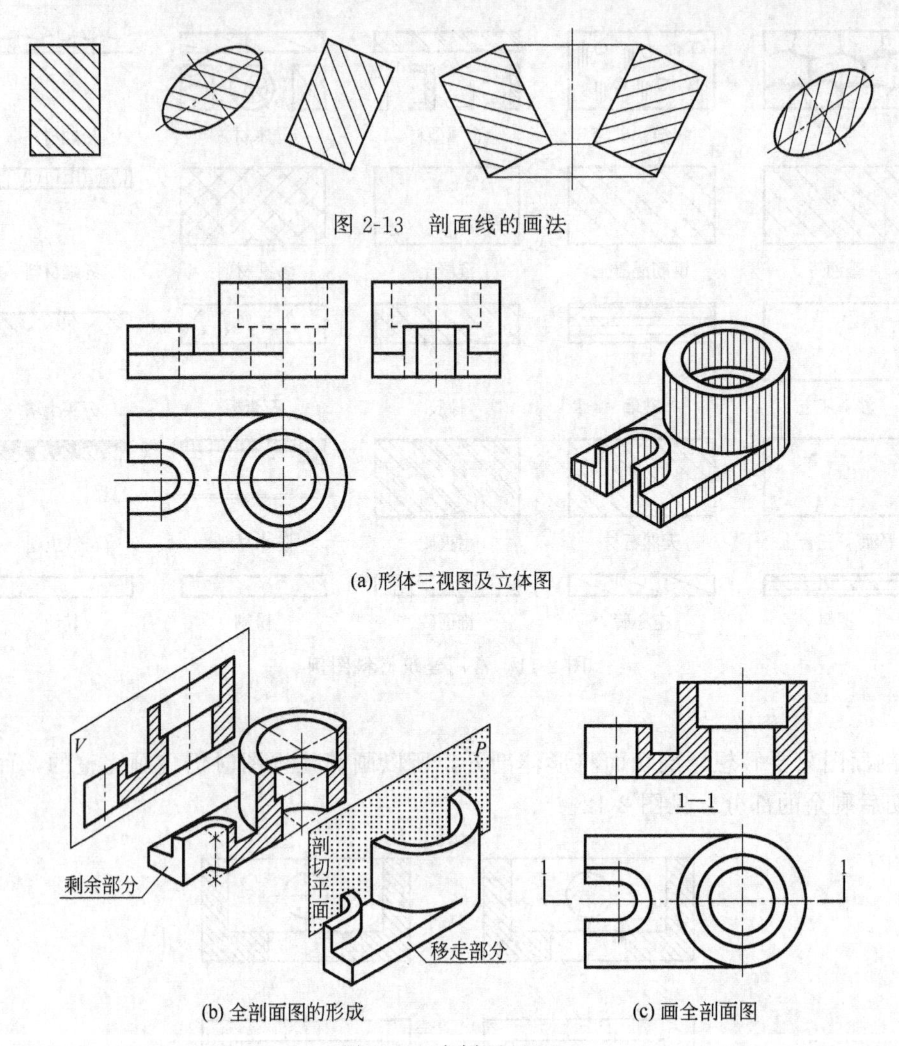

图 2-13 剖面线的画法

(a) 形体三视图及立体图

(b) 全剖面图的形成

(c) 画全剖面图

图 2-14 全剖面（一）

(1) 适用范围 当形体的外形比较简单，内形较复杂，而图形又不对称时，或外形简单的回转体形体，为了便于标注尺寸也常采用全剖面图，见图 2-15。

(2) 剖面图的标注 见图 2-14、图 2-15，由于都是采用单一剖切面通过形体的对称面剖切，且剖面图按投影关系配置，故可省略标注。

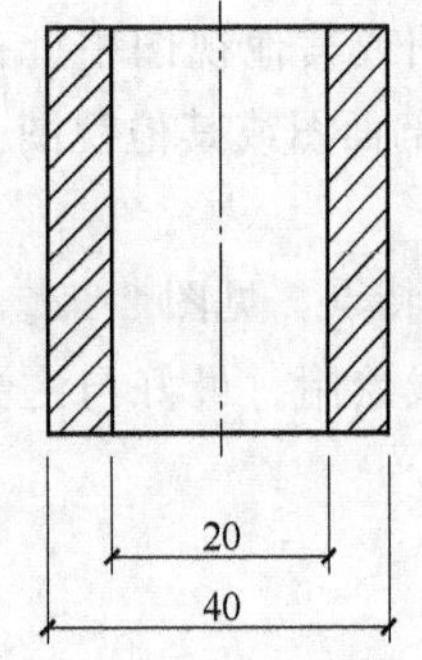

图 2-15 全剖面（二）

2. 半剖面图

当形体具有对称平面时，向垂直于对称平面的投影面上投影所得的图形，可以以对称中心线为界，一半画成剖面图，一半画成视图，这种剖面图称为半剖面图，简称半剖面。见图 2-16。

画半剖面图时，当视图与剖面图左右配置时，规定把剖面图画在中心线的右边。当视图与剖面图上下配置时，规定把剖面图画在中心线的下边。

注意：不能在中心线的位置上画上粗实线。

(1) 适用范围 半剖面图的特点是用剖面图和视图各一半来表达形体的内形和外形。所以当形体的内外形都需要表达，且图形又对称时，常采用半剖面图，

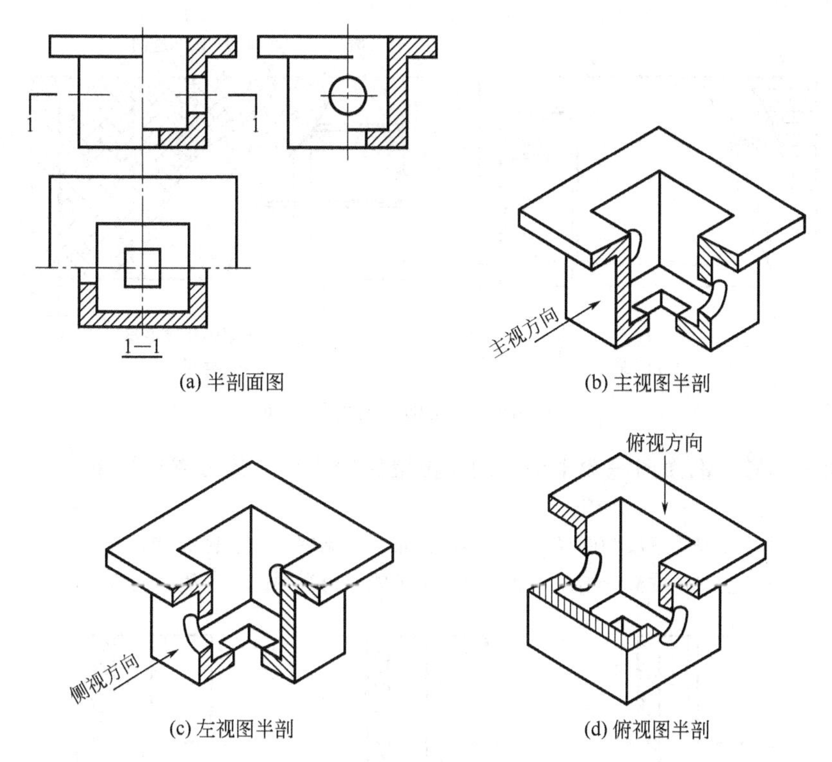

(a) 半剖面图　(b) 主视图半剖

(c) 左视图半剖　(d) 俯视图半剖

图 2-16　半剖面

如图 2-16 所示的主视图和左视图。形体的形状接近于对称，且不对称部分已有图形表达清楚时，也可采用半剖面图，如图 2-16 所示的俯视图。

（2）标注　见图 2-16，在左视图上的半剖面图，因剖切面与形体的对称面要重合，且按投影关系配置，故可省略标注。对俯视图来说，因剖切面未通过主要对称面，需要标注。

3. 局部剖面图

用剖切面局部剖开形体所得的剖面图称为局部剖面图，简称局部剖面。

图 2-17 所示的结构，若采用全剖面不仅不需要，而且画图也麻烦，这种情况宜采用局部剖面。剖切后其断裂处用波浪线分界以示剖切的范围。

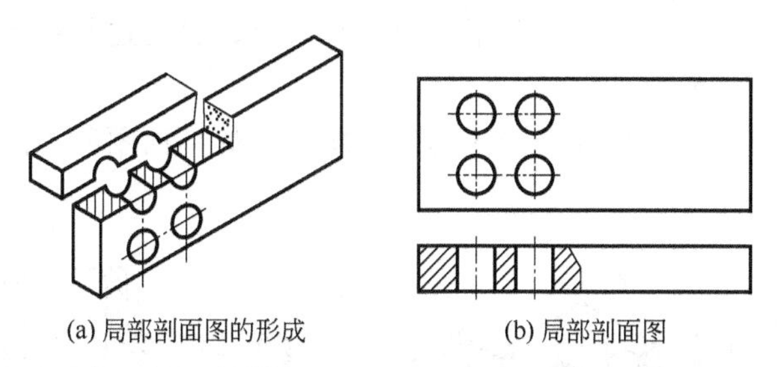
(a) 局部剖面图的形成　(b) 局部剖面图

图 2-17　局部剖面

建筑物的墙面、楼面及其内部构造层次较多，可用分层局部剖面来反映各层所用的材料和构造，分层剖切的剖面图，应按层次以波浪线将各层隔开，波浪线不应与任何图线重合，见图 2-18。

（1）适用范围　局部剖面是一种比较灵活的表示方法，适用范围较广，怎样剖切以及剖切范围多大，需要根据具体情况而定。

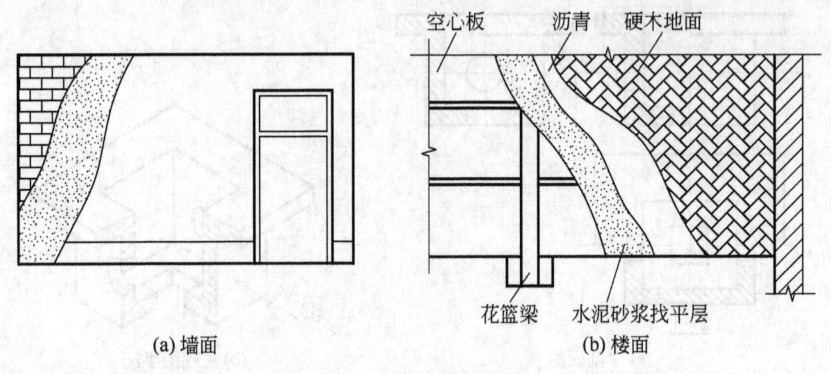

图 2-18 分层剖切的局部剖面

（2）标注 局部剖面图一般来讲，剖切位置比较明显，故可省略标注。

注意：

① 表示断裂处的波浪线不应和图样上的其他图线重合，见图 2-17、图 2-18；

② 如遇孔、槽等空腔，波浪线不能穿空而过，也不能超出视图的轮廓线，见图 2-19。

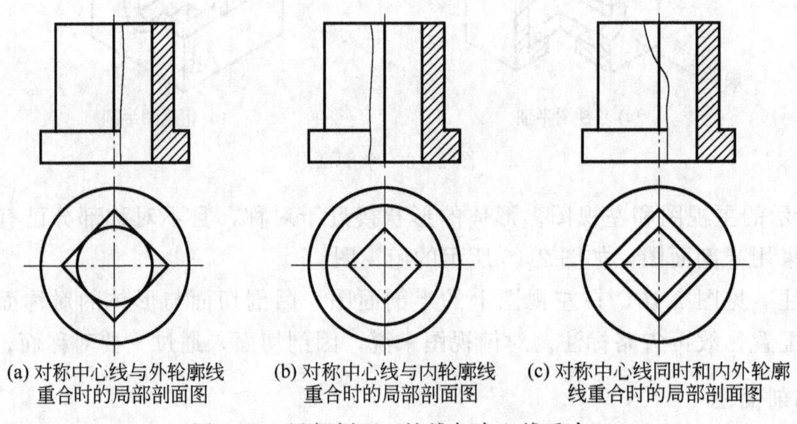

图 2-19 局部剖面（棱线与中心线重合）

4. 阶梯剖面图

有些形体内部层次较多，其轴线又不在同一平面上，要把这些结构形状都表达出来，需要用几个相互平行的剖切面相切。

这种用几个相互平行的剖切面把形体剖切开所得到的剖面图称为阶梯剖面图，简称阶梯剖面，见图 2-20。

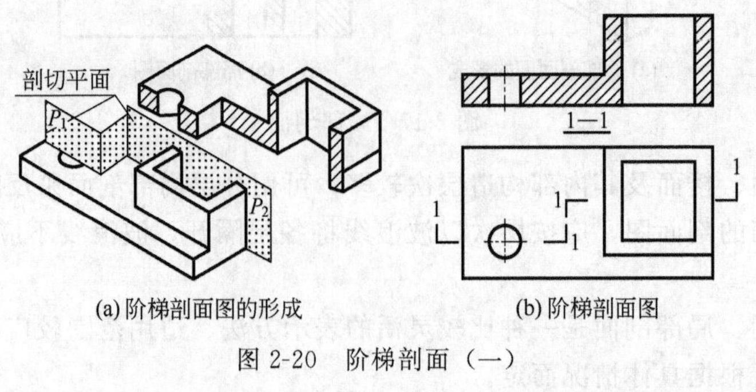

图 2-20 阶梯剖面（一）

读图时注意：

① 剖切面的转折处不应与图上轮廓线重合，且不要在两个剖切面转折处画上粗实线投影，见图 2-20(b)；

② 在剖切面图形内不应出现不完整的要素，仅当两个要素在图形上具有公共对称中心线或轴线时，才允许以对称中心线或轴线为界线各画一半，见图 2-21。

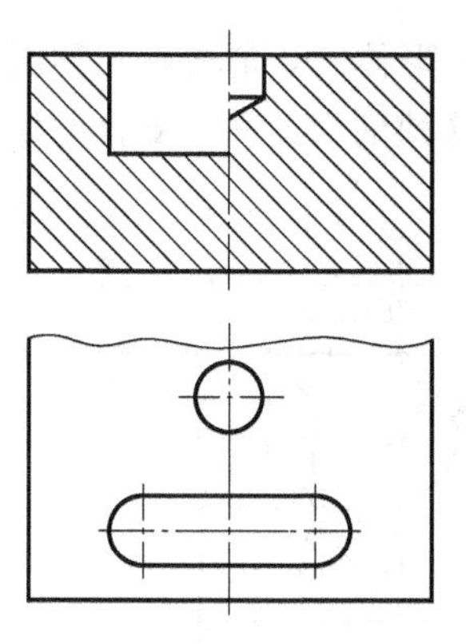

图 2-21 具有公共中心线或轴线时不完整要素画法

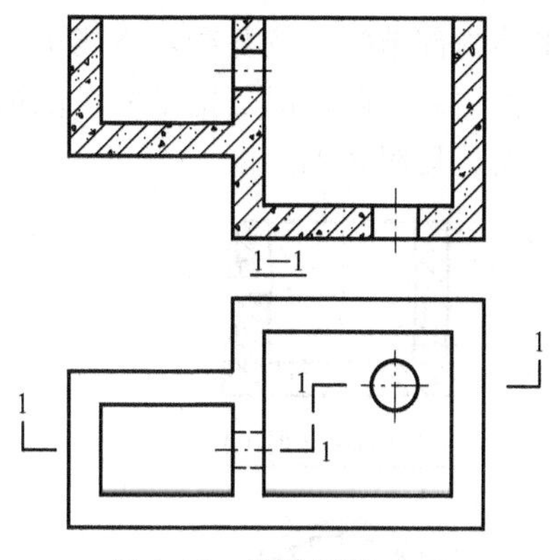

图 2-22 阶梯剖面（二）

（1）阶梯剖面图的适用范围 当形体上的孔、槽、空腔等内部结构不在同一平面内而呈多层次时，应采用阶梯剖面图，见图 2-22。

（2）阶梯剖面图的标注 阶梯剖面图应标注剖切位置线、剖视方向线和数字编号，并在剖面图下方用相同字母标注剖视图的名称，见图 2-22。

5. 旋转剖面图

用相交的两剖切面剖切形体所得到的剖面图称为旋转剖面图，简称旋转剖面，见图 2-23。

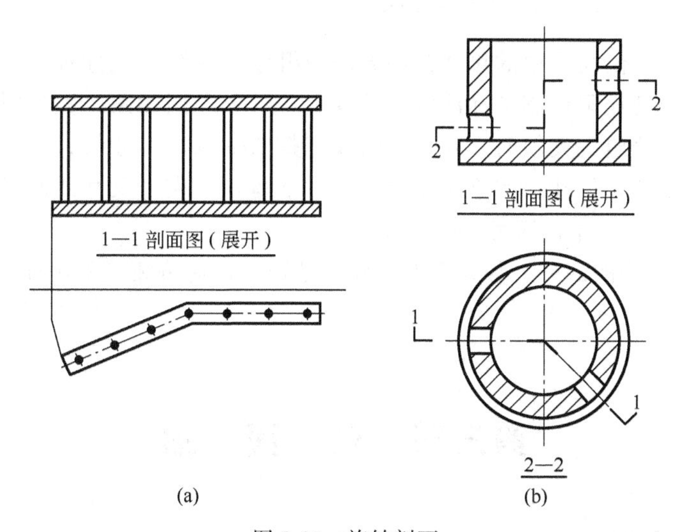

图 2-23 旋转剖面

（1）旋转剖面图的适用范围 当形体的内部结构需要用两个相交的剖切面剖切，才能将其完全表达清楚，且这个形体又有回转轴线时，应采用旋转剖面图，见图 2-23。

（2）旋转剖面图的标注　旋转剖面图应标注剖切位置线、剖视方向线和数字编号，并在剖面图下方用相同数字标注剖视图的名称“1—1（展开）”。

（3）注意　画旋转剖面图时应注意剖切后的可见部分仍按原有位置投射，如图 2-23(b) 所示的小孔。在旋转剖面中，虽然两个剖切平面在转折处是相交的，但规定不能画出其交线。

6. 复合剖面图

当形体内部结构比较复杂，不能单一用上述剖切方法表示形体时，需要将几种剖切方法结合起来使用。一般情况是把某一种剖视与旋转剖视结合，这种剖面图称为复合剖面图，简称复合剖面，见图 2-24。

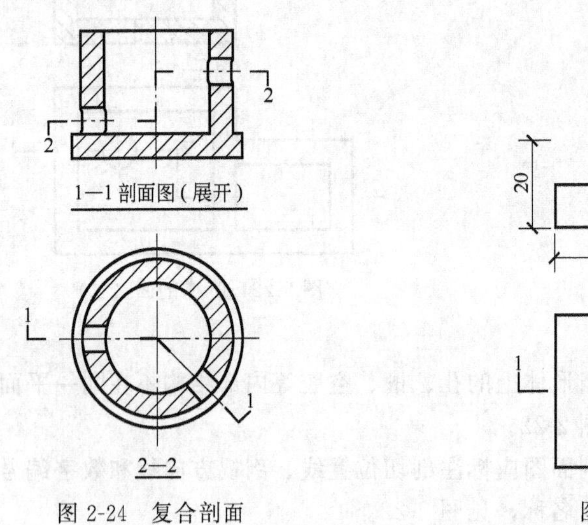

图 2-24　复合剖面

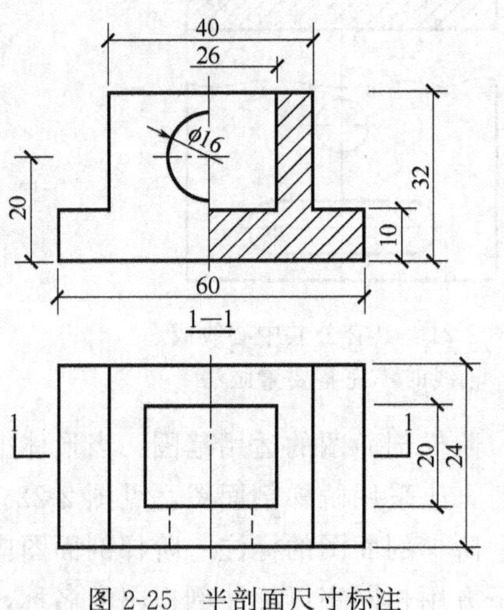

图 2-25　半剖面尺寸标注

画复合剖面图时，应标注剖切位置线、剖视方向线和数字编号，并在剖面图的下方用相同数字标注剖面图的名称。

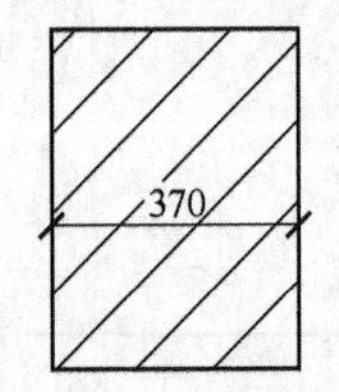

图 2-26　剖面线中的尺寸标注

六、剖面图中的尺寸标注

剖面图中的尺寸标注方法与组合体视图的尺寸标注方法基本相同，均应遵循国家制图标注的有关规定。对于半剖面图，因其图形不完整而造成尺寸组成欠缺时，在尺寸组成完整的一侧，尺寸线、尺寸界限的标注方法不变，尺寸数字仍按图形完整时书写，但应将尺寸线画过对称中心线，如图 2-25 中的尺寸 26、$\phi16$。

剖面图中画剖面线的部分，如果需要标注尺寸数字，应将相应的剖面线断开，不要使剖面线穿过尺寸数字，见图 2-26。

第三节　断　面　图

一、断面图的基本概念

在前面讲过的剖面图中，假想用剖切面将形体切开，剖切面与形体接触的部分，称为截面或断面，截面或断面的投影称为截面图或断面图，见图 2-27(c)。

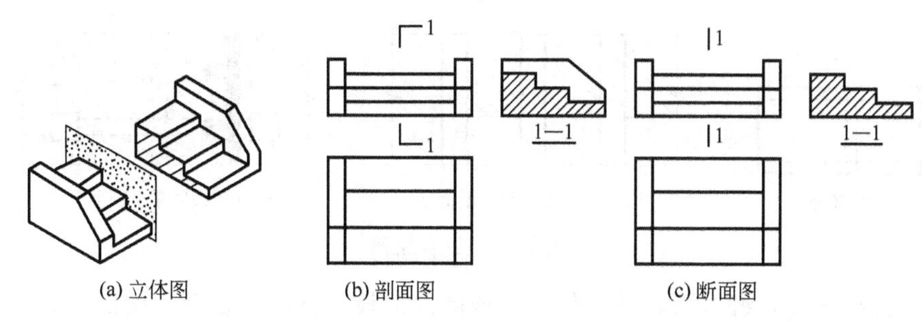

(a) 立体图 (b) 剖面图 (c) 断面图

图 2-27 断面图的形成

断面图与剖面图既有区别又有联系，区别在于断面图是一个平面的实形，相当于画法几何中的截断面实形，而剖面图是剖切后剩下的那部分立体的投影。它们的联系在于剖面图中包含了断面图，断面图存在于剖面图之中。

断面或截面主要用于表达形体某一部位的断面形状。把断（截）面同视图结合起来表示某一形体时，可使绘图大为简化。

二、断面图的种类和画法

根据断面在绘制时所配置的位置不同，断面分为以下两种。

（1）移出断面图　画在视图外的断面图形称为移出断面图，移出断面的轮廓线用粗实线绘制，配置在剖切线的延长线或其他适当位置，见图 2-28。

断面图只画出剖切后的断面形状，但当剖面通过轴上的圆孔或圆坑的轴线时，为了清楚完整地表示这些结构，仍按剖面图绘制，见图 2-29。

由两个或多个相交剖切面剖切得出的移出断面图，中间一般断开，见图 2-30。

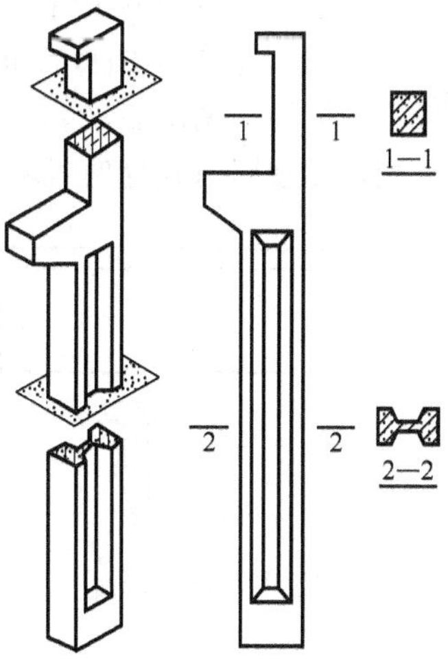

图 2-28 移出断面（一）

（2）重合断面图　画在视图内的断面图形称为重合断面图，轮廓线用细实线绘制。当视图中轮廓线与重合断面的图形重叠时，视图中的轮廓线仍应连续画出，不可中断，见图 2-31。

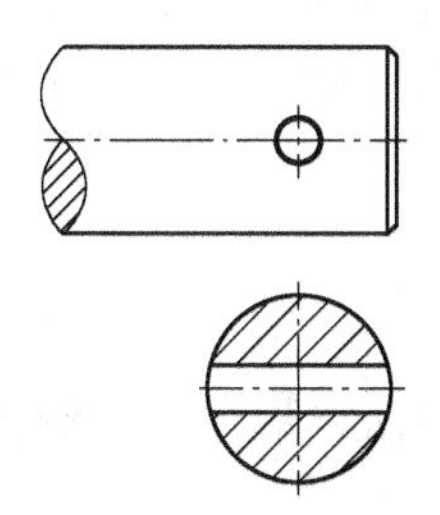

图 2-29 断面按剖面画出

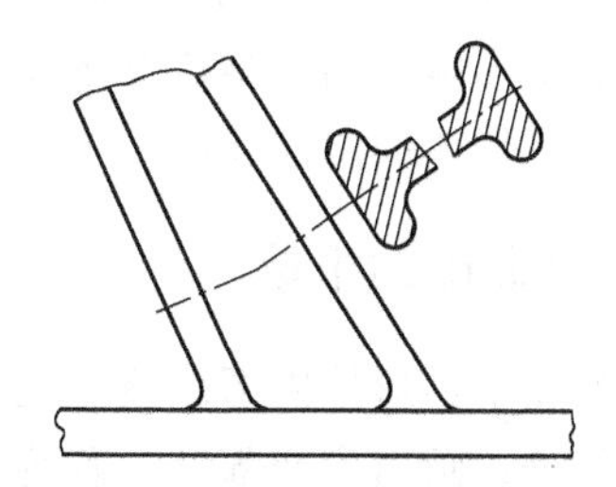

图 2-30 移出断面（二）

三、断面图的标注

在建筑制图中，一般只对画在视图外的断面图进行标注，断面图的剖切符号只画剖切位置线，且画为粗实线，长度为 6～10mm。断面编号采用阿拉伯数字按顺序连续编排，并注

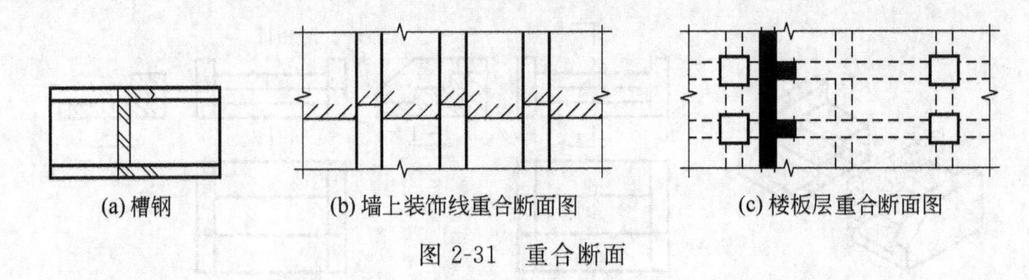

图 2-31 重合断面

写在剖切位置线一侧，编号所在的一侧表示该断面的投射方向。在断面图的下方，书写与该图对应的剖切符号的编号作为图名，并在图名下方画一等长的粗实线，见图 2-28。画在视图内的断面图不必标注。

① 不画在剖切线延长线上的移出断面图，其图形又不对称时，必须标注剖切线、剖切符号、数字，并在断面图下方用相同数字标注断面图的名称。

② 画在剖切线、剖切符号延长线上的移出断面图，当其图形不对称时，只需标注剖切符号、数字，不对称的重合断面也按同样方法标注。

③ 画在剖切线上的重合断面图，或画在剖切线延长线上的移出断面图，其图形对称时可以不加标注，见图 2-32。

配置在视图断开处的对称移出断面图，也可以不加标注，见图 2-33。

图 2-32 移出断面（三）

图 2-33 中断断面

第四节 轴测剖面图

工程中，轴测图能直观地反映形体的外部形状，剖面图能详细地表达形体的内部构造。为了同时表示形体的内部结构和形状，在轴测图上也常采用剖切的方法，即切掉形体的某一部分，以显示形体的内部结构。

一、轴测剖面图的形成

在轴测图中，形体内部结构表达不清楚时，可假想用剖切面将形体的轴测图剖开，移走其中的一部分，画出剩余部分，称为轴测剖面图，见图 2-34。

二、轴测剖面图的图例规定

① 为了使轴测剖面图能同时表达形体的内、外形状，一般采用互相垂直的平面剖切形体的四分之一，剖切平面应选取通过形体主要轴线或对称面的投影面平行面作为剖切平面，见图 2-34。

② 在轴测剖面图中，断面的图例线不再画 45°方向斜线，而是与轴测坐标有关，剖切线应按断面所在坐标面的具体位置绘制，正等测和斜二测图中各坐标面上剖面线的方向见图 2-35。

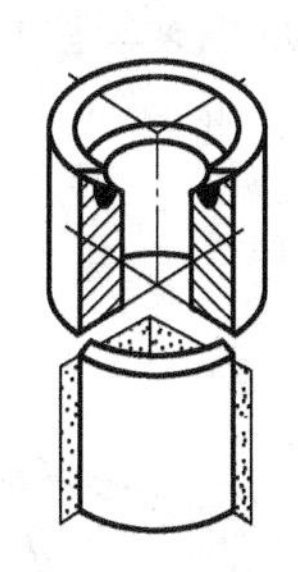

图 2-34　剖切平面的位置

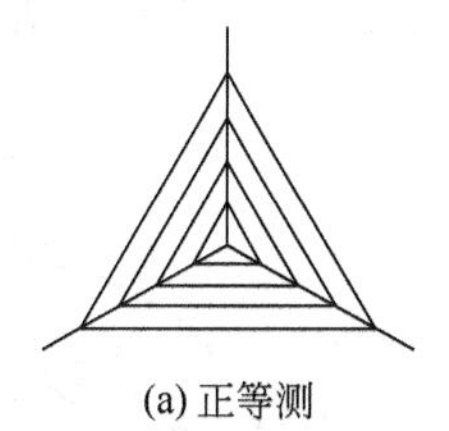

(a) 正等测

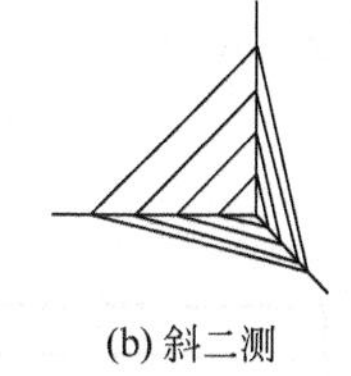

(b) 斜二测

图 2-35　轴测剖切中剖面线的方向画法

三、轴测剖面图的画法

在轴测图上画剖面，可根据需要任意切割。常见画法是先画出外形后剖切：即先按选定的轴测投影类型，画出形体的完整轴测投影，然后用平行于坐标面的平面在选定的位置进行剖切，补画出经剖切后断面的轮廓线和内部的可见轮廓线，并画出剖切断面的剖面线或具体材料图例。

已知形体的三面投影，见图 2-36(a)，其轴测剖面图具体画法如下：

① 选定轴测投影类型，并画出轴测投影图，见图 2-36(b)；

② 用与投影面平行的平面剖切形体，见图 2-36(c)；

③ 画出经剖切后断面和内部的可见轮廓线，见图 2-36(d)；

④ 加深断面轮廓线，按轴测投影类型画上剖面线或图例线，完成作图，见图 2-36(e)。

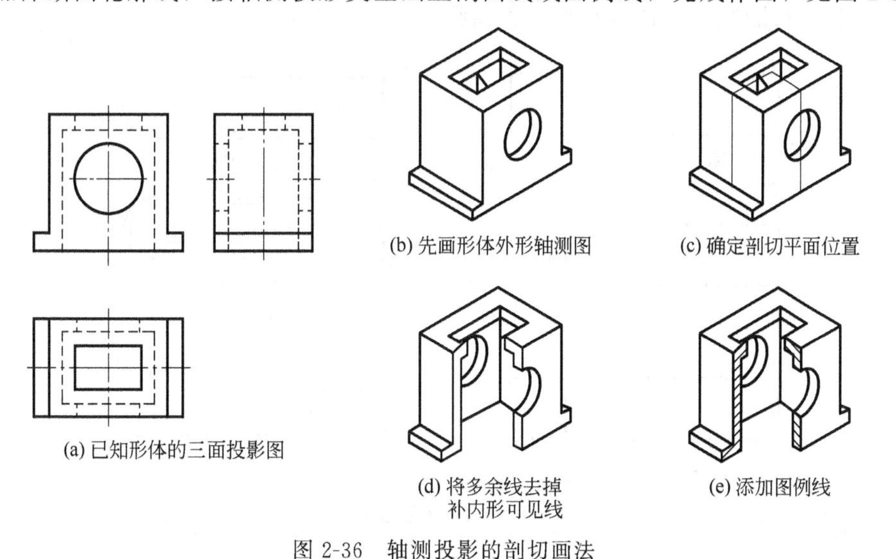

图 2-36　轴测投影的剖切画法

第五节　简化画法和规定画法

为了简化制图与提高效率，国家标准规定了一些简化画法。掌握技术图样的简化画法，可以加快读图进程，下面对其中的部分简化画法进行介绍。

一、对称形体的简化画法

当不致引起误解时，对具有对称性的形体，其视图可画一半或四分之一，并在对称线的两端画出对称符号，见图 2-37(a)、(b)。图形也可稍超出其对称线，此时可不画对称符号，见图 2-37(c)。

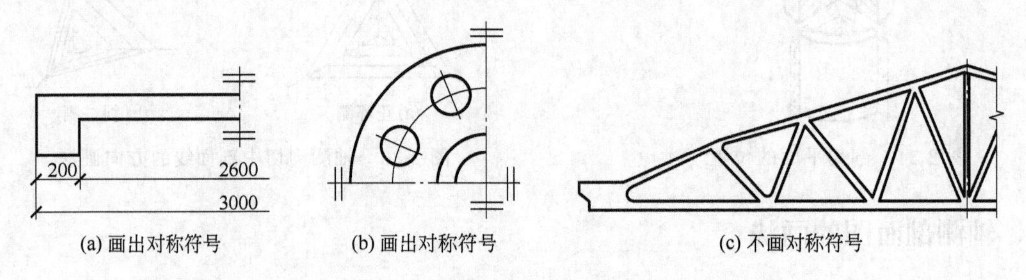

图 2-37 对称的简化画法

对称的形体，需画剖（断）面图时，也可以以对称符号为界，一半画外形图，一半画剖（断）面图，例如半剖面图。

对称符号用两条平行的细实线表示，线段长为 6～10mm，间距为 2～3mm，且画在对称线的两端，见图 2-37(a)、(b)。

二、折断省略画法

当只需表达形体的某一部分形状时，可假想把不需要的部分折断，画出保留部分的图形后在折断处画上折断线，这种画法称为折断画法，见图 2-38。

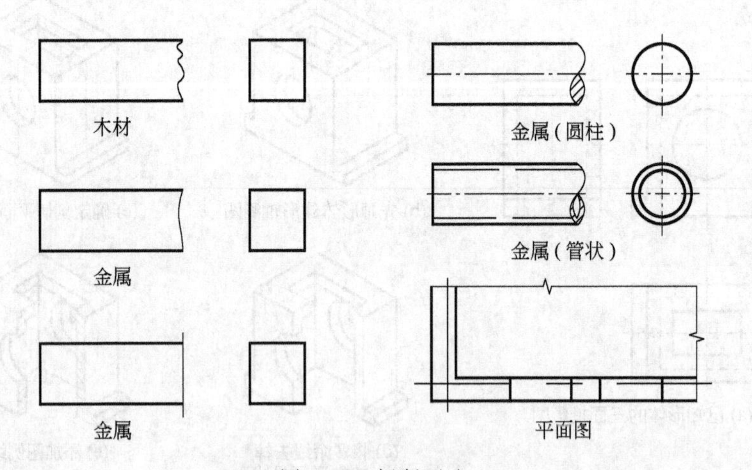

图 2-38 折断画法

三、断开省略画法

较长的构件，如沿长度方向的形状相同或按一定规律变化，可假定将形体折断并去掉中间部分，只画出两端部分，这种画法称为断开画法。断开省略画法，断开处应以折断线表示，尺寸数值按实际长度标注，见图 2-39。

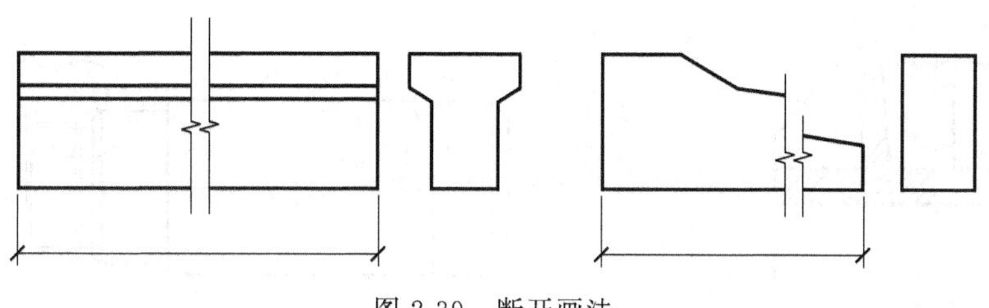

图 2-39 断开画法

四、相同要素的省略画法

当构配件内有多个完全相同且按一定规律排列的结构要素时，可仅在两端或适当位置画出其完整形状，其余部分以中心线或中心线交点表示，见图 2-40。

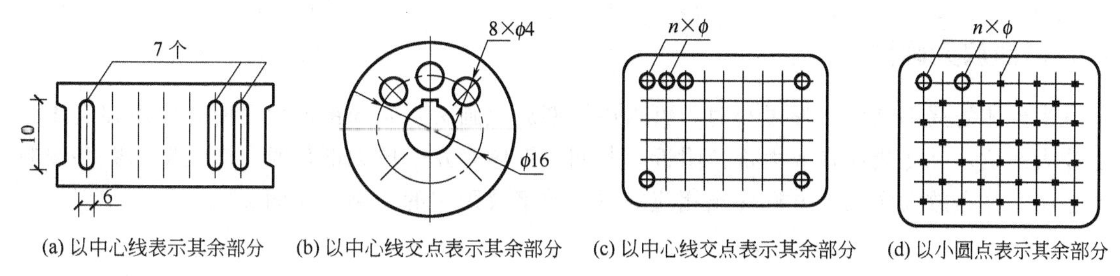

(a) 以中心线表示其余部分 (b) 以中心线交点表示其余部分 (c) 以中心线交点表示其余部分 (d) 以小圆点表示其余部分

图 2-40 相同要素的省略画法

五、连接省略画法

一个构件如果与另一构件仅部分不相同，该构件可只画不同部分，但应在两个构件的相同部分与不同部分的分界线处分别画上连接符号，两个连接符号应对准在同一线上，见图 2-41。连接符号用折断线表示，并标注出相同的大写字母。

六、同一构件的分段画法

同一构配件，如绘制位置不够，可分段绘制，并应以连接符号表示相连，连接符号应以折断线表示连接的部位，并用相同的字母编号，见图 2-42。

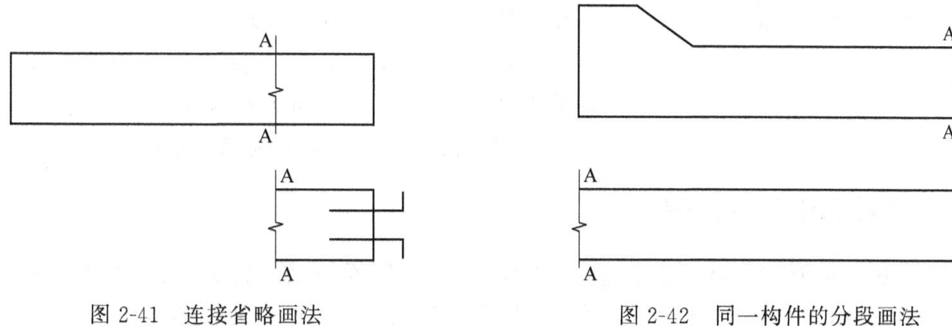

图 2-41 连接省略画法

图 2-42 同一构件的分段画法

七、不剖形体的画法

当剖切平面纵向通过薄壁、筋板、柱、轴等实心形体的轴线或对称平面时，这些部分不画图例线，只画出外形轮廓线，此类形体称为不剖形体，见图 2-43。

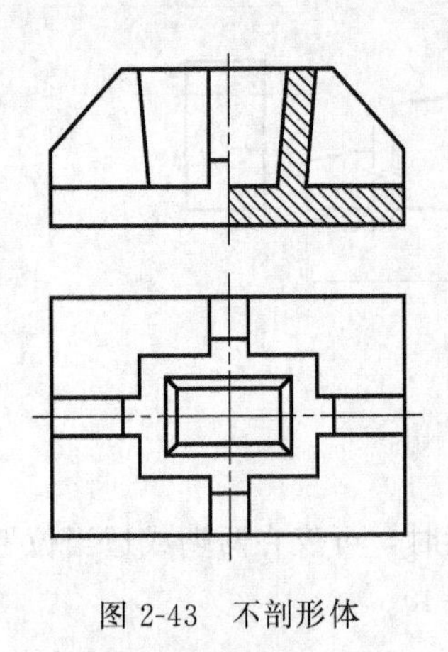
图 2-43　不剖形体

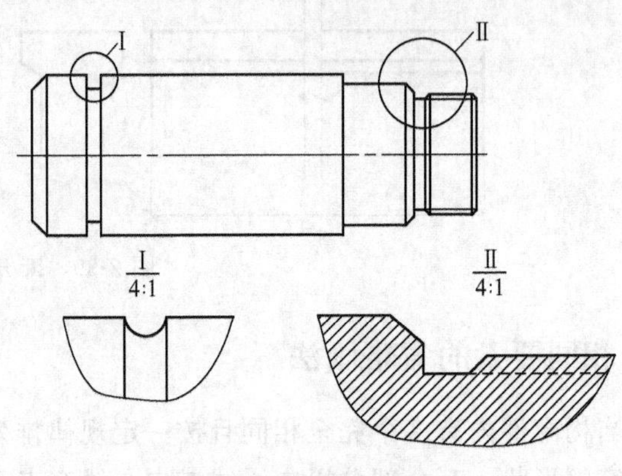

图 2-44　局部放大画法

八、局部放大画法

当形体的局部结构图形过小时，可采用局部放大画法。画局部放大图时，应用细实线圈出放大部位，并尽量放在放大部位附近。若同一形体有几个放大部位时，应用罗马数字按顺序注明，并在放大图的上方标注出相应的罗马数字及采用的比例，见图 2-44。

第六节　第三角投影

随着国际交流的日益增多，在工作中会遇到像英国、美国等采用第三角投影画法的技术图纸。按国家标准规定，必要时（如合同规定等），才允许使用第三角画法。

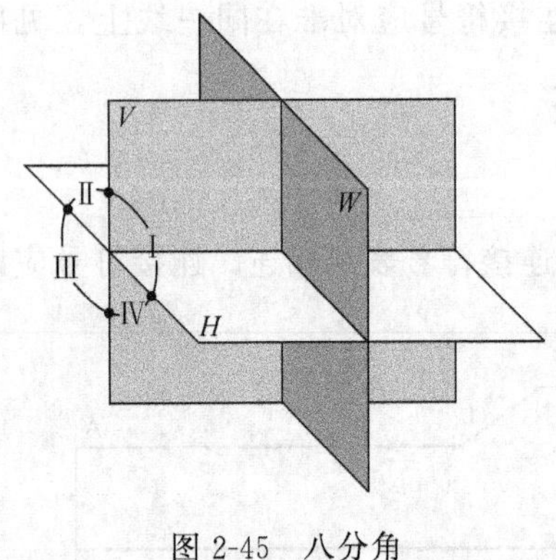

图 2-45　八分角

一、什么是第三角投影

互相垂直的三个投影面（V、H、W）扩大后，可将空间分为八个部分，其中 V 面之前、H 面之上、W 面之左为第一分角，按逆时针方向，依次为称为第二分角、第三分角、……、第八分角，见图 2-45。我国制图标准规定，我国的工程图样均采用第一角画法，即将形体放在第一角中间进行投影。如果将形体放在第三角中间进行投影，则称为第三角投影。

二、第三角投影中的三视图

见图 2-46，把形体在第三角中进行正投影，然后 V 面不动，将 H 面向上旋转 90°，将 W 面向右旋转 90°，便得到位于同一平面上的属于第三角投影的三面投影图。

三、第三角与第一角投影比较

1. 共同点

均采用正投影法，在三面投影中均有“长对正，高平齐，宽相等”的三等关系。

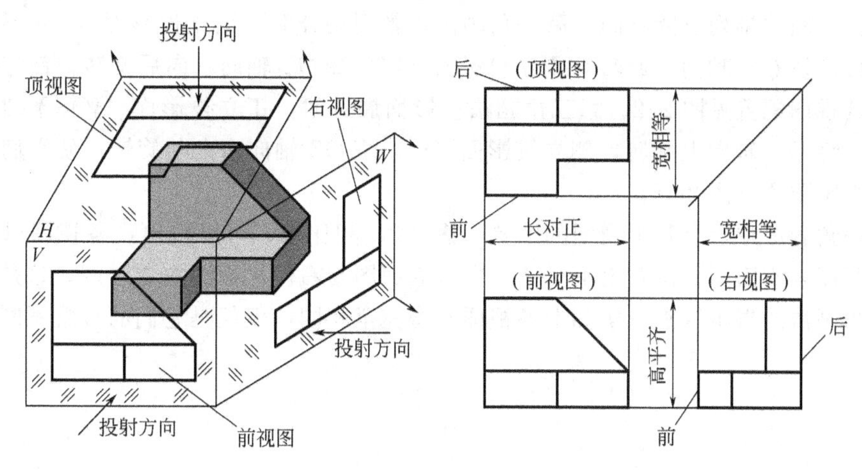

图 2-46　第三角投影

2. 不同点

（1）观察者、形体、投影面三者的位置关系不同　第一角投影的顺序是“观察者—形体—投影面”，即通过观察者的视线（投射线）先通过形体的各顶点，然后与投影面相交；第三角投影的顺序是“观察者—投影面—形体”，即通过观察者的视线（投射线）先通过投影面，然后到达形体的各顶点。

视图中第一角、第三角投影分别用相应的符号表示，图 2-47。

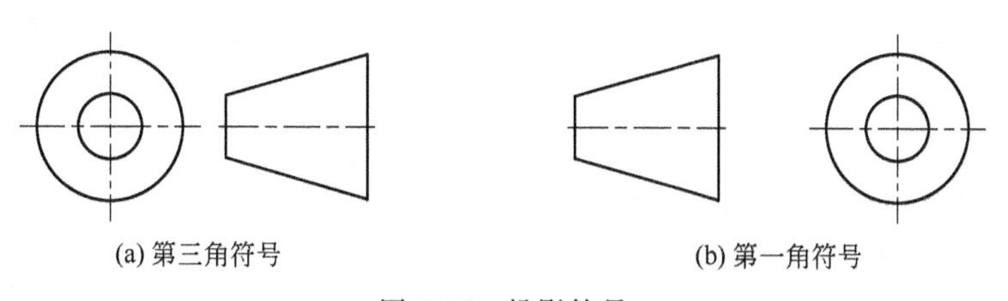

图 2-47　投影符号

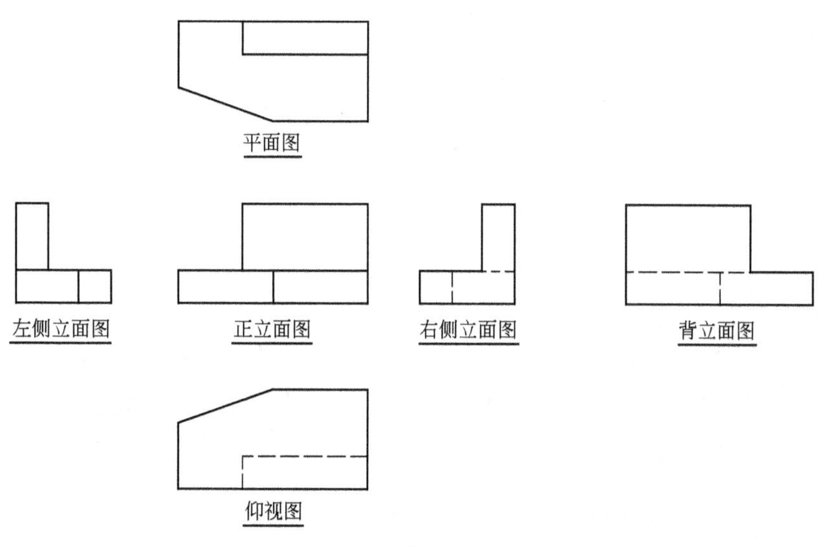

图 2-48　第三角画法

(2) 投影图的排列位置不同　第一角画法投影面展开时，正立投影面（V）不动，水平投影面（H）绕 OX 轴向下旋转，侧立投影面（W）绕 OZ 轴向右向后旋转，使它们位于同一平面，其视图配置见图 2-2；第三角画法投影面展开时，正立投影面（V）不动，水平投影面（H）绕 OX 轴向上旋转，侧立投影面（W）绕 OZ 轴向右向前旋转，使它们位于同一平面，其视图配置见图 2-48。

与第一角画法中六个基本视图的配置（图 2-2）相比较，可以看出：各视图以正立面为中心，平面图与底面图的位置上下对调，左侧立面图与右侧立面图左右对调，这是第三角画法与第一角画法的根本区别。实际上各视图本身完全相同，仅仅是它们的位置不同。

第三章 建筑施工图基础

第一节 建筑施工图的组成及内容

一、房屋的组成及作用

房屋建筑根据使用功能和使用对象的不同分为很多种类，一般可归纳为民用建筑和工业建筑两大类。各种建筑物，虽然使用要求、空间组合、外形、规模等各不相同，但其组成部分大致相同。见图 3-1，自下而上第一层称为底层或首层，最上一层称为顶层。首层和顶层之间的若干层可依次称为二层、三层、……或标准层，也可称为中间层。房屋是由许多构件、配件和装修构造组成的，从图 3-1 可知它们的名称和位置，一般包括基础、墙（或柱）、

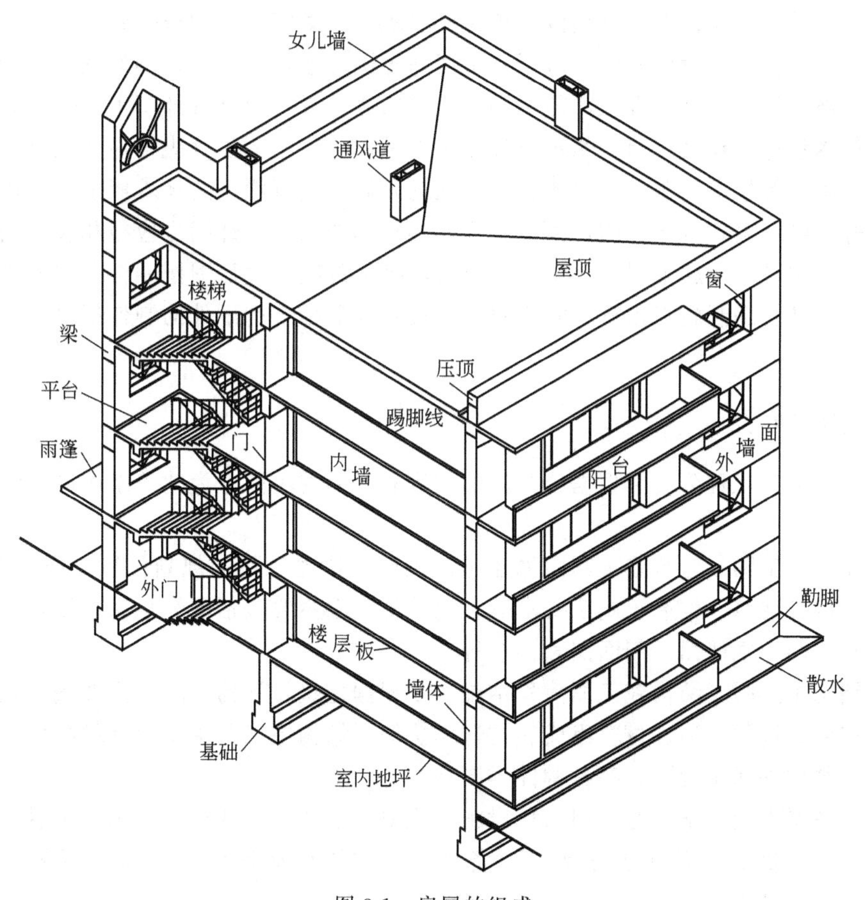

图 3-1　房屋的组成

楼（地）面、楼梯、屋顶、门窗六部分。此外，还有台阶（坡道）、雨篷、阳台、栏杆、明沟（散水）、水管、电气以及粉刷、装饰等。基础是房屋最下部的承重构件。它承受着房屋的全部荷载，并将这些荷载传给地基。

基础上面是墙，包括外墙和内墙，它们共同承受着由屋顶和楼面传来的荷载，并传给基础。同时，外墙还起着维护作用，抵御自然界各种因素对室内的侵袭，而内墙具有分隔空间，组成各种用途的房间。外墙与室外地面接近的部位称为勒脚，为保护墙身不受雨水浸蚀，常在勒脚处将墙体加厚并外抹水泥砂浆。楼面、地面是房屋建筑中水平方向的承重构件，除承受家具、设备和人体荷载及其本身重量外，同时，它还对墙身起水平支撑作用。

楼梯是房屋的垂直交通设施，供人们上下楼层、运输货物或紧急疏散之用。

屋顶是房屋最上层起覆盖作用的外围护构件，借以抵抗雨雪，避免日晒等自然界的影响。屋顶由屋面层和结构层组成。

窗的作用是采光、通风与围护。楼梯、走廊、门和台阶在房屋中起着沟通内外、上下交通的作用。此外，还有挑檐、雨水管、散水、烟道、通风道、排水、排烟等设施。

二、施工图的产生

房屋建筑是人们工作、生活的重要场所，房屋的建造一般需经过设计和施工两个过程。设计工作一般又分为两个阶段：初步设计和施工图设计。对一些技术上复杂而又缺乏设计经验的工程，还增加了技术设计，又称扩大初步设计。

(1) 初步设计　设计人员根据设计单位的要求，收集资料、调查研究，经过多方案比较作出初步方案图。初步设计的内容包括总平面布置图，建筑平、立、剖面图，设计说明，相关技术和经济指标等。初步方案图需按一定比例绘制，并送交有关部门审批。

(2) 技术设计　在已审定的初步设计方案的基础上，进一步解决构件的选型、布置、各工种之间的配合等技术问题，统一各工种之间的矛盾，进行深入的技术经济分析以及必要的数据处理等。绘制出技术设计图，大型、重要建筑物的技术设计图也应报相关部门审批。

(3) 施工图设计　施工图设计主要是将已经批准的技术设计图按照施工的要求予以具体化。为施工安装、编制施工预算、安排材料、设备和非标准构配件的制作提供完整、正确的图纸依据。

三、施工图的分类

施工图一般按工种分类，根据施工图的内容和作用的不同分为建筑施工图、结构施工图和设备施工图。

(1) 建筑施工图　建筑施工图简称建施，主要表达建筑物的规划位置、内部布置情况、外部形状、内外装修、构造、施工要求等。建筑施工图主要包括图纸目录、设计总说明、总平面图、平面图、立面图、剖面图和详图等。

(2) 结构施工图　结构施工图简称结施，是根据建筑设计的要求，主要表达建筑物中承重结构的布置、构件类型、材料组成、构造作法等。结构施工图主要包括结构设计说明、基础施工图、结构平面布置图、各种构件详图等。

(3) 设备施工图　设备施工图简称设施，主要表达建筑物的给水排水、采暖、通风、电气照明等设备的布置和施工要求等。设备施工图主要包括各种设备的平面图、系统图和详图。

四、图纸的编排顺序

一项工程中各工种图纸的编排一般是全局性图纸在前，说明局部的图纸在后；先施工的在前，后施工的在后；重要的图纸在前，次要的图纸在后。一般顺序为：图纸目录、设计总说明、总平面图、建筑施工图、结构施工图、设备施工图（顺序为水、暖、电）。

（1）图纸目录　先列新绘的图纸，后列所选用的标准图纸或重复利用的图纸。包括图纸的目录、类别、名称与图号等，目的是便于查找图纸。

（2）设计总说明　设计总说明即首页，包括：施工图的设计依据；本项目的设计规模和建筑面积；本项目的相对标高与绝对标高的对应关系；室内室外的用料说明；门窗表等。

（3）建筑施工图　主要表示建筑的总体布局。包括总平面图、平面图、立面图、剖面图和构造详图等。

（4）结构施工图　包括结构平面布置图和各构件的结构详图等。

（5）设备施工图　包括给水排水、采暖通风、电气等设备的布置平面图和详图等。

本书主要介绍结构施工图的识图。

五、建筑施工图的图示特点

（1）采用正投影法绘制　通常，在 H 面上作平面图，在 V 面作正、背立面图，在 W 面上作剖面图和侧立面图。在图幅大小允许的条件下，可将平、立、剖面三个图样按投影关系画在同一张图纸上，便于阅读。如果限于图幅，平、立、剖也可分别单独画在几张图纸上，这时，应对所绘图纸依次连续编号。

（2）用比例绘制　建筑物形体很大，绘图时需按比例缩小。为了反映建筑物的细部构造及具体作法，常配以较大比例的详图，并以文字和符号加以说明。

（3）用图例、符号绘制　由于房屋的构、配件和材料种类较多，为作图简便，常采用“国标”规定的一系列的图形符号表示。

（4）用标准图集绘制　施工图中，许多构配件已有标准定型设计，并有标准设计图集参考。因此，凡采用标准定型设计之处，只要标出标准图集的编号、图号即可。

六、识图应注意的几个问题

① 施工图是根据正投影原理绘制的，用图纸的形式表达房屋建筑的设计及构造作法。因此要想读懂图一定要掌握投影的原理及图样的绘制原理，还应熟悉房屋建筑的基本构造。

② 看图时必须由大到小、由粗到细。先粗看一遍，了解工程的概貌，然后再仔细看。细看时应仔细阅读说明或附注，凡是图样上无法表示而又直接与工程有关的一些要求，往往在图纸上以文字说明的形式表达出来。一般应先看总说明和基本图纸，后看详图。

③ 牢记常用的符号和图例。为了方便和清楚，图样中很多内容用符号和图例表示，为了快速、准确读懂图，一般常用的符号必须牢记。因为这些符号已成为设计人员和施工人员的共同语言，对于不常用的符号，有时在图纸上附有解释，可以在看图前先行查看。

④ 注意尺寸单位。图样上的尺寸单位有两种，标高和总平面图以“米（m）”为单位，其余以“毫米（mm）”为单位，图样中尺寸数字后面一律不注写单位，且标注的尺寸为实际大小。

⑤ 不要随意修改图纸。如果对设计图有修改意见或其他合理性建议，应向有关人员提出，并与设计单位协商解决。

⑥ 结合实际，有联系地、综合地看图。图纸的绘制一般是按照施工过程中不同的工种、工序进行地，看图时应联系生产实际，以达到事半功倍的效果。

第二节 建筑制图标准和有关规定

根据投影原理、标准或有关规定，表示工程对象，并有必要的技术说明的图称为图样。图样被喻为工程界的语言，是工程技术人员用来表达设计思想，进行技术交流的重要工具。为便于绘制、阅读和管理工程图样，国家标准管理机构依据国际标准化组织制定的国际标准，制定并颁布了各种工程图样的制图国家标准，简称“国标”，代号“GB”。其中，《技术制图》标准适用于工程界各种专业技术图样。有关建筑制图国家标准共有六种，包括总纲性质的《房屋建筑制图统一标准》（GB/T 50001—2010）和专业部分的《总图制图标准》（GB/T 50103—2010）、《建筑制图标准》（GB/T 50104—2010）、《建筑结构制图标准》（GB/T 50105—2010）、《给水排水制图标准》（GB/T 50106—2010）、《暖通空调制图标准》（GB/T 50114—2010）。工程建设人员应熟悉并严格遵守国家标准的有关规定。

一、图幅和格式

1. 图幅

图幅即图纸幅面的大小，图纸的幅面是指图纸宽度与长度组成的图面。为了使用和管理图纸方便、规整，所有的设计图纸的幅面必须符合国家标准的规定，见表 3-1。

表 3-1 图纸幅面及图框尺寸 mm

<table>
<tr><th>幅面代号</th><th>A0</th><th>A1</th><th>A2</th><th>A3</th><th>A4</th></tr>
<tr><td>尺寸($b\times l$)</td><td>841×1189</td><td>594×841</td><td>420×594</td><td>297×420</td><td>210×297</td></tr>
<tr><td>c</td><td colspan="3">10</td><td colspan="2">5</td></tr>
<tr><td>a</td><td colspan="5">25</td></tr>
</table>

必要时允许选用规定的加长幅面，图纸的短边一般不应加长，长边可以加长，但应符合表 3-2 的规定。

表 3-2 图纸长边加长尺寸 mm

幅面尺寸	长边尺寸	长边加长后尺寸
A0	1189	1486、1635、1783、1932、2080、2230、2378
A1	841	1051、1261、1471、1682、1892、2102
A2	594	743、891、1041、1189、1338、1486、1635、1783、1932、2080
A3	420	630、841、1051、1261、1471、1682、1892

注：有特殊需要的图纸，可采用 $b\times l$ 为 841×891 与 1189×1261 的幅面。

2. 格式

图框是图纸上限定绘图区域的线框，是图纸上绘图区域的边界线。图框的格式有横式和立式两种，以短边作为垂直边称为横式，以短边作为水平边称为立式，见图 3-2。

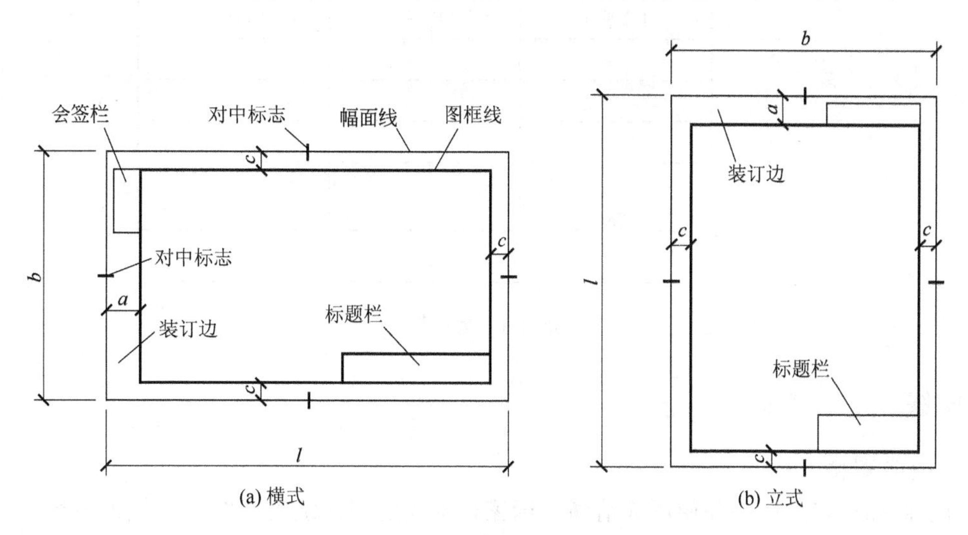

图 3-2 图纸幅面和图框格式

一般 A0～A3 图纸宜横式使用，必要时也可立式使用。在绘制图样时应优先选用表 3-1 中所规定的图纸幅面和图框尺寸，必要时允许按国标 GB/T 14689—2008 有关规定加长图纸长边，短边一般不加长，加长详细尺寸可查阅表 3-2。

二、标题栏和会签栏

1. 标题栏

由名称及代号区、签字区、更改区和其他区组成的栏目称为标题栏。标题栏是用来标明设计单位、工程名称、图名、设计人员签名和图号等内容的，必须画在图框内右下角，见图 3-3，标题栏中的文字方向代表看图方向。涉外工程的标题栏内，各项主要内容的中文下方应附有译文，设计单位的上方或左方应加注“中华人民共和国”字样。

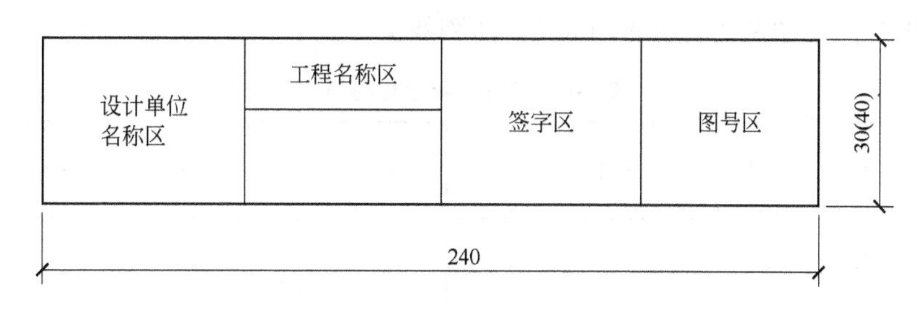

图 3-3 标题栏

2. 会签栏

会签栏是各设计专业负责人签字用的一个表格，见图 3-4。会签栏宜画在图框外侧，见图 3-2。不需会签的图纸可不设会签栏。

3. 对中标志

需要缩微复制的图纸，可采用对中标志。对中标志应画在图纸各边长的中点处，线宽应为 0.35mm，伸入框区内应为 5mm，见图 3-2。

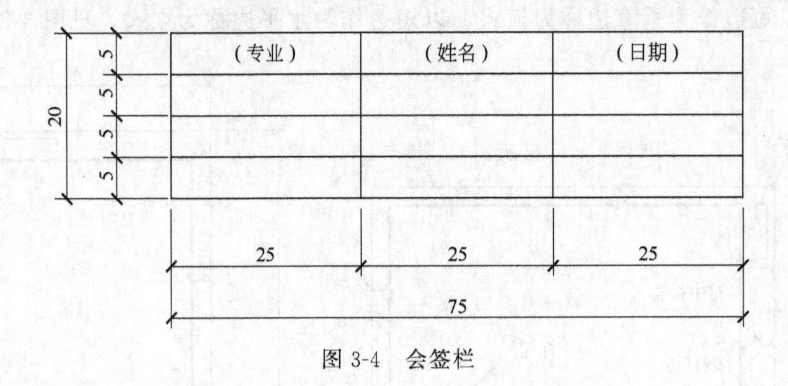

图 3-4 会签栏

三、图线

1. 图线宽度

为了使图样表达统一和使图面清晰，国家标准规定了建筑施工图中图线的宽度 b，绘图时，应根据图样的复杂程度与比例大小，从线宽系列中选取粗线宽度，线宽系列中 $b=$ 2.0mm、1.4mm、1.0mm、0.7mm、0.50mm、0.35mm，常用的 b 值为 0.35～1.0mm；建筑工程图样中各种线型分粗、中、细三种图线宽度，线宽比率为 4∶2∶1。按表 3-3 所规定的线宽比例确定中线、细线，由此得到绘图所需的线宽组。

表 3-3 线宽组 mm

线宽比	线宽组					
b	2.0	1.4	1.0	0.7	0.5	0.35
0.5b	1.0	0.7	0.5	0.35	0.25	0.18
0.25b	0.5	0.35	0.25	0.18		

注：1. 需要微缩的图纸，不宜采用 0.18mm 及更细的线宽。

2. 同一张图纸内，各不同线宽中的细线，可统一采用较细的线宽组的细线。

图纸的图框和标题栏线，可采用表 3-4 所列线宽。

表 3-4 图框、标题栏的线宽 mm

图幅代号	图框线	标题栏	
		外框线	分格线
A0、A1	1.4	0.7	0.35
A2、A3、A4	1.0	0.7	0.35

2. 图线线型及用途

建筑施工图采用的图线及其主要用途列于表 3-5。

3. 图线的要求及注意事项

① 同一张图纸内，相同比例的各个图样，应选用相同的线宽组。

② 同一种线型的图线宽度应保持一致。图线接头处要整齐，不要留有空隙。

③ 虚线、点画线的线段长度和间隔宜各自相等。

④ 虚线为实线的延长线时，两者之间不得连接，应留有空隙，见图 3-5 (a)；各种图线

表 3-5 图线及其主要用途

名称		线型	线宽	主要用途
实线	粗		b	① 主要可见轮廓线 ② 平、剖面图中主要构配件断面的轮廓线 ③ 建筑立面图的外轮廓线 ④ 详图中主要部分的断面轮廓线和外轮廓线 ⑤ 总平面图中新建建筑物的可见轮廓线
	中		0.5b	① 建筑平、立、剖面图中一般构配件的轮廓线 ② 平、剖面图中一般构配件的轮廓线 ③ 总平面图中新建道路、桥涵、围墙等及其他设施的可见轮廓线和区域分界线 ④ 尺寸起止符号
	细		0.25b	① 总平面图中新建人行道、排水沟、草地、花坛等可见轮廓线，原有道路、建筑物、铁路、桥涵、围墙的可见轮廓线 ② 图例线、索引符号、尺寸线、尺寸界限、引出线、标高符号、较小图形的中心线
虚线	粗		b	① 新建建筑的不可见轮廓线 ② 结构图上不可见钢筋及螺栓线
	中		0.5b	① 一般不可见轮廓线 ② 建筑构造及建筑构配件不可见轮廓线 ③ 总平面图中计划扩建的建筑物、铁路、道路、桥涵、围墙的不可见轮廓线 ④ 平面图中吊车轮廓线
	细		0.25b	① 总平面图中原有建筑物、铁路、道路、桥涵、围墙等设施的不可见轮廓线 ② 结构详图中不可见钢筋混凝土构建轮廓线 ③ 图例线
单点长画线	粗		b	① 吊车轨道线 ② 结构图中的支撑线
	细		0.25b	分水线、定位轴线、对称线、中心线
双点长画线	粗		b	预应力钢筋线
	细		0.25b	原有结构轮廓线
折断线		30° 30°	0.25b	断开界线
波浪线			0.25b	断开界线

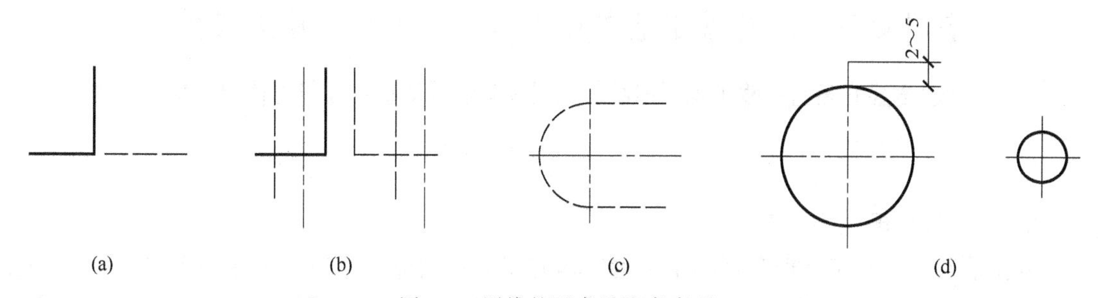

图 3-5 图线的要求及注意事项

彼此相交处，都应画成线段，而不应是间隔或画成“点”，见图 3-5（b）；圆弧虚线与直线虚线相切时，圆弧虚线应画至切点处，留 1mm 间隔后再画直虚线，见图 3-5（c）；单点画线的两端不应是点，且应超出形体的轮廓 2～5mm，当在较小的图形上绘制单点画线时可用细实线代替，见图 3-5（d）。

⑤ 图线不得与文字、数字或符号重叠、混淆，不可避免时，应首先保证文字的清晰。

各种图线在实际绘图中的用法见图 3-6。

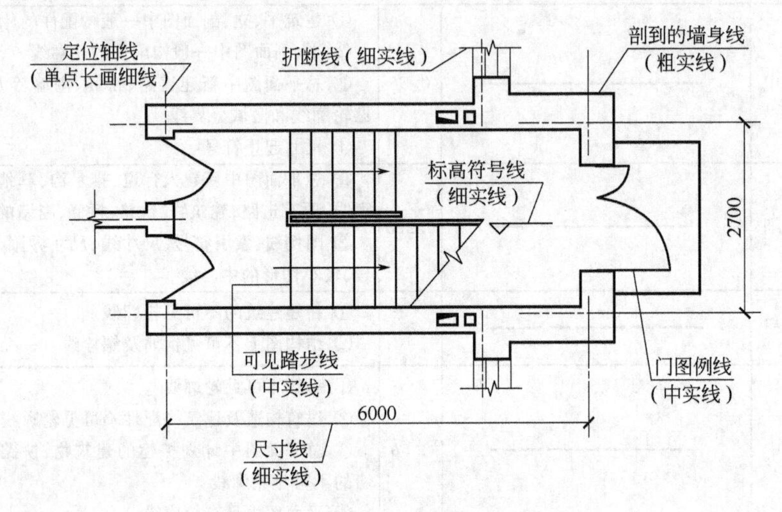

图 3-6　各种图线的用法

四、字体

字体指图样上汉字、数字、字母和符号等的书写形式，国家标准规定书写字体均应“字体工整、笔画清晰、排列整齐、间隔均匀”，标点符号应清楚正确。文字、数字或符号的书写大小用号数表示。字体号数表示的是字体的高度，应从如下系列中选用：$h=1.8$、2.5、3.5、5、7、10、14、20。字体宽度约为 $h/\sqrt{2}$。如 10 号字的字体高度为 10mm，字体宽度约为 7mm。

1. 汉字

图样及说明中的汉字应采用国家公布的简化字，宜采用长仿宋体书写，字号一般不小于 3.5。书写长仿宋体的基本要领：横平竖直、注意起落、结构均匀、填满方格。图 3-7 所示为长仿宋体字示例。

房屋建筑制图统一标准图纸幅面规格

编排顺序结构标准工业与民用市政给排水采暖道路桥梁

平立剖面详图结构施工说明书校核比例长宽高厚度钢筋混凝土楼梯基础

图 3-7　长仿宋体字示例

2. 数字和字母

阿拉伯数字、拉丁字母和罗马字母的字体有正体和斜体（逆时针向上倾斜 75°）两种写法。它们的字号一般不小于 2.5。阿拉伯数字、拉丁字母示例见图 3-8。用作指数、分数、

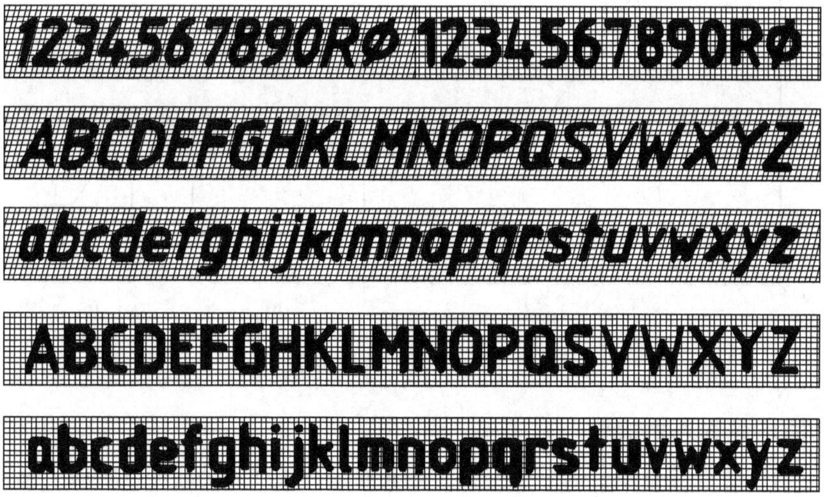

1234567890Rø 1234567890Rø

ABCDEFGHKLMNOPQSVWXYZ

abcdefghijklmnopqrstuvwxyz

ABCDEFGHKLMNOPQSVWXYZ

abcdefghijklmnopqrstuvwxyz

图 3-8 阿拉伯数字、拉丁字母示例（正体与斜体）

注脚等的数字及字母一般应采用小一号字体。

五、比例

图样中图形与实物相应要素的线性尺寸之比称为比例。绘图所选用的比例是根据图样的用途和被绘对象的复杂程度来确定的。建筑施工图一般应选用表 3-6 所示的常用比例，特殊情况下也可选用可用比例。

表 3-6 绘图比例

常用比例	1∶1、1∶2、1∶5、1∶10、1∶20、1∶50
	1∶100、1∶150、1∶200、1∶500、1∶1000、1∶2000
	1∶5000、1∶10000、1∶20000、1∶50000、1∶100000、1∶200000
可用比例	1∶3、1∶4、1∶6、1∶15、1∶30、1∶40、1∶60、1∶80
	1∶250、1∶300、1∶400、1∶600

比例必须采用阿拉伯数字表示，比例一般应标注在标题栏中的“比例”栏内，如 1∶50 或 1∶100 等。

有时，比例注写在图名的右侧，字的基准下对齐，比例的字高一般比图名的字高小一号或二号，如：④1:10 首层平面图 1:100。

比例分为原值比例、放大比例和缩小比例三种。原值比例即比值为 1∶1 的比例；放大比例即为比值大于 1 的比例，如 2∶1 等；缩小比例即为比值小于 1 的比例，如 1∶2 等，见图 3-9。

六、尺寸标注

图形只能表达形体的形状，而形体的大小则必须依据图样上标注的尺寸来确定。尺寸标注是绘制工程图样的一项重要内容，是施工的依据，应严格遵照国家标准中的有关规定，保证所标注的尺寸完整、清晰、准确。

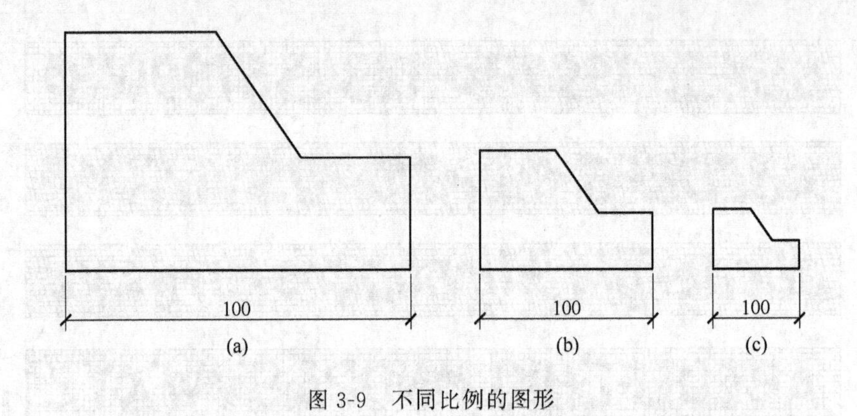

图 3-9 不同比例的图形

1. 尺寸的组成与基本规定

图样上的尺寸由尺寸界线、尺寸线、尺寸起止符号和尺寸数字四部分组成，见图 3-10（a）。

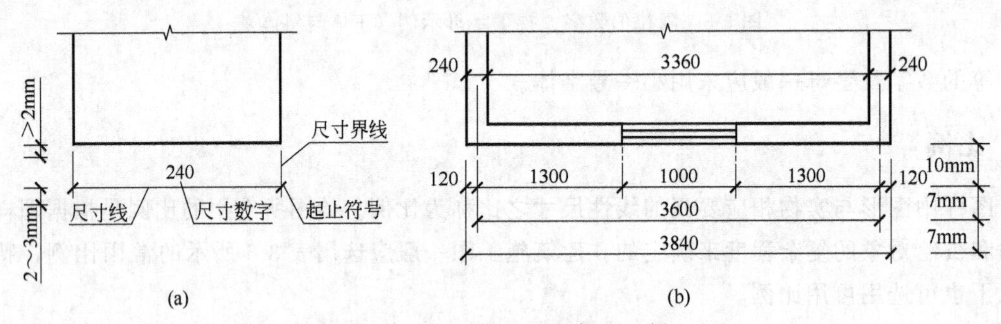

图 3-10 尺寸的组成与标注示例

（1）尺寸界线 用细实线绘制，表示被注尺寸的范围。一般应与被注长度垂直，其一端应离开图样轮廓线不小于 2mm，另一端宜超出尺寸线 2～3mm，见图 3-10（a）。必要时，图样轮廓线可用作尺寸界线，见图 3-10（b）中的 240 和 3360。

（2）尺寸线 表示被注线段的长度。用细实线绘制，不能用其他图线代替。尺寸线应与被注长度平行，且不宜超出尺寸界线。每道尺寸线之间的距离一般为 7mm，见图 3-10（b）。

（3）尺寸起止符号 一般应用中粗斜短线绘制，其倾斜方向与尺寸界线成顺时针 45°角，高度 h 宜为 2～3mm，见图 3-11（a）。半径、直径、角度与弧长的尺寸起止符号应用箭头表示，箭头尖端与尺寸界线接触，不得超出也不得分开，见图 3-11（b）。

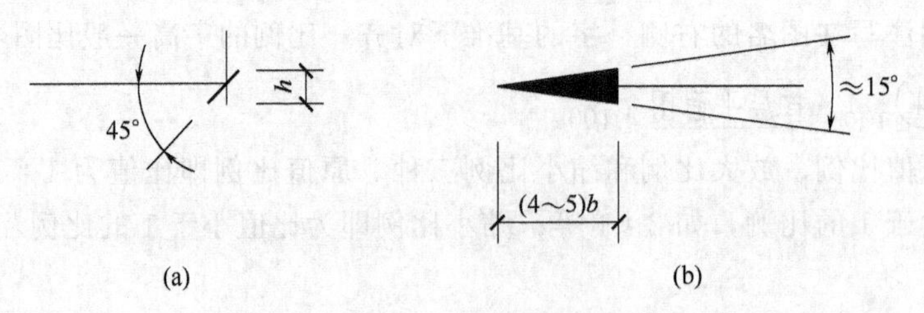

图 3-11 尺寸起止符号

（4）尺寸数字 表示被注尺寸的实际大小，它与绘图所选用的比例和绘图的准确程度无关。图样上的尺寸应以尺寸数字为准，不得从图上直接量取。尺寸的单位除标高和总平面图以 m（米）为单位外，其他一律以 mm（毫米）为单位，图样上的尺寸数字不再注写单位。同一张图样中，尺寸数字的大小应一致。

尺寸数字应按图3-12（a）规定的方向注写。若尺寸数字在30°斜线区内，宜按图3-12（b）所示的形式注写。

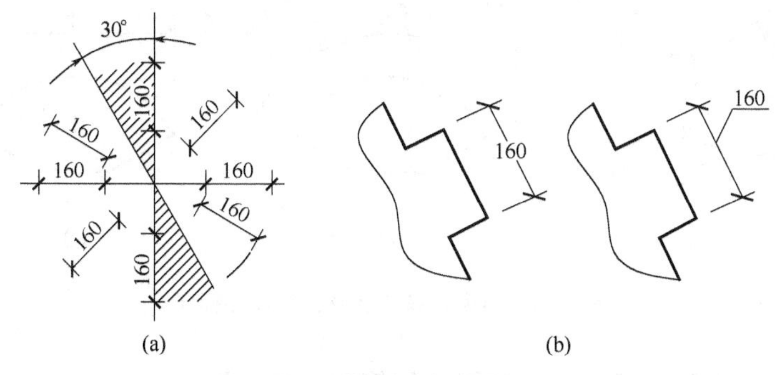

图3-12　尺寸数字的注写

（5）尺寸的排列与布置　尺寸宜标注在图样轮廓线以外，不宜与图线、文字及符号等相交；互相平行的尺寸线，应从图样轮廓线由内向外整齐排列，小尺寸在内，大尺寸在外；尺寸线与图样轮廓线之间的距离不宜小于10mm，尺寸线之间的间距为7～10mm，并保持一致，见图3-10（b）。

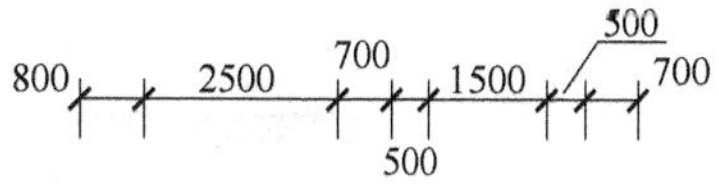

图3-13　狭小部位的尺寸标注

狭小部位的尺寸界线较密，尺寸数字没有位置注写时，最外边的尺寸数字可写在尺寸界线外侧，中间相邻的可错开或引出注写，见图3-13。

2. 直径、半径、球径的尺寸标注

标注圆的直径或半径尺寸时，在直径或半径数字前应加注符号“ϕ”或“R”。在圆内标注的直径尺寸线应通过圆心画成斜线，圆内半径尺寸线的一端从圆心开始，圆外的半径尺寸线应指向圆心。直径尺寸线、半径尺寸线不可用中心线代替。标注球的直径或半径尺寸时，应在直径或半径数字前加注符号“$S\phi$”或“SR”，见图3-14。

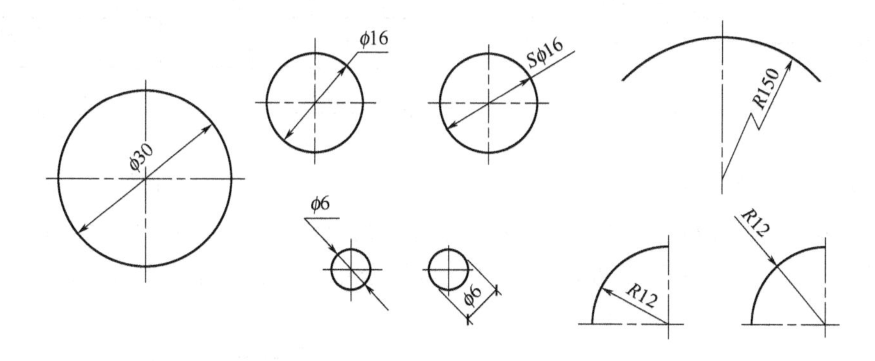

图3-14　直径、半径及球径的尺寸标注

3. 角度、弧长、弦长的尺寸标注

① 角度的尺寸线画成圆弧，圆心应是角的顶点，角的两条边为尺寸界线。角度数字一律水平书写。如果没有足够的位置画箭头，可用圆点代替箭头，见图3-15（a）。

② 标注圆弧的弧长时，尺寸线应以与该圆弧线同心的圆弧表示，尺寸界限垂直于该圆弧的弦，用箭头表示起止符号，弧长数字的上方应加注圆弧符号，见图3-15（b）。

③ 标注圆弧的弦长时，尺寸线应以平行于该弦的直线表示，尺寸界限垂直于该弦，起止符号以中粗斜短线表示，见图 3-15（c）。

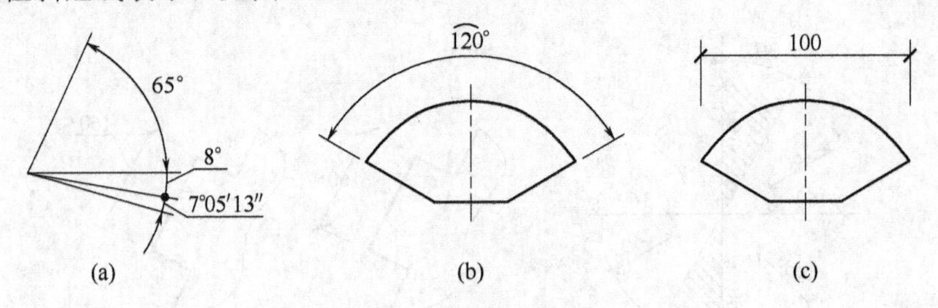

图 3-15 角度、弧长、弦长的尺寸标注

4. 坡度、薄板厚度、正方形、非圆曲线等的尺寸标注

① 坡度可采用百分数或比例的形式标注。在坡度数字下，应加注坡度符号（单面箭头），箭头应指向下坡方向，见图 3-16（a）。坡度也可用直角三角形形式标注，见图 3-16（b）。

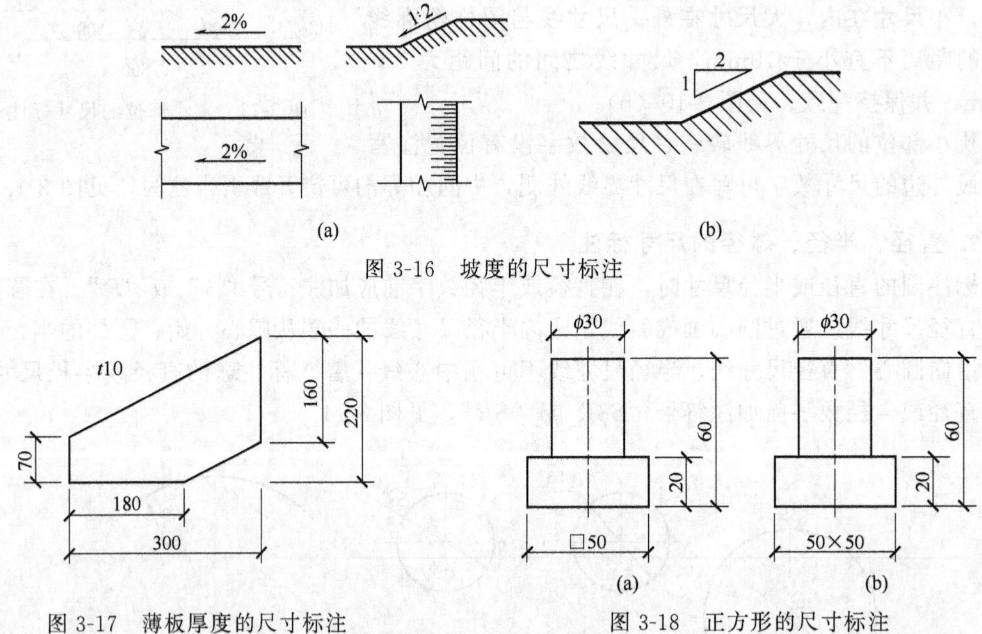

图 3-16 坡度的尺寸标注

图 3-17 薄板厚度的尺寸标注

图 3-18 正方形的尺寸标注

② 在薄板板面标注板的厚度时，应在表示厚度的数字前加注符号“t”，见图 3-17。

③ 在正方形的一边标注正方形的尺寸，可以采用“边长×边长”表示法，见图 3-18

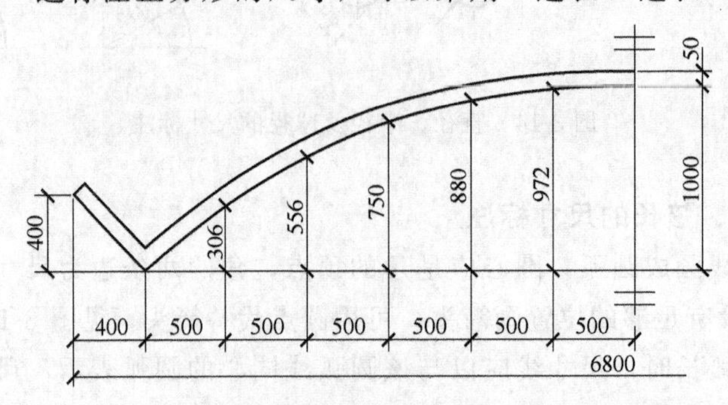

图 3-19 非圆曲线的尺寸标注

(b)。也可以在边长数字前加注表示正方形的符号“□”，见图 3-18 (a)。

④ 外形为非圆曲线的构件，一般用坐标形式标注尺寸，见图 3-19。

⑤ 复杂的图形，可用网格形式标注尺寸，见图 3-20。

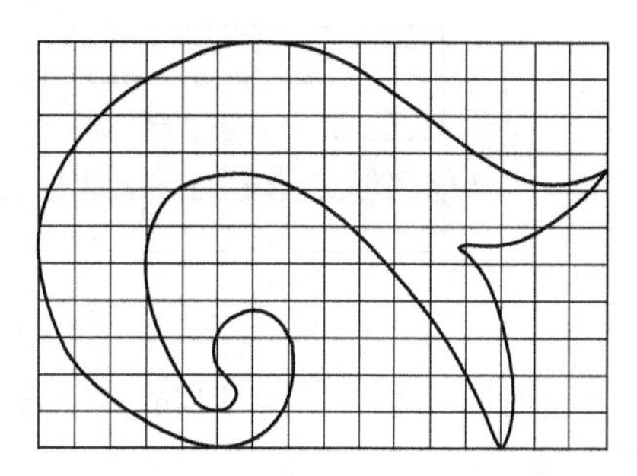

图 3-20　复杂图形的尺寸标注

5. 尺寸的简化标注

① 杆件或管线的长度，在单线图（如桁架简图、钢筋简图、管线简图等）上，可直接将尺寸数字沿杆件或管线的一侧注写，但读数方法依旧按前述规则执行，见图 3-21。

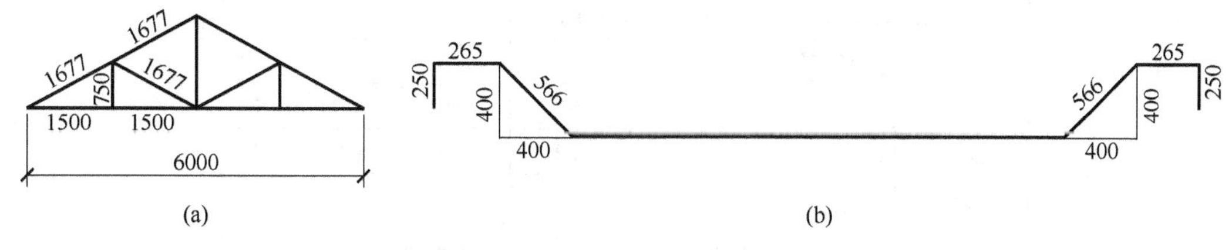

图 3-21　杆件长度的尺寸标注

② 连续排列的等长尺寸，可采用“个数×等长尺寸＝总长”的乘积形式表示，见图 3-22。

③ 构配件内具有诸多相同构造要素（如孔、槽）时，可只标注其中一个要素的尺寸，见图 3-23。

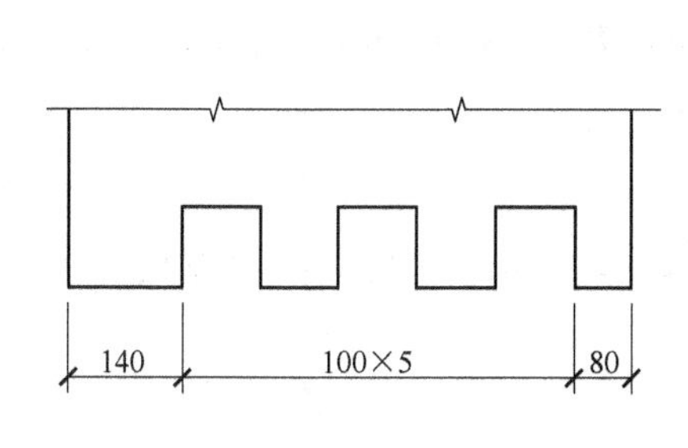

图 3-22　等长尺寸的尺寸标注

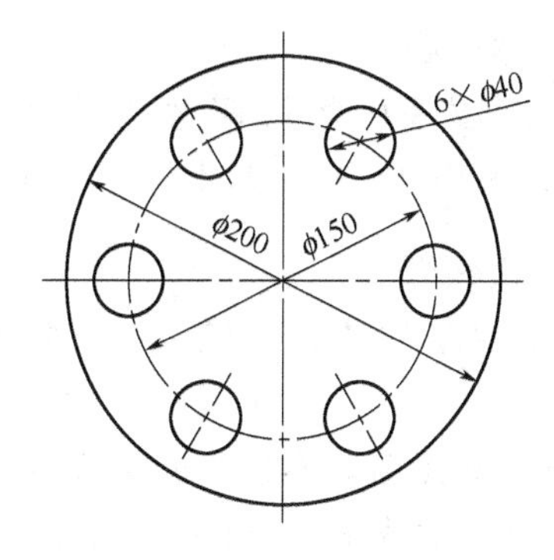

图 3-23　相同构造要素的尺寸标注

④ 对称构配件采用对称省略画法时，该对称构配件的尺寸线应略超过对称符号，仅在尺寸线的一端画尺寸起止符号，尺寸数字应按整体全尺寸注写，其注写位置宜与对称符号对齐，见图 3-24。

图 3-24　对称杆件的尺寸标注

⑤ 两个构配件，如个别尺寸数字不同，可在同一图样中将其中一个构配件的不同尺寸数字注写在括号内，该构配件的名称也应注写在相应的括号内，见图 3-25。

⑥ 数个构配件，如仅某些尺寸不同，这些

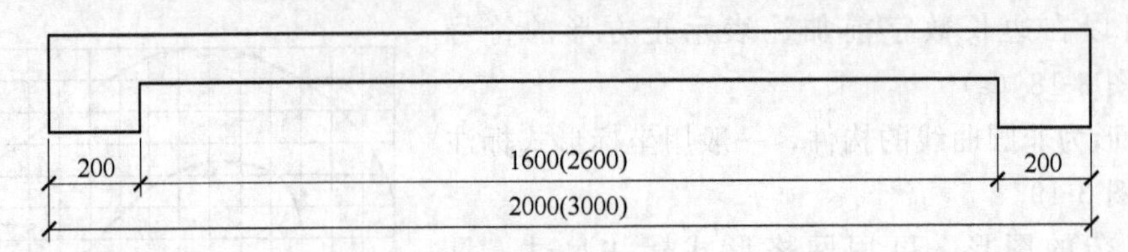

图 3-25 形状相似构件的尺寸标注

有变化的尺寸数字，可用拉丁字母注写在同一图样中，其具体尺寸另列表格写明，见图 3-26。

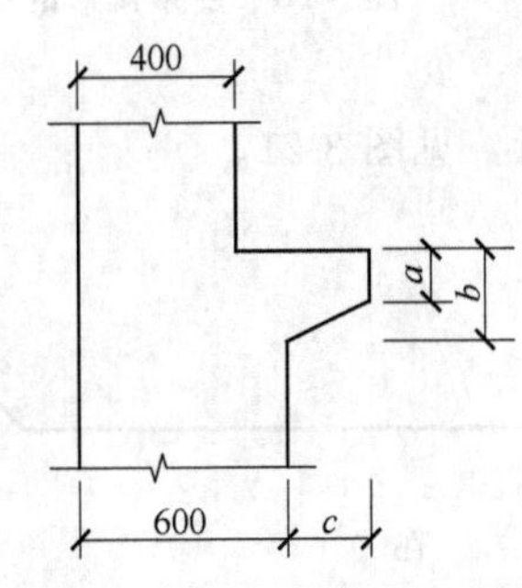

构件编号	*a*	*b*	*c*
Z-1	200	200	200
Z-2	250	450	200
Z-3	200	450	250

图 3-26 多个相似构配件尺寸的列表标注

七、模数

为了实现建筑标准化，使建筑设计各部分尺寸、建筑构配件、建筑制品的尺寸统一协调，国家标准制定了模数标准。所谓模数就是选定的尺寸单位，作为尺寸协调的增值单位。

1. 基本模数

基本模数是模数协调选用的基本尺寸单位。数值为 100mm，符号为 M（1M＝100mm），各种尺寸应是基本模数的倍数。

2. 导出模数

模数协调选用的扩大模数和分模数称为导出模数。导出模数是基本模数的整倍数和分数。

① 扩大模数是基本模数的整数倍。水平扩大模数基数为 3M、6M、12M、15M、30M、60M，相应尺寸为 300mm、600mm、1200mm、1500mm、3000mm、6000mm。水平基本模数主要用于门窗洞口和构配件断面等处，幅度由 1M～20M。竖向扩大模数基数为 3M、6M，相应尺寸为 300mm、600mm。竖向基本模数主要用于建筑物的层高、门窗洞口和构配件断面等处，幅度由 1M～36M。水平扩大模数主要用于建筑物的开间（柱距）、进深（跨度）、门窗洞口和构配件尺寸等处，幅度由 3M～7.5M，按 3M 进级。竖向扩大模数的 3M 系列主要用于建筑物的高度、层高和门窗洞口等处，6M 系列主要用于建筑物的高度、层高。

② 分模数是基本模数的分数值，分模数基数为 1/10M、1/5M、1/2M，相应尺寸为 10mm、20mm、50mm。分模数主要用于缝隙、构造结点、构配件断面等处。其 1/10M 数列按 10mm 进级，幅度由 1/10M～2M。1/5M 数列按 20mm 进级，幅度由 1/5M～4M。1/2M数列按 50mm 进级，幅度由 1/2M～10M。

基本模数、扩大模数和分模数构成了一个完整的模数系列，称为模数制。除特殊情况外，建筑中所有的尺寸都必须符合模数数列的规定。表 3-7 列出了《建筑协调统一标准》所规定的数值系统。

表 3-7 模数数列

基本模数	扩大模数						分模数		
1M	3M	6M	12M	15M	30M	60M	1/10M	1/5M	1/2M
100	300	600	1200	1500	3000	6000	10	20	50
100	300						10		
200	600	600					20	20	
300	900						30		
400	1200	1200	1200				40	40	
500	1500			1500			50		50
600	1800	1800					60	60	
700	2100						70		
800	2400	2400	2400				80	80	
900	2700						90		
1000	3000	3000		3000	3000		100	100	100
1100	3300						110		
1200	3600	3600	3600				120	120	
1300	3900						130		
1400	4200	4200					140	140	
1500	4500			4500			150		150
1600	4800	4800	4800				160	160	
1700	5100						170		
1800	5400						180	180	
1900	5700						190		
2000	6000	6000	6000	6000	6000	6000	200	200	200
2100	6300							220	
2200	6600	6600						240	
2300	6900								250
2400	7200	7200	7200					260	
2500	7500							280	
2600		7800						300	300
2700		8400	8400		9000			320	
2800		9000						340	
2900		9600	9600						350
3000								360	
3100			10800					380	
3200			12000	12000	12000	12000		400	400
3300					15000				450
3400					18000	18000			500
3500					21000				550
3600					24000	24000			600
					27000				650
					30000	30000			700
					33000				750
					36000	36000			800
									850
									900
									950
									1000

3. 三种尺寸

(1) 标志尺寸　一般指建筑物定位轴线之间的距离以及建筑制品、建筑构配件、有关设备位置界限之间的距离。

(2) 构造尺寸　一般指建筑制品、建筑构配件等的设计尺寸。通常，构造尺寸加上缝隙尺寸等于标志尺寸。

(3) 实际尺寸　一般指建筑制品、建筑构配件等生产制作后的实际尺寸。实际尺寸与构造尺寸之间的差值应为允许的建筑公差值。

三种尺寸的规定是为了在实际操作中保证建筑制品、构配件等尺寸之间的统一与协调，标志尺寸、构造尺寸、实际尺寸及其相互之间的关系，见图 3-27。

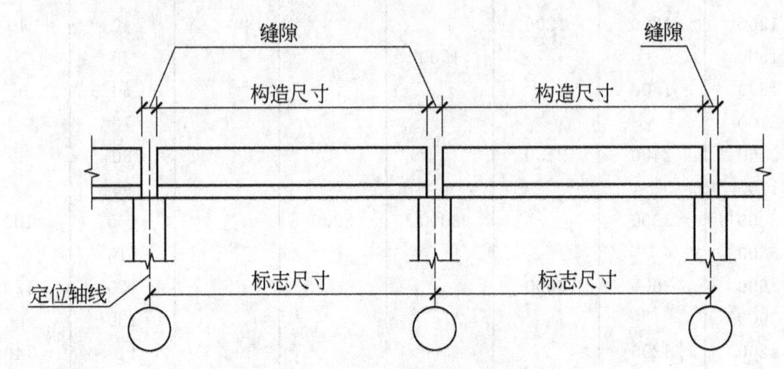

图 3-27　三种尺寸及其相互关系

八、定位轴线

1. 含义和作用

为了建筑工业化，在建筑平面图中，采用轴线网格划分平面，使房屋的平面构件和配件趋于统一，这些轴线称为定位轴线。定位轴线是确定房屋主要承重构件（墙、柱、梁）位置及标注尺寸的基线。因此，在施工中凡承重墙、梁、柱、屋架等主要承重构件的位置处均应画定位轴线，并进行编号，以作为设计与施工放线的依据。

2. 画法和编号

① 定位轴线采用细单点画线表示。轴线编号注写在轴线一端的细实线圆内，圆的直径为 8mm 或 10mm，定位轴线的圆心应在定位轴线的延长线上或延长线的折线上。

② “国标”规定：水平方向的轴线自左至右用阿拉伯数字依次连续编为①、②、③、…；竖直方向自下而上用大写拉丁字母依次连续编为Ⓐ、Ⓑ、Ⓒ、…，并除 I、O、Z 三个字母，以免与阿拉伯数字中的 0、1、2 三个数字混淆，见图 3-28。

如果字母数量不够使用，可增用双字母或单字母加数字注脚，如 AA、BB、CC、…、WW 或 A_1、B_1、C_1、…、W_1。

③ 如建筑平面形状较特殊，也可用采用分区编号的形式来编注轴线，其方式为“分区号-该区轴线号”，见图 3-29。

④ 一个详图适用于几根轴线时，应同时注明各有关轴线的编号，见图 3-30。

⑤ 如平面为折线型，定位轴线的编号也可用分区编注，亦可以自左至右依次编注，见图 3-31。

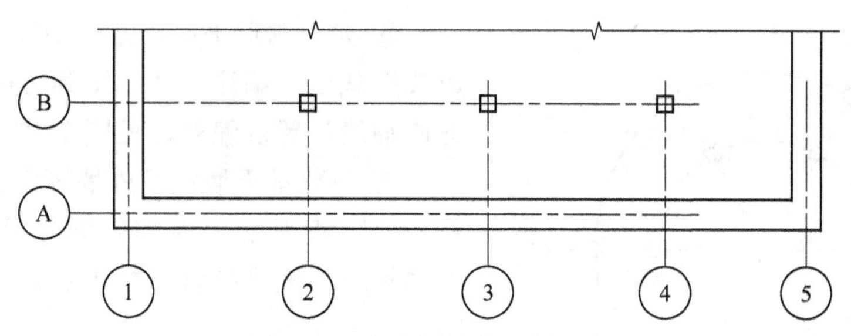

图 3-28　定位轴线的编号顺序

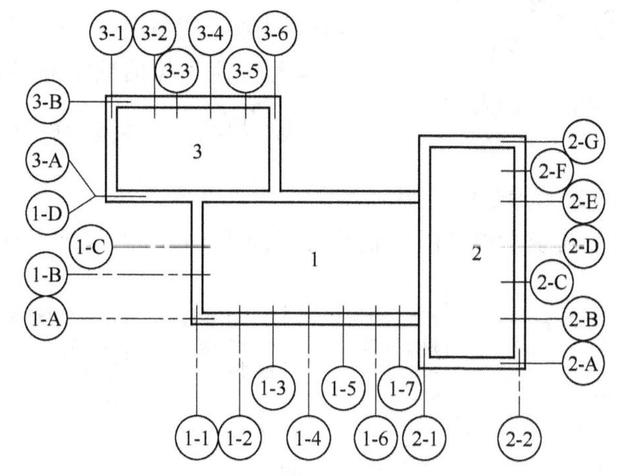

图 3-29　轴线分区标注方法

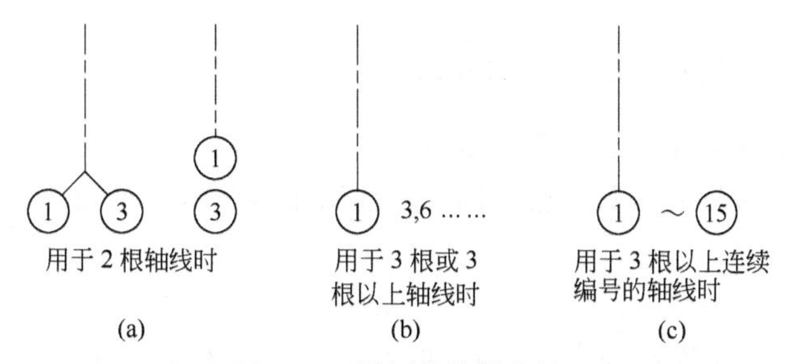

图 3-30　详图的轴线编号

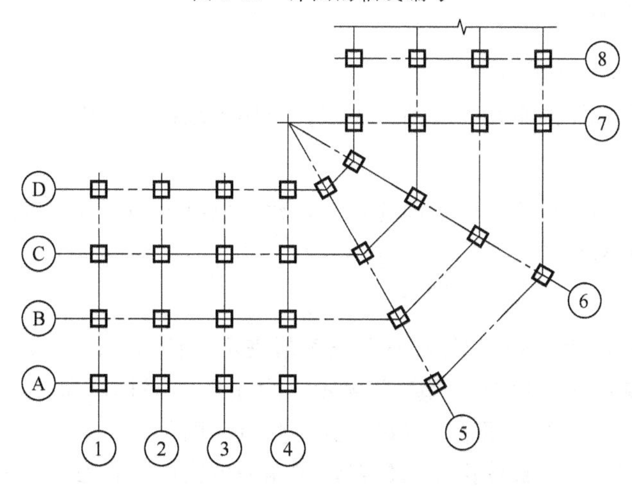

图 3-31　定位轴线标注

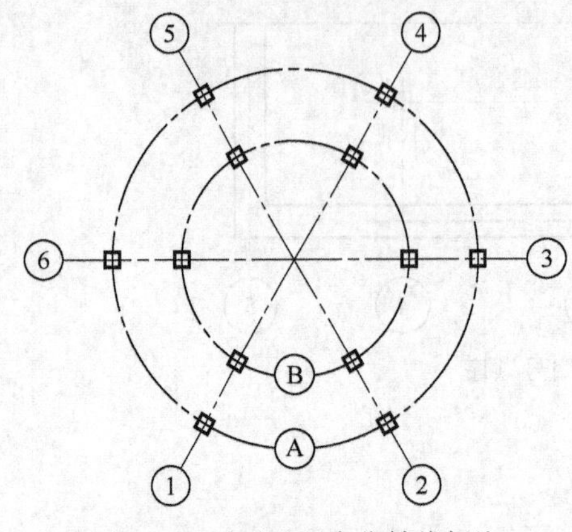

图 3-32 圆形平面定位轴线标注

⑥ 如为圆形平面，定位轴线则应以圆心为准成放射状依次编注，并以距圆心距离决定其另一方向轴线位置及编号，见图 3-32。

⑦ 一般承重墙柱及外墙等编为主轴线，非承重墙、隔墙等编为附加轴线（又称为分轴线）。附加轴线的编号应以分数表示，并按以下规定编写，见图 3-33。

a. 两根轴线之间的附加轴线，应以分母表示前一根轴线的编号，分子表示附加轴线的编号，该编号宜用阿拉伯数字顺序编写，如：

1/2 表示 2 号轴线后附加的第 1 根轴线；

2/C 表示 C 号轴线后附加的第 2 根轴线。

b. 1 号轴线或 A 号轴线之前的附加轴线分母应以 01、0A 表示，如：

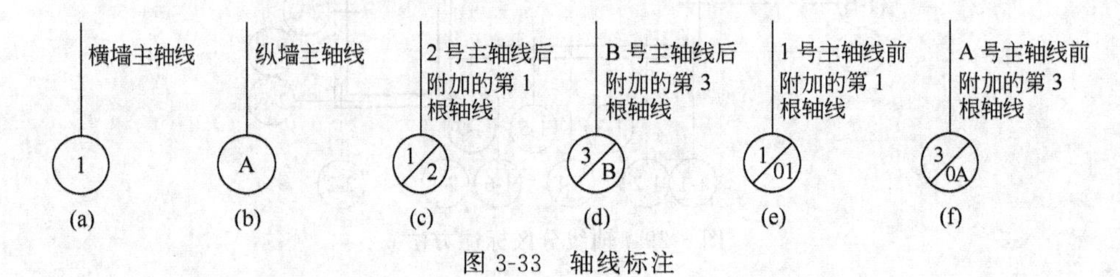

图 3-33 轴线标注

1/01 表示 1 号轴线前附加的第 1 根轴线；

2/0A 表示 A 号轴线前附加的第 2 根轴线。

⑧ 通用详图的定位轴线，只画轴线圆，不注写轴线编号，见图 3-34。

图 3-34 通用详图轴线

九、标高

建筑物的某一部位与确定的水准基点的距离，称为该部位的标高。标高有绝对标高和相对标高两种。

1. 绝对标高（又称海拔高度）

以我国青岛附近黄海的平均海平面为零点，全国各地的标高均以此为基准。

2. 相对标高

以建筑物首层室内主要房间的地面为零点，建筑物某处的标高均以此为基准。每个个体建筑物都有本身的相对标高。

3. 表示方法

标高符号常用高度为 3mm 的等腰直角三角形表示，见图 3-35。其中室外整平标高采用全部涂黑的 45°等腰直角三角形“▼”表示，大小形状同标高符号。标高单位为“米”，标到小数点后三位，在总平面图中，可以标到小数点后两位。

标高符号的尖端应指至被注高度的位置。尖端一般应向下，也可向上。标高数字应注写在标高符号的左侧或右侧，见图 3-36。

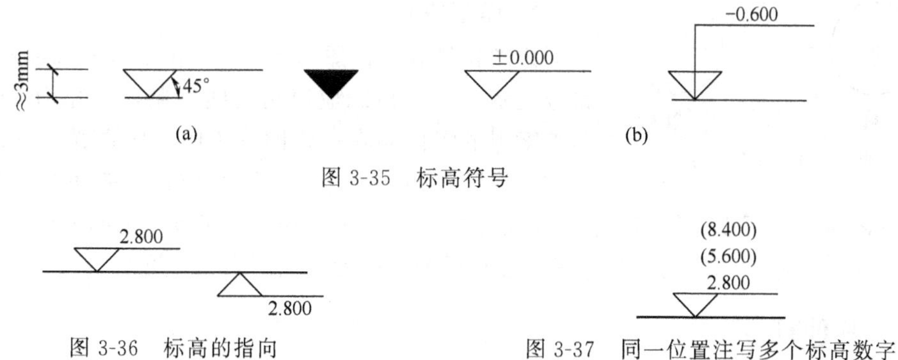

(a) (b)

图 3-35　标高符号

图 3-36　标高的指向

图 3-37　同一位置注写多个标高数字

标高有零和正负之分，零点标高应注写成±0.000，正数标高可不注“+”，负数标高应注“−”，例如 3.000、−0.600 等。

在图样的同一位置需表示几个不同的标高时，标高数字可按图 3-37 的形式注写。

十、索引和详图符号

一套图纸包括很多图样，为了便于看图和查找，常采用详图标志和索引标志。

1. 索引符号

图样中的某一局部或构件，如需另见详图，应以索引符号索引，索引符号由直径为 10mm 的圆和水平直径组成，圆及水平直径用细实线绘制，水平直径线将圆分为上下两半，上方注写出详图编号，下方注写出详图所在图纸编号，见图 3-38（a）。

索引符号应按下列规定编写。

① 索引出的详图如与被索引的详图同在一张图纸内，应在索引符号的上半圆中用阿拉伯数字注明该详图的编号，并在下半圆中间画一段水平细实线，见图 3-38（b）。

② 索引出的详图如与被索引的详图不在同一张图纸内，应在索引符号的上半圆中用阿拉伯数字注明该详图的编号，在索引符号的下半圆中用阿拉伯数字注明该详图所在图纸的编号，见图 3-38（c）。数字较多时，可加注文字说明。

③ 索引出的详图如采用标准图，应在索引符号水平直径的延长线上加注该标准图集的编号，见图 3-38（d）。

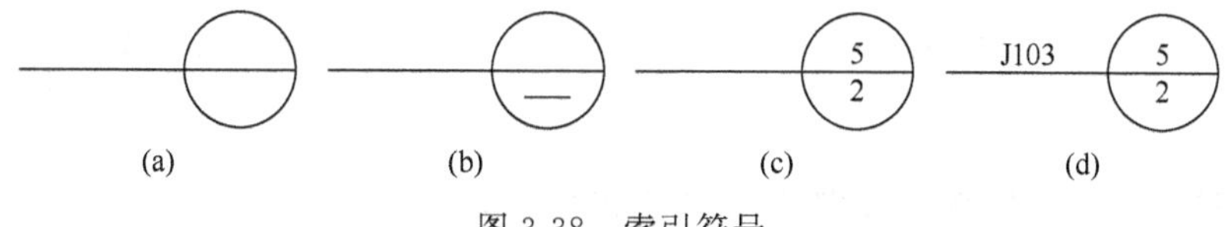

图 3-38　索引符号

④ 索引的详图是局部剖面或断面详图时，索引符号在引出线的一侧加画一剖切位置线，引出线的一侧表示该剖面图的剖视方向，见图 3-39。

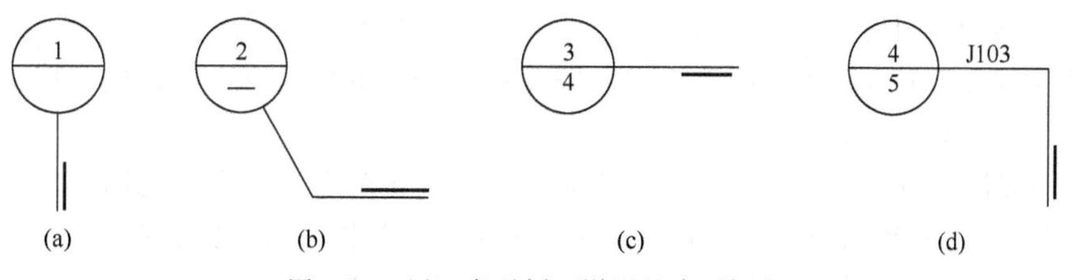

图 3-39　用于索引剖面详图的索引标志

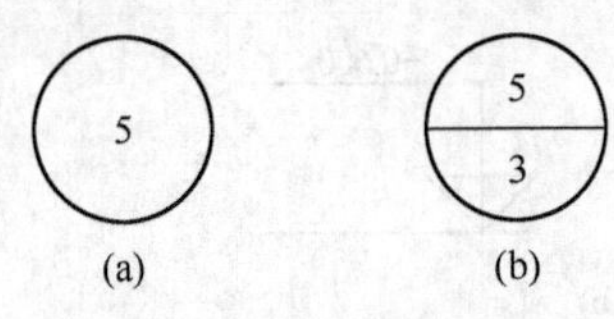

图 3-40 详图标志

2. 详图符号

详图符号画在详图的下方。详图的位置和编号，应以详图符号表示。详图标志应以粗实线绘制，直径为 14mm。详图与被索引的图样同在一张图纸内时，应在详图标志内用阿拉伯数字注明详图的编号。详图与被索引的图样，如不在同一张图纸内时，也可以用细实线在详图标志内画一水平直径，上半圆中注明详图编号，下半圆内注明被索引图的图纸编号。详图标志和详图索引标志应用实例，见图 3-40。

十一、其他符号

1. 指北针和风向频率玫瑰图

① 指北针是用于表示建筑物方向的。指北针应按“国标”规定绘制，见图 3-41，其圆用细实线，直径为 24mm；指针尾部宽度为 3mm，指针头部应注“北”或“N”字。如需用较大直径绘制指北针时，指针尾部宽度宜为直径的 1/8。

② 风向频率玫瑰图简称风玫瑰图，是总平面图上用来表示该地区常年风向频率的标志。风向频率玫瑰图在 8 个或 16 个方位线上用端点与中心的距离，代表当地这一风向在一年中发生次数的多少，粗实线表示全年风向，细虚线范围表示夏季风向。风向由各方位吹向中心，风向线最长者为主导风向，见图 3-42。

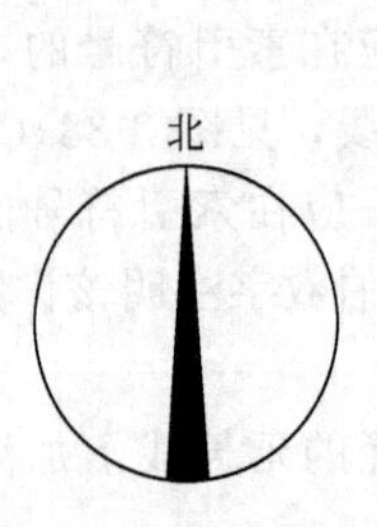

图 3-41 指北针

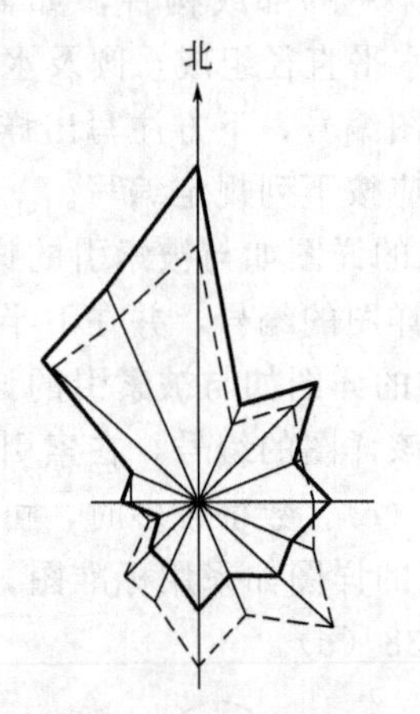

图 3-42 风向频率玫瑰图

2. 引出线

① 建筑物的某些部位需用详图或必要的文字加以说明时，常用引出线从该部位引出。引出线用细实线绘制，宜采用水平方向的直线、与水平方向成 30°、45°、60°、90°的直线，或经上述角度再折为水平的折线。文字说明宜注写在引出线横线的上方，见图 3-43（a），也可注写在水平线的端部，见图 3-43（b）。索引详图的引出线，应与水平直径相连接，并对准索引符号的圆心，见图 3-43（c）。

② 同时引出几个相同部分的引出线，应互相平行，见图 3-44（a），也可以画成集中一点的放射线，见图 3-44（b）。

③ 用于多层构造或多层管道的引出线应通过被引出的各层，文字说明应注写在横线的上方，也可注写在横线的端部。说明的顺序由上至下，与被说明的各层要相互一致，如层次为横向排序，则由上至下的说明顺序应与左至右的层次相互一致，见图 3-45。

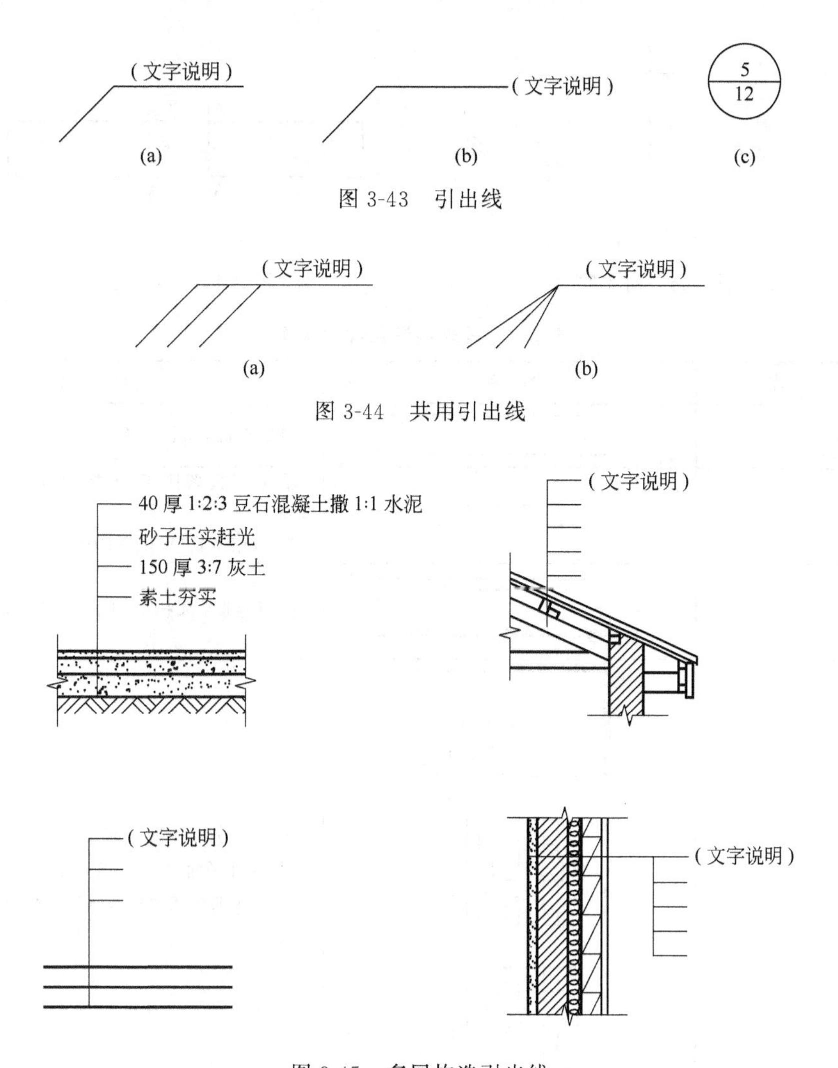

图 3-43 引出线

图 3-44 共用引出线

图 3-45 多层构造引出线

3. 对称符号

结构对称的图形，绘图时可只画出对称图形的一半，并用细实线画出对称符号。对称线用细点画线表示，平行线用细实线绘制，其长度为 6～10mm，每对的间距宜为 2～3mm，对称线垂直平分两对平行线，两端超出平行线宜为 2～3mm，见图 3-46。

4. 连接符号

一个构配件，如绘制位置不够，可分成几个部分绘制，并用连接符号表示。连接符号以折断线表示需要连接的部位，并在折断线两端靠图样一侧用大写拉丁字母表示连接编号，两个被连接的图样，必须用相同的字母编号，见图 3-47。

十二、图例

以图形规定出的画法称为图例，图例应按“国标”规定画法绘出。在施工图中，如用了一些“国标”上没有的图例，应在图纸的适当位置加以说明。

常用读图图例见表 3-8 和表 3-9。

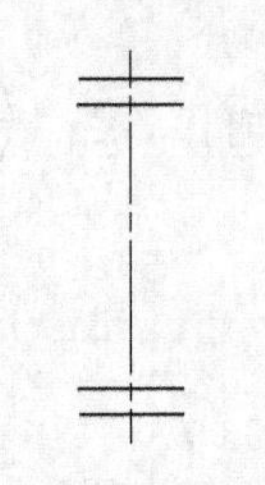

图 3-46 对称符号

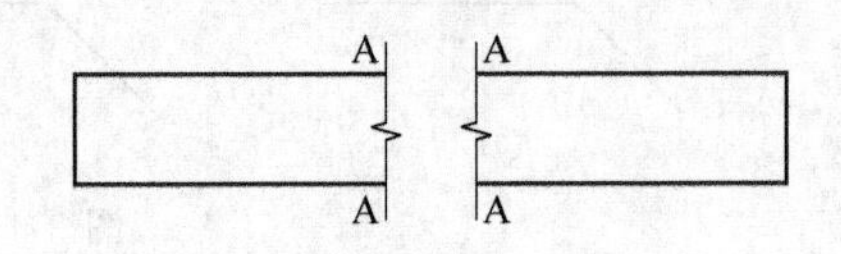

图 3-47 连接符号

表 3-8 建筑构造及配件图例

序号	名 称	图 例	说 明
1	土墙		包括土筑墙、土坯墙、三合土墙等
2	隔断		① 包括板条抹灰、木制、石膏板、金属材料等隔断 ② 适用于到顶与不到顶隔断
3	栏杆		上图为非金属扶手;下图为金属扶手
4	楼梯	上 下 上 下	① 上图为低层楼梯平面图,中间为标准层(中间层)楼梯平面图,下图为顶层楼梯平面图 ② 楼梯的形式及步数应按实际情况绘制
5	坡道		
6	检查孔		实线绘制的为可见检查孔;虚线绘制的为不可见检查孔
7	孔洞		
8	坑槽		
9	墙预留洞	宽×高或ϕ	

续表

序号	名称	图例	说明
10	墙预留槽	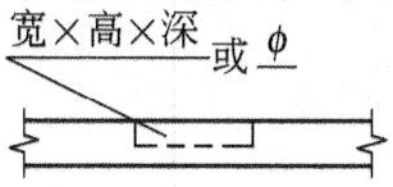 宽×高×深或 ϕ	
11	烟道	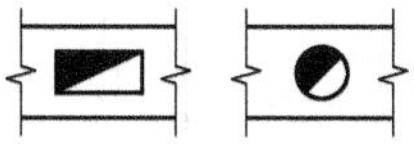	
12	通风道	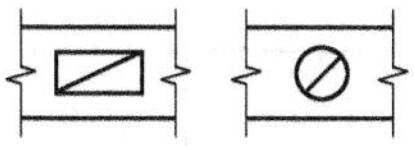	
13	新建的墙和窗	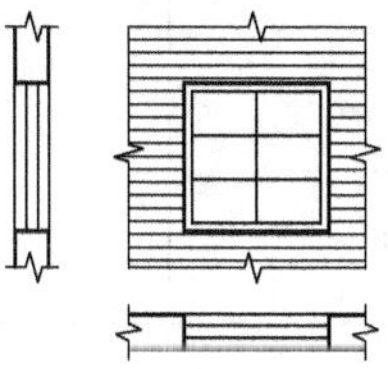	本图为砖墙图例，若用其他材料，应按所用材料的图例绘制
14	改建时保留的原有墙和窗	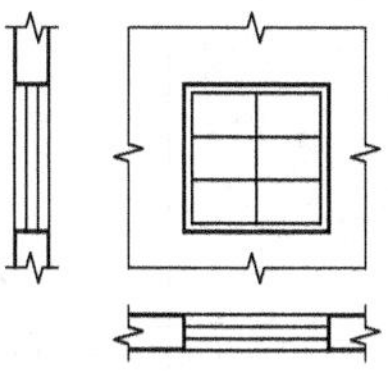	
15	应拆除的墙	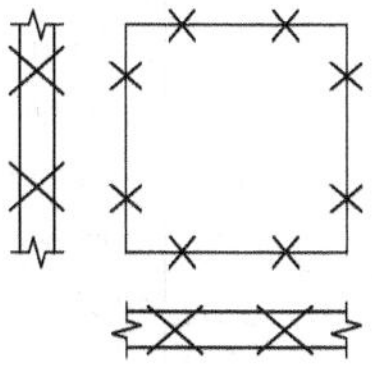	
16	在原有墙或楼板上新开的洞	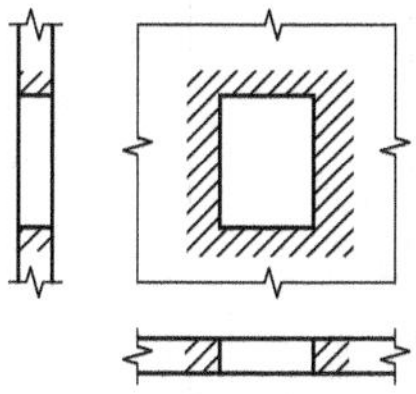	
17	在原有洞旁放大的洞	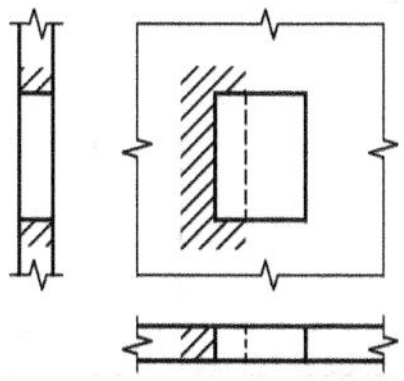	
18	在原有墙或楼板上全部填塞的洞	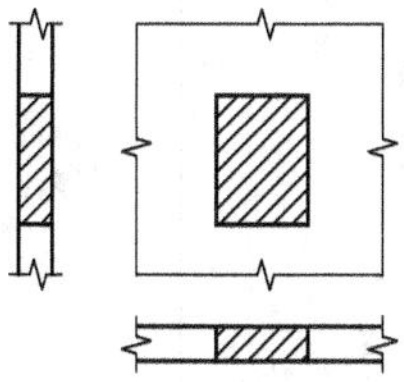	

续表

序号	名　称	图　例	说　明
19	在原有墙或楼板上局部填塞的洞	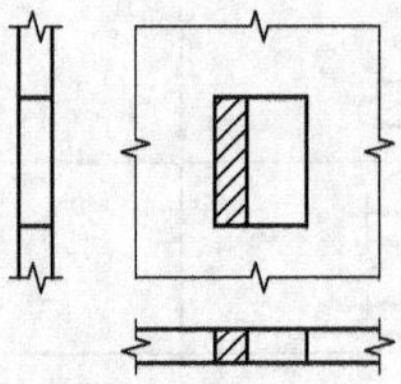	
20	空门洞	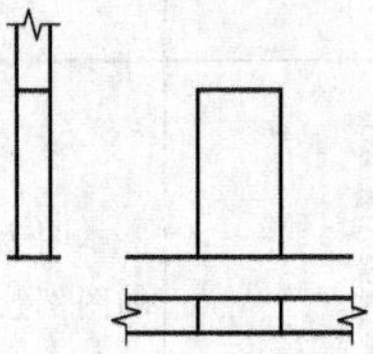	
21	单扇门(包括平开或单面弹簧)	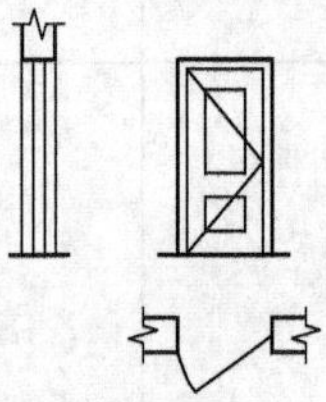	① 门的名称代号用"M"表示 ② 在剖面图中左为外、右为内,在平面图中下为外、上为内 ③ 在立面图中开启方向线交角的一侧为安装合页的一侧,实线为外开,虚线为内开 ④ 在平面图中的开启弧线及立面图中的开启方向线,在一般设计图上不需表示,仅在制作图上表示 ⑤ 立面形式应按实际情况绘制
22	双扇门(包括平开或单面弹簧)	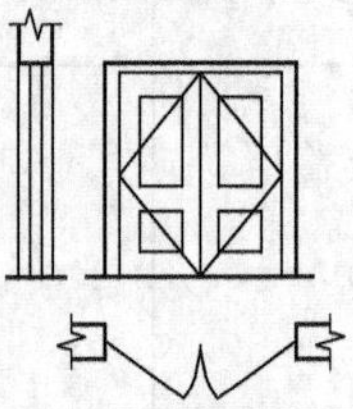	
23	对开折叠门	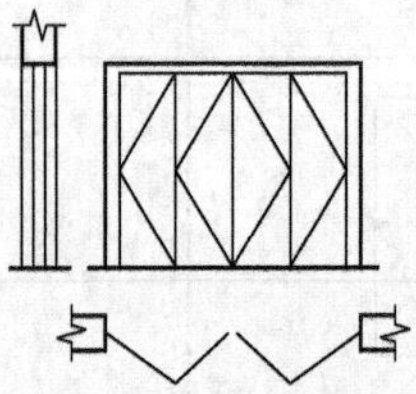	
24	墙外单扇推拉门	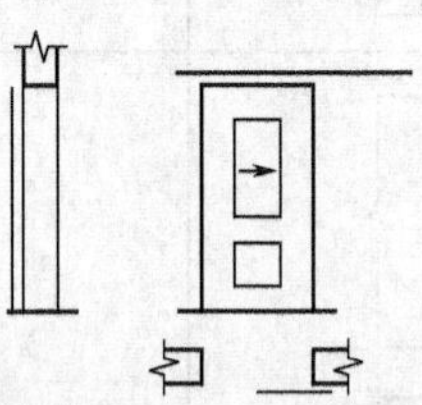	同序号 21 说明中的①、②、⑤
25	墙外双扇推拉门	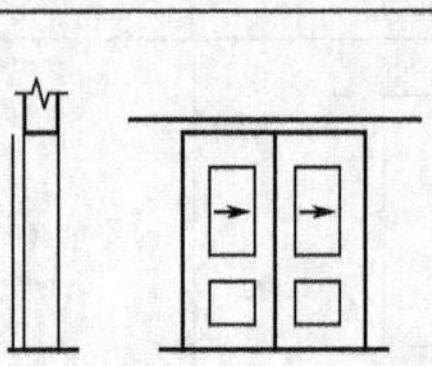	同序号 24

续表

序号	名称	图例	说明
26	墙内单扇推拉门	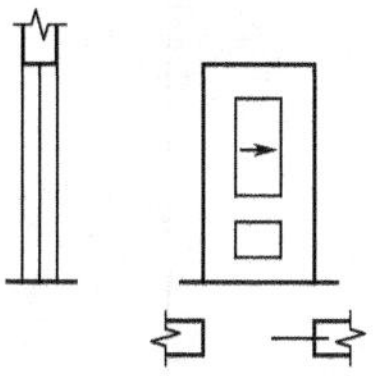	同序号 24
27	墙内双扇推拉门	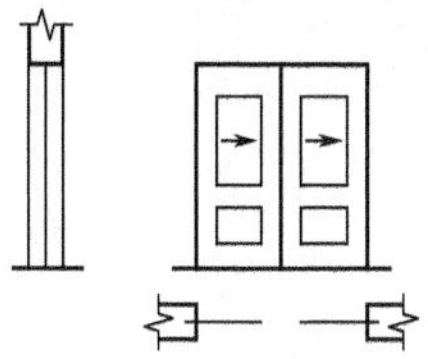	同序号 24
28	单扇双面弹簧门	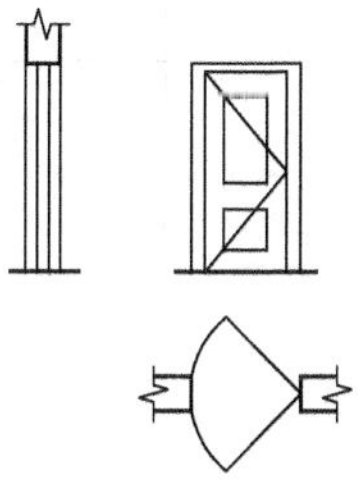	同序号 21
29	双扇双面弹簧门	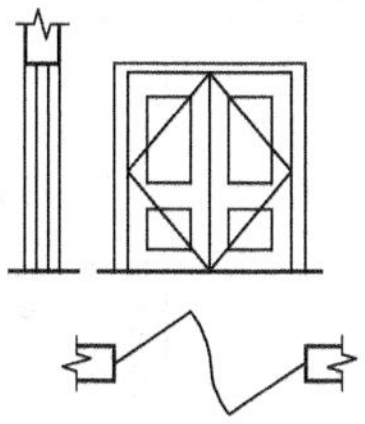	同序号 21
30	单扇内外开双层门（包括平开或单面弹簧）	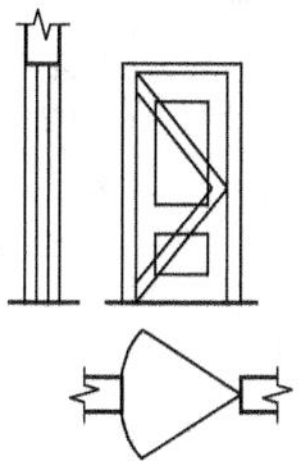	同序号 21
31	双扇内外开双层门（包括平开或单面弹簧）	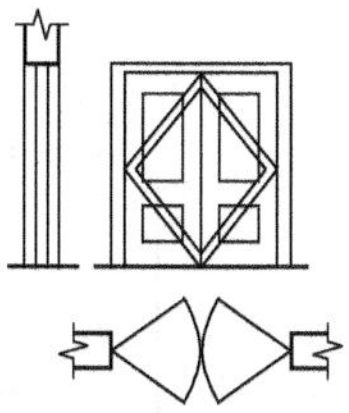	同序号 21
32	转门	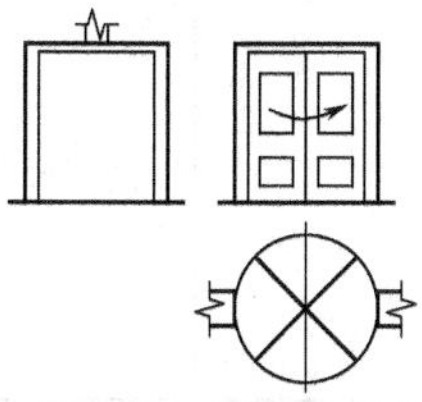	同序号 21 说明中的①、②、④、⑤

续表

序号	名称	图例	说明
33	折叠上翻门		同序号 21
34	卷门		同序号 21 说明中的①、②、⑤
35	提升门		同序号 21 说明中的①、②、⑤
36	单层固定窗		① 窗的名称代号用 C 表示 ② 立面图中的斜线表示窗的开关方向，实线为外开，虚线为内开；开启方向线交角的一侧为安装合页的一侧，一般设计图中可不表示 ③ 剖面图上左为外、右为内，平面图中下为外，上为内 ④ 平、剖面图上的虚线仅说明开关方式，设计图中不需表示 ⑤ 窗的立面形式应按实际情况绘制
37	单层外开上悬窗		
38	单层中悬窗		同序号 36
39	单层内开下悬窗		同序号 36

续表

序号	名称	图例	说明
40	单层外开平开窗	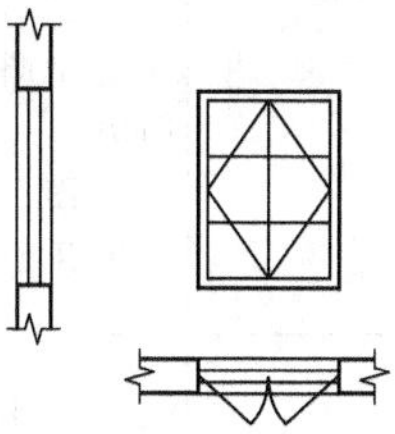	同序号 36
41	立转窗	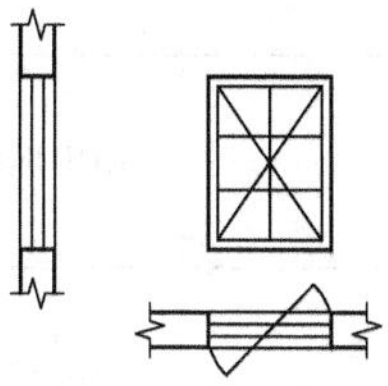	同序号 36
42	单层内开平开窗	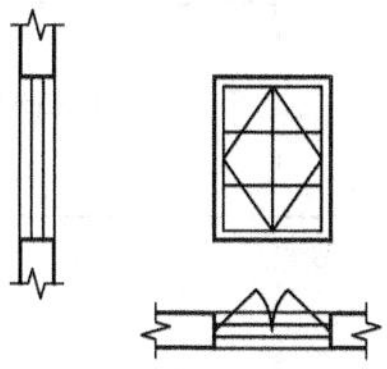	同序号 36
43	双层内外开平开窗	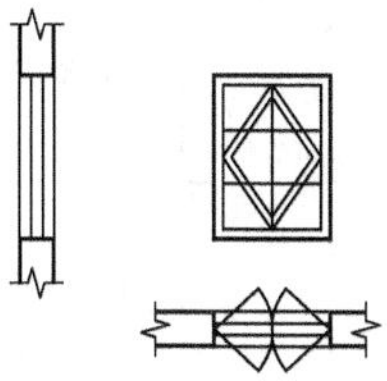	同序号 36
44	左右推拉窗	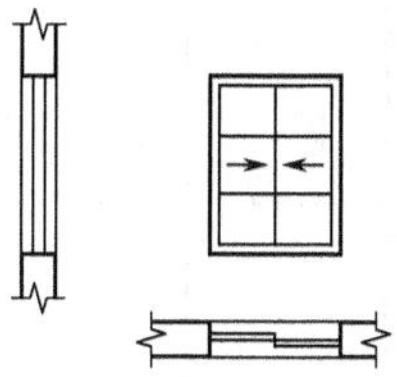	同序号 36 说明中的①、③、⑤
45	上推窗	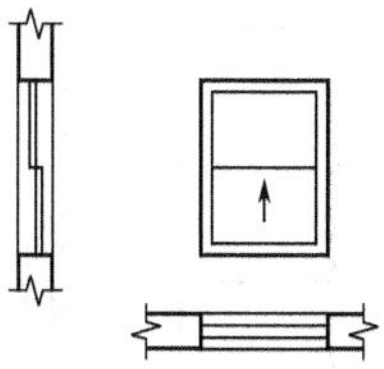	同序号 36 说明中的①、③、⑤
46	百叶窗	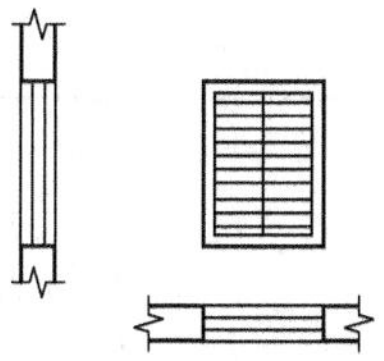	同序号 36

表 3-9 总平面图图例

序号	名称	图例	说明
1	新建的建筑物		① 上图为不画出入口图例，下图为画出入口图例 ② 图形内右上角点数(高层用数字)表示层数 ③ 用粗实线表示
2	原有的建筑物		① 应注明拟利用者 ② 用细实线表示
3	计划扩建的预留地或建筑物		用中虚线表示
4	拆除的建筑物		用细实线表示
5	新建的地下建筑物或构筑物		用粗虚线表示
6	建筑物下面的通道		
7	散状材料露天堆场		需要时可注明材料名称
8	其他材料露天堆场或露天作业场		同序号 7
9	铺砌场地		
10	敞棚或敞廊		
11	坐标	X105.00 Y425.00 A131.51 B278.25	上图表示测量坐标 下图表示施工坐标
12	方格网交叉点标高	-0.50 77.85 78.35	"78.35"为原地面标高 "77.85"为设计高度 "-0.50"为施工高度 "-"表示挖方("+"表示填方)

续表

序号	名　称	图　例	说　明
13	填方区、挖方区、未整平区及零点线	+ −	"+"表示填方区 "−"表示挖方区 中间为未整平区 点画线为零点线
14	添挖边坡		边坡较长时，可在一端或两端局部表示
15	护坡		同序号 14
16	分水脊线与谷线		上图表示脊线 下图表示谷线
17	洪水淹没线		阴影部分表示淹没区，在底图背面涂红
18	室内标高	151.10(±0.00)	
19	室外标高	143.00	
20	挡土墙		被挡土在"突出"的一侧
21	台阶		箭头指向表示向上
22	露天桥式起重机		
23	露天电动葫芦		"+"为支架位置
24	门式起重机		上图表示有外伸臂 下图表示无外伸臂

续表

序号	名称	图例	说明
25	架空索道		“I”为支架位置
26	斜坡卷扬机道		
27	斜坡栈桥(皮带廊等)		细实线表示支架中心线位置
28	围墙及大门		上图为砖石、混凝土或金属材料的围墙 下图为镀锌铁丝网、篱笆等围墙
29	透水路堤		边坡较长时,可在一端或两端局部表示
30	过水路面		
31	水池、坑槽		
32	烟囱		实线为烟囱下部直径,虚线为基础,必要时可注写烟囱高度和上、下口直径
33	雨水井		
34	消火栓井		
35	急流槽		箭头表示水流方向
36	跌水		箭头表示水流方向
37	拦水(渣)坝		
38	新建的道路	9 101.00 R9 150.00	

续表

序号	名称	图例	说明
39	原有的道路		
40	计划扩建的道路	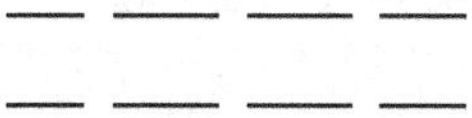	
41	拆除的道路		
42	人行道	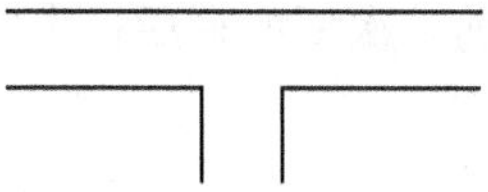	
43	针叶乔木		
44	阔叶乔木		
45	针叶灌木		
46	阔叶灌木	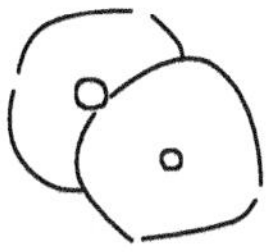	
47	草本花卉		
48	修剪的树篱	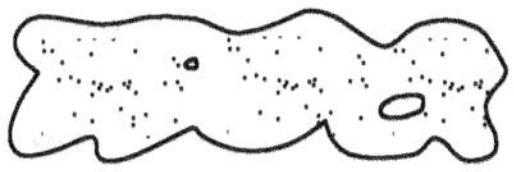	
49	草地	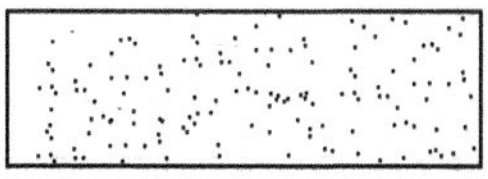	
50	花坛		

第四章 建筑施工图

建造一栋房屋，需要使用很多张图纸作为施工依据。各专业施工图的编排顺序一般是全局性的图纸在前，局部的图纸在后；重要的在前，次要的在后；先施工的在前，后施工的在后。

第一节 图纸目录和设计说明

一、图纸目录

当拿到一套图纸后，首先要查看图纸的目录。图纸的目录可以帮助人们了解图纸的张数、图纸专业类别以及每张图纸要表达的内容，可以使人们快速地找到所需要的图纸。图纸目录有时也称“首页图”，就是第一张图纸。表 4-1 为某单位住宅楼的图纸目录，从中可以了解到下列资料：

设计单位：×××建筑设计研究院

建设单位：×××公司

工程名称：×××住宅楼

表 4-1 图纸目录

<table>
<tr><td colspan="2" rowspan="4">×××
建筑设计研究院</td><td colspan="2">图 纸 目 录</td><td colspan="2">专业</td><td>建筑</td><td colspan="2">设计阶段</td><td>建施</td></tr>
<tr><td>建设单位</td><td>×××</td><td colspan="2">工程编号</td><td colspan="2">0104</td><td colspan="2">××年××月</td></tr>
<tr><td>工程名称</td><td>×××住宅楼</td><td colspan="2">校对</td><td colspan="2"></td><td colspan="2">第 1 页</td></tr>
<tr><td colspan="2"></td><td colspan="2">编制</td><td colspan="2"></td><td colspan="2">共 1 页</td></tr>
<tr><td>序号</td><td>图 号</td><td colspan="2">图 名</td><td>张数</td><td colspan="2">折 A1 图</td><td colspan="3">备 注</td></tr>
<tr><td>1</td><td>J(施)-01</td><td colspan="2">总平面位置图 设计说明</td><td>1</td><td colspan="2">0.50</td><td colspan="3"></td></tr>
<tr><td>2</td><td>J(施)-02</td><td colspan="2">一层平面图</td><td>1</td><td colspan="2">1.00</td><td colspan="3"></td></tr>
<tr><td>3</td><td>J(施)-03</td><td colspan="2">标准层平面图</td><td>1</td><td colspan="2">1.00</td><td colspan="3"></td></tr>
<tr><td>4</td><td>J(施)-04</td><td colspan="2">①—㉓轴立面图</td><td>1</td><td colspan="2">1.00</td><td colspan="3"></td></tr>
<tr><td>5</td><td>J(施)-05</td><td colspan="2">㉓—①轴立面图</td><td>1</td><td colspan="2">1.00</td><td colspan="3"></td></tr>
<tr><td>6</td><td>J(施)-06</td><td colspan="2">Ⓐ—Ⓟ轴立面图</td><td>1</td><td colspan="2">1.00</td><td colspan="3"></td></tr>
<tr><td>7</td><td>J(施)-07</td><td colspan="2">Ⓟ—Ⓐ轴立面图</td><td>1</td><td colspan="2">1.00</td><td colspan="3"></td></tr>
<tr><td>8</td><td>J(施)-08</td><td colspan="2">1—1 剖面图</td><td>1</td><td colspan="2">0.50</td><td colspan="3"></td></tr>
<tr><td>9</td><td>J(施)-09</td><td colspan="2">屋面排水平面图</td><td>1</td><td colspan="2">1.00</td><td colspan="3"></td></tr>
<tr><td>10</td><td>J(施)-10</td><td colspan="2">A 单元平面详图</td><td>1</td><td colspan="2">1.00</td><td colspan="3"></td></tr>
<tr><td>11</td><td>J(施)-11</td><td colspan="2">B 单元平面详图</td><td>1</td><td colspan="2">1.00</td><td colspan="3"></td></tr>
<tr><td>12</td><td>J(施)-12</td><td colspan="2">C 单元平面详图</td><td>1</td><td colspan="2">1.00</td><td colspan="3"></td></tr>
<tr><td>13</td><td>J(施)-13</td><td colspan="2">D 单元平面详图</td><td>1</td><td colspan="2">1.00</td><td colspan="3"></td></tr>
<tr><td>14</td><td>J(施)-14</td><td colspan="2">1＃楼梯平面详图</td><td>1</td><td colspan="2">1.00</td><td colspan="3"></td></tr>
<tr><td>15</td><td>J(施)-15</td><td colspan="2">2＃楼梯平面详图</td><td>1</td><td colspan="2">1.00</td><td colspan="3"></td></tr>
<tr><td>16</td><td>J(施)-16</td><td colspan="2">3＃楼梯平面详图</td><td>1</td><td colspan="2">1.00</td><td colspan="3"></td></tr>
<tr><td>17</td><td>J(施)-17</td><td colspan="2">墙身大样图</td><td>1</td><td colspan="2">0.75</td><td colspan="3"></td></tr>
<tr><td>18</td><td>J(施)-18</td><td colspan="2">立面节点详图</td><td>1</td><td colspan="2">0.50</td><td colspan="3"></td></tr>
<tr><td>19</td><td>J(施)-19</td><td colspan="2">门窗表 门窗详图</td><td>1</td><td colspan="2">0.75</td><td colspan="3"></td></tr>
</table>

工程编号：0104

工程编号是设计单位为了便于存档和查阅图纸而采取的一种管理方法。不同的单位可根据自己的实际编号。

图纸编号和名称：序号有1～19，名称见表4-1“图名”。

每一项工程都会有很多张图纸，在同一张图纸上又会有很多图形。设计人员为了表达和查阅的方便，必须对图纸命名，再用数字编号，以确定图纸的顺序。见表4-1所列，本设计共有建筑施工图19张。

目前关于图纸目录国家标准尚没有统一的格式，各设计单位根据自己的实际规定，但总体上应包括以上内容。

二、设计说明

凡是图样上无法表示而又直接与工程质量有关的一些要求，往往在图纸上用文字说明表达出来。这些是非看不可的，它会告诉人们很多信息。表4-2为某单位住宅楼的建筑设计说明。

表4-2 设计说明

设计说明

一、设计依据：

1. 中华人民共和国《建筑设计防火规范》GBJ 16—88（2006年版）。

2.《住宅建筑设计规范》(GB 50096—2013)。

3. 建设单位提供的审批文件，原始条件，设计意见，建筑测试图，×××市规划部门的审查意见及有关部门批准的初步设计图纸。

二、工程概述：

1. 本工程为×××职工住宅楼，位于×××内。

2. 本工程地上7层，无地下室。建筑总高度为23.05m，一至四层均为住宅。首层地面标高为±0.00，室外地坪标高为−1.05，层高均为3m，共四个单元56户。

3. 基底面积：1009.09m²，总建筑面积7910.29m²。

4. 建筑耐火等级不低于二级，楼梯及入口疏散宽度均满足要求，梯间内分户门均为乙级防火门。

5. 该工程采用砖混结构，楼板为现浇钢筋混凝土楼板。

三、尺寸单位：

本设计除总图尺寸以米计外，其他尺寸均以毫米为单位，标高以米为单位。

四、构造及装修说明：

1. 墙体：外墙为490厚黏土砖，内墙亦为黏土砖墙，砖标号及砂浆标号详见结施。

2. 屋面：做法见龙J427，其中保温层厚度最薄处不小于160厚，并注意在施工中防止雨水浸泡。

3. 防潮：防潮层为30厚防水砂浆掺3%硅质密实剂，设置在±0.00以下6mm处。

4. 室内装修：地面：底层：参见龙J21-24-Z1，素土夯实后加100厚C10混凝土垫层。

楼层：参见龙J21-25-Z5，其中卫生间及厨房地面做防水层，其地面低于同层地面30，地面找坡，坡向地漏。

墙面：参见龙J21-26-Z9A，石灰水改为涂料，厨房、卫生间为水泥砂浆打底贴白色瓷砖到顶。

天棚：参见龙J21-26-Z14C，石灰水改为涂料。

窗：均采用塑钢窗（由甲方选订），阳台为塑钢窗，客厅采用落地式塑钢推拉门窗，且底部比楼地面高出50，所有外门窗侧壁安装时铺毛毡一层以保温。

楼梯间：设明踢脚线，楼梯扶手选用木扶手。

五、其他：

1. 所有木构件与墙或混凝土接触，嵌入部分均刷沥青一道防腐，所有金属构件与墙或混凝土接触嵌入部分均刷樟丹防锈。外露铁件均涂防锈漆一道，调合漆两道，颜色同所在墙面颜色。

2. 凡是穿墙，穿楼板的各种管道，都应用水泥砂浆填实严密。

3. 各专业预留孔洞应严格配合各专业图纸进行，施工前土建专业技术人员要与各专业技术人员核对预留孔洞数量、位置、尺寸后方可进行施工，以免事后打洞。

4. 施工时，除严格按施工图纸施工外，请与结构、水、暖、电气各专业密切配合，以保证工程质量。

5. 本工程所有装饰材料均应先取样板或色板，会同设计人员及使用单位商定后订货，施工。

6. 本工程外装修见立面设计，材料选购具体待甲方认定。

7. 图中未详尽之处，须严格按照国家现行工程施工及验收规范执行。

8. 本施工图如有更改设计，需经设计者认定同意后提出设计变更及修改意见。

第二节 总平面图

一、建筑总平面图的内容和作用

用水平投影法和相应的图例，将拟建工程附近一定范围内的建筑物、构筑物及其自然状况，画在有等高线或加上坐标方格网的地形图上的图样称为建筑总平面图。它主要表示原有和新建房屋的位置、标高、道路布置、构筑物、地形、地貌等，是新建房屋定位、施工放线以及布置施工现场的依据，见图 4-1。

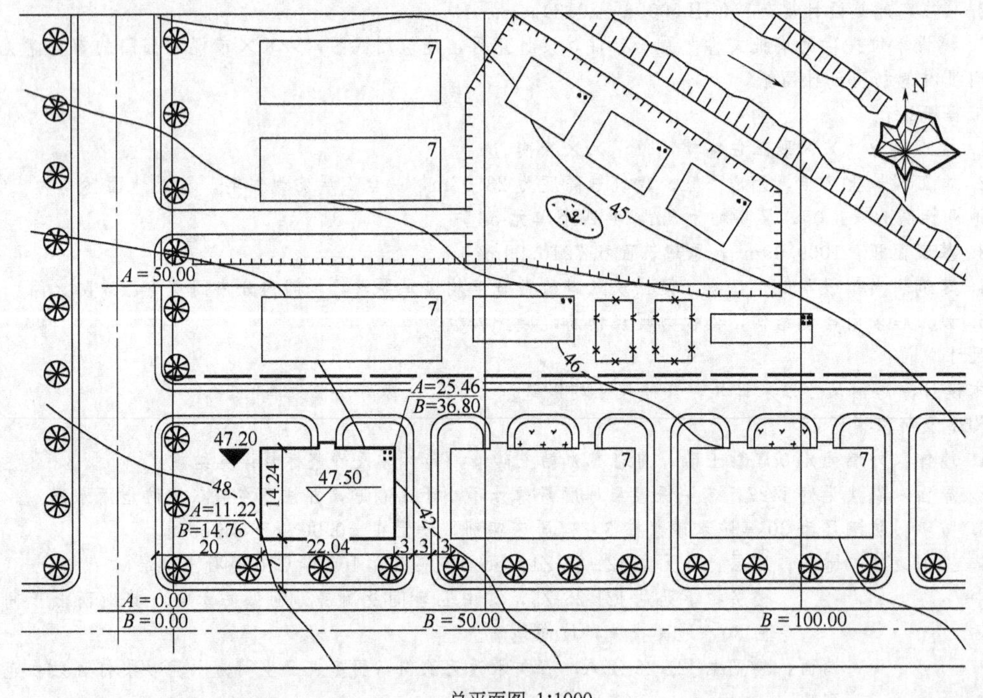

图 4-1 总平面图

二、建筑总平面图的图示方法和有关规定

1. 比例

由于总平面图包括地区较大，《国家制图标准》（以下简称“国标”）规定：总平面图的

比例应用 1∶500、1∶1000、1∶2000 来绘制。实际工程中，由于国土局以及有关单位提供的地形图常为 1∶500 的比例，故总平面图常用 1∶500 的比例绘制。

2. 图例

由于比例较小，故总平面图上的房屋、道路、桥梁、绿化等都用图例表示。

“国标”规定的总平面图图例见表 3-9。在较复杂的总平面图中，如用了一些“国标”上没有的图例，应在图纸的适当位置加以说明。

3. 建筑定位

总平面图常画在有等高线和坐标网格的地形图上。地形图上的坐标称为测量坐标，是与地形图相同比例画出的 50m×50m 或 100m×100m 的方格网，此方格网的竖轴用 x，横轴用 y 表示。一般房屋的定位应标注其三个角的坐标，如建筑物、构筑物的外墙与坐标轴线平行，可标注其对角坐标，见图 4-2。当房屋的两个主向与测量坐标网不平行时，为方便施工，通常采用施工坐标网定位。其方法是在图中选用某一适当位置为坐标原点，以竖直方向为 A 轴，水平方向为 B 轴，同样以 50m×50m 或 100m×100m 进行分格，即为施工坐标网。

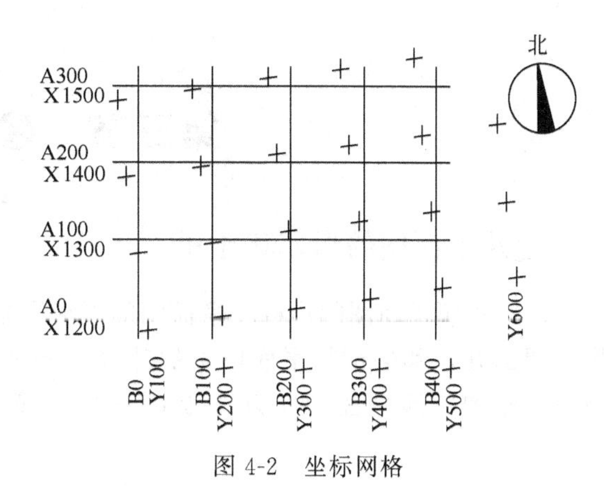

图 4-2　坐标网格

4. 等高线和标高

在总平面图上通常画有多条类似徒手画的波浪线，每条线代表一个等高面，称其为等高线。等高线上的数字代表该区域地势变化的高度。等高线上标注的高度是绝对标高。见图 4-1，标有 45 的等高线，就表示等高线所经过区域高出海平面 45m。在总平面图中为了表示每个建筑物与地形之间的高度关系，要在建筑平面图中注出底层底面的绝对标高。根据等高线和底层底面的绝对标高，可以看出施工时是填方还是挖方。在总平面图中，除了建筑物要标明标高外，在构筑物、道路中心的交叉点等也需要标注标高，以表明该处的高程。

三、建筑总平面图的读图

① 看图标、图例、比例和有关的文字说明，对图纸进行概括的了解；

② 看图名了解工程性质、用地范围、地形及周边情况；

③ 看新建建筑物的层数、室内外标高，根据坐标了解道路、管线、绿化等情况；

④ 根据指北针和风向频率玫瑰图判断建筑物的朝向及当地常年风向和风速。

四、读图示例

图 4-1 为某住宅工程的总平面图。从图中可以看出：拟建建筑的平面图是用粗实线表示的，小黑点或数字表示该建筑的层数，图中拟建建筑为 4 层。新建住宅两个相对墙角的坐标为 $\dfrac{A=11.22}{B=14.76}$、$\dfrac{A=25.46}{B=36.80}$。可知建筑的总长为 36.80－14.76＝22.04m，总宽为

25.46－11.22＝14.24m。原有建筑用细实线表示，其中打叉的是应拆除的建筑。带有圆角的平行细实线表示原有道路。拟建建筑平面图形的凸出部分是建筑的入口。每个入口均有道路连接，道路或建筑物之间的空地设有绿化带，道路两侧均匀地植有阔叶灌木。

从图中的等高线可以看出：西南地势较高，坡向东北，在东北部有一条河从西北流向东南，河的两侧有护坡。河的西南侧有三座二层别墅，楼前有一花坛。

由风向频率玫瑰图可以看出：该地区常年主导风向是东北风，夏季主导风向是东南风。

第三节 建筑平面图

一、建筑平面图的形成和作用

（1）建筑平面图的形成 平面图的形成通常是假想用一水平剖切平面经过门窗洞口之间将房屋剖开，移去剖切平面以上的部分，将余下部分用直接正投影法投影到 H 面上得到的正投影图。即平面图实际上是剖切位置位于门窗洞口之间的水平剖面图，见图 4-3、图 4-4。

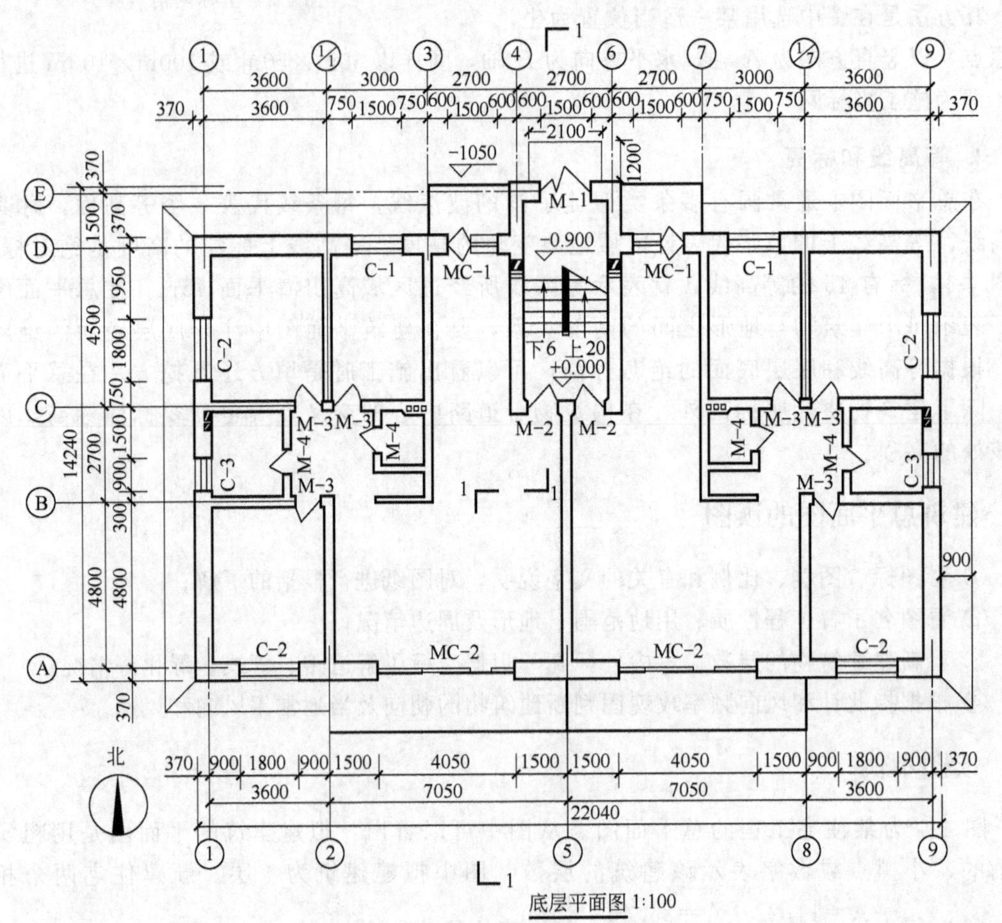

图 4-3 底层平面图

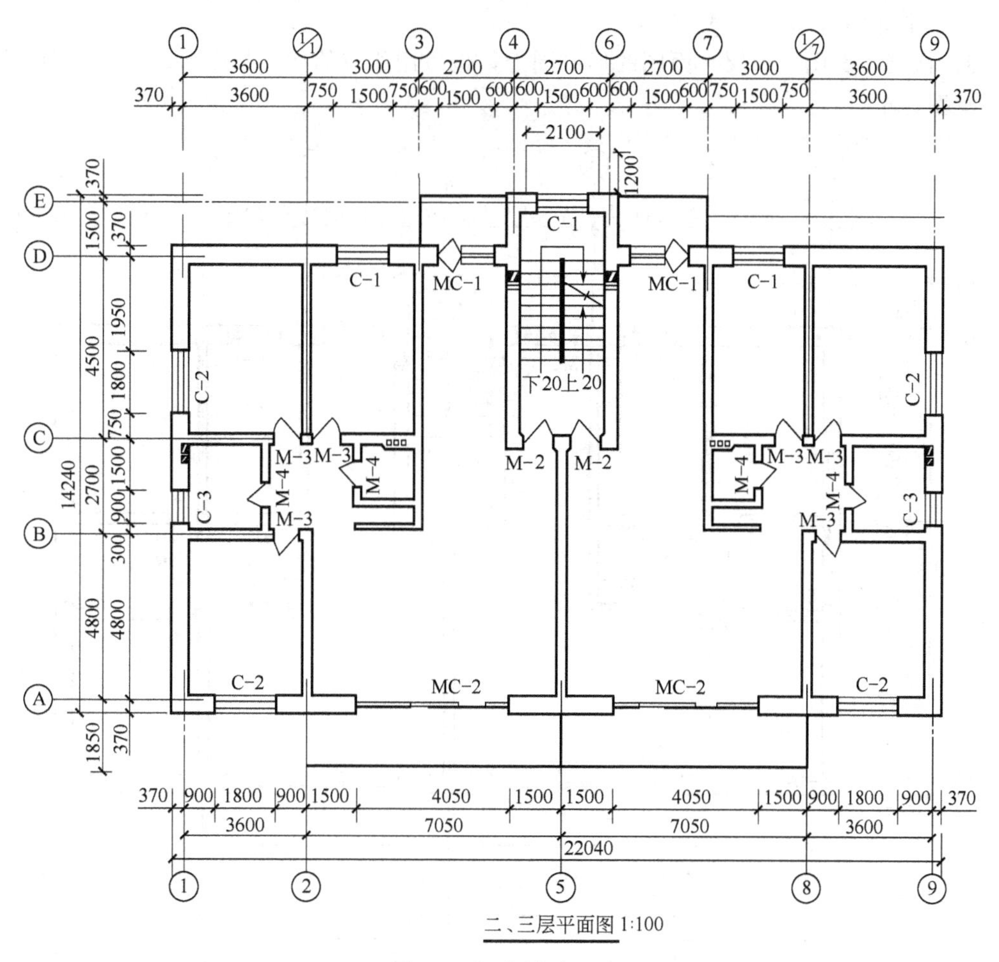

图 4-4　标准层平面图

（2）建筑平面图的作用　建筑平面图是用以表达房屋建筑的平面形状，房间布置，内外交通联系，以及墙、柱、门窗等构配件的位置、尺寸、材料和做法等内容的图样。建筑平面图简称“平面图”。

平面图是建筑施工图的主要图纸之一，是施工过程中房屋的定位放线、砌墙、设备安装、装修以及编制概预算、备料等的重要依据。

二、建筑平面图的分类

根据剖切平面位置的不同，建筑平面图可分为以下几类。

（1）底层平面图　底层平面图又称一层平面图或首层平面图。它是沿底层门窗洞口剖开后所得的平面图，剖切平面的位置处于一层地面与从一楼通向二楼休息平台之间，且要尽可能通过该层上所有的门窗洞口，它是所有建筑平面图中首先绘制的一张图，见图 4-3。

（2）标准层平面图　用上面同样的方法可得建筑中间各层的平面图。由于建筑内部平面布置的差异，对于多层建筑而言，应该有一层就画一层平面图。其名称就用建筑本身的层数来命名，例如“三层平面图”、“四层平面图”等。但在实际的建筑设计中，多层建筑往往存在许多相同或相近平面布置的楼层，因此，实际绘图时，可将这些相同或相近的楼层合用同一张平面图来表示。这张图就称为“标准层平面图”，有时也用其对应的楼层命名，例如

“二、三层平面图”，见图 4-4。

（3）顶层平面图　顶层平面图的形成同上，也可用相应的楼层数命名，例如“四层平面图”，见图 4-5。

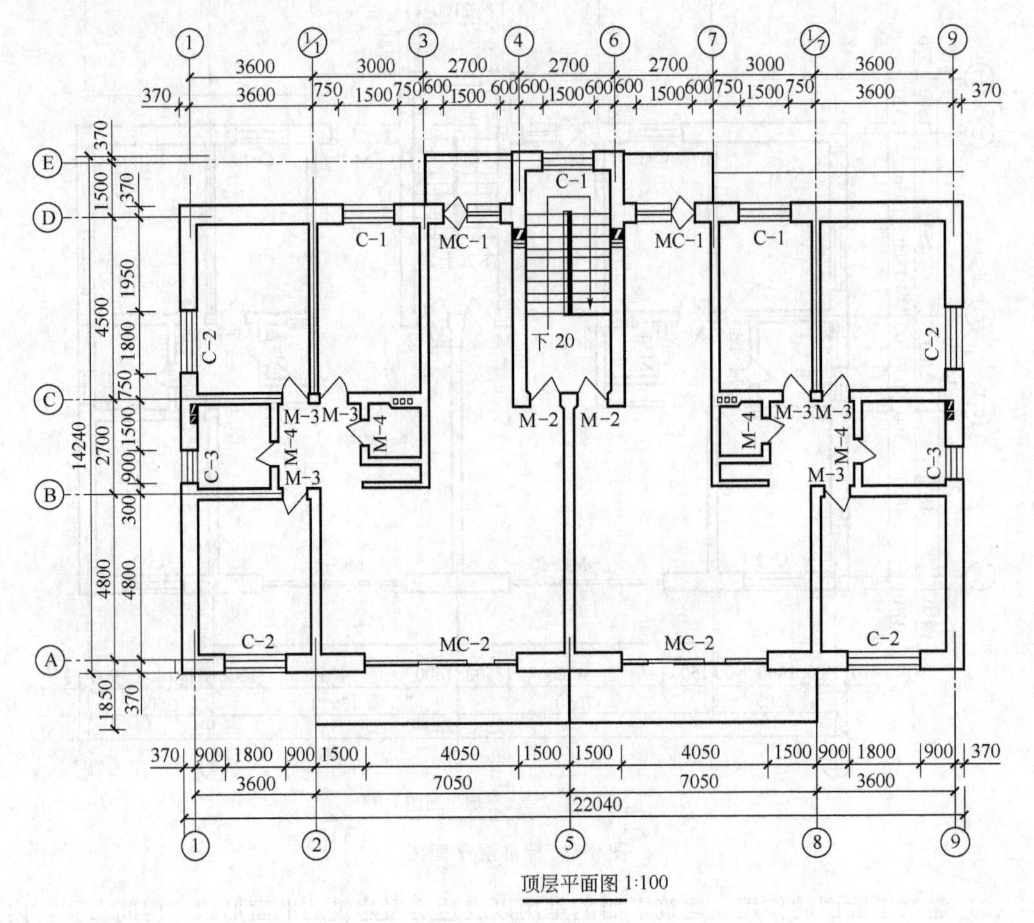

图 4-5　顶层平面图

（4）屋顶平面图和局部平面图　除了上面提到的平面图外，建筑平面图还应包括屋顶平面图和局部平面图。其中，屋顶平面图是指将建筑的顶部单独向下投影所作的俯视图，主要用来表示屋顶的平面布置，见图 4-6。对于平面布置基本相同的中间楼层，其局部的差异无法用标准层平面图来描述时，可用局部平面图表示，见图 4-7。

三、建筑平面图的图示方法和有关规定

（1）建筑平面图的比例　一般用 1∶50、1∶100、1∶150、1∶200 的比例绘制，实际工程中常用 1∶100 的比例绘制，见表 4-3。

（2）建筑平面图的朝向　为了更加准确地确定建筑的朝向，在底层平面图上应画出指北针。一般在总平面图上画风向频率玫瑰图，在底层平面图上画指北针，两者不能互换，但所指方向必须一致。其他层平面图上不用再画指北针。

（3）建筑平面图的图示内容　底层平面图应画出房屋本层相应的水平投影，以及与本栋房屋有关的台阶、花池、散水、垃圾箱等的投影，见图 4-3；二层平面图除画出房屋二层范围的投影内容外，还应画出底层平面图无法表达的雨篷、阳台、窗楣等内容，而对于底层平

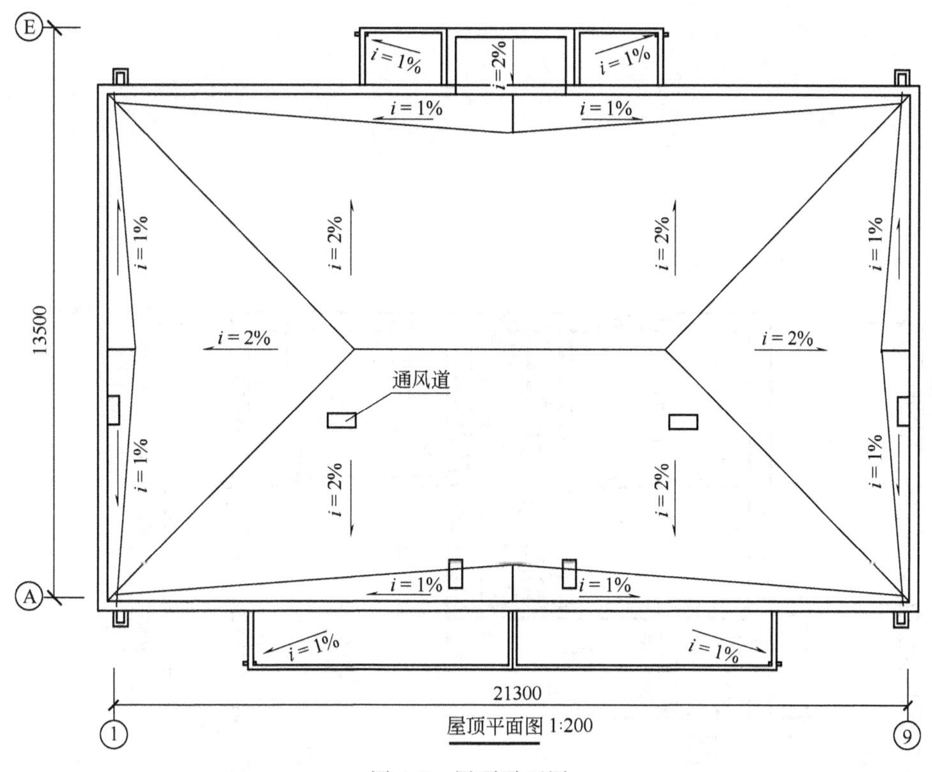

图 4-6 屋顶平面图

表 4-3 比例（GB/T 50104—2010）

图 名	比 例
建筑物或构筑物的平面图、立面图、剖面图	1∶50、1∶100、1∶150、1∶200、1∶300
建筑物或构筑物的局部放大图	1∶10、1∶20、1∶25、1∶30、1∶50
配件及构造详图	1∶1、1∶2、1∶5、1∶10、1∶15、1∶20、1∶25、1∶30、1∶50

面图上已表达清楚的台阶、花池、散水、垃圾箱等内容就不再画出，见图 4-4；三层以上的平面图则只需画出本层的投影内容及下一层的窗楣、雨篷等内容，见图 4-4、图 4-5。

（4）建筑平面图的图例　建筑平面图由于比例较小，各层平面图中的卫生间、楼梯间、门窗等投影难以详尽表示，便采用“国标”规定的图例来表达，而相应的详细情况则另用较大比例的详图来表达。

（5）建筑平面图的线型　建筑平面图的线型，按“国标”规定，凡是被剖切到的墙、柱的断面轮廓线，宜用粗实线，门扇的开启示意线用中实线表示，其余可见投影线则用中实线、细实线表示。

（6）建筑平面图的轴线　主要承重构件（墙、柱、梁）用定位轴线编号，非承重墙、隔墙等用附加轴线（又叫分轴线）编号，见图 4-3～图 4-5。

（7）建筑平面图的尺寸标注　建筑平面图标注的尺寸有外部尺寸和内部尺寸，见图 4-7。

① 外部尺寸　在水平方向和竖直方向各标注三道。最外一道尺寸标注房屋水平方向的总长、总宽，称为总尺寸；中间一道尺寸标注房屋的开间、进深，称为轴线尺寸（一般情况下两横墙之间的距离称为“开间”；两纵墙之间的距离称为“进深”）；最里边一道尺寸标注

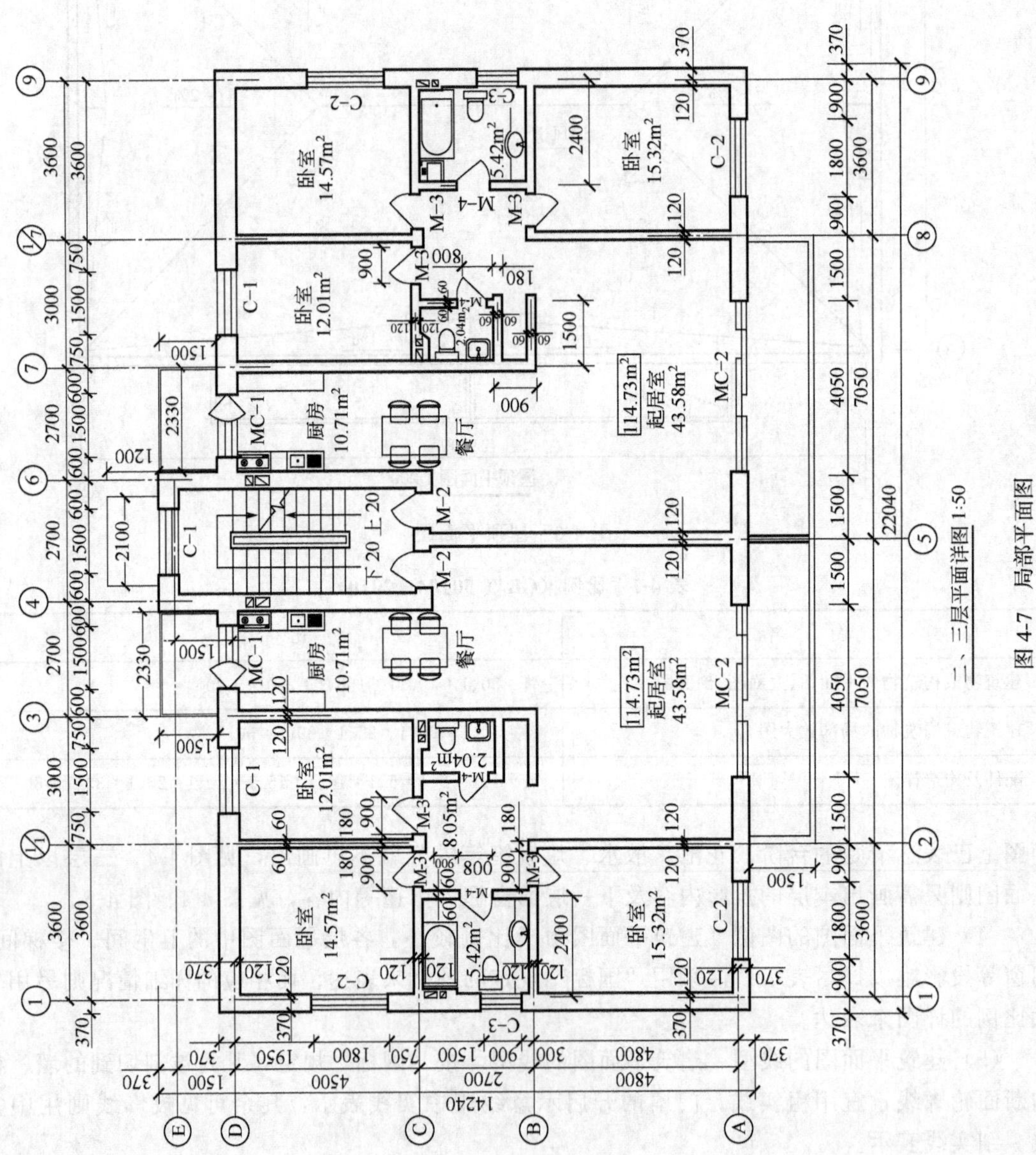
卧室
14.57m²
12.01m²
15.32m²
厨房
10.71m²
餐厅
起居室
43.58m²
114.73m²
5.42m²
8.05m²
2.04m²
C-1
C-2
C-3
MC-1
MC-2
M-2
M-3
M-4
上 20
下 20
二、三层平面详图 1:50

图 4-7 局部平面图

房屋外墙的墙段及门窗洞口尺寸，称为细部尺寸。

如果建筑平面图图形对称，宜在图形的左边、下边标注尺寸，如果图形不对称，则需在图形的各个方向标注尺寸，或在局部不对称的部分标注尺寸。

② 内部尺寸　房屋内部门窗洞口、门垛、内墙厚、柱子截面等细部尺寸。

(8) 建筑平面图的标高、门窗编号　平面图中应标注不同楼地面标高房间及室外地坪等标高。为编制概预算的统计及施工备料，平面上所有的门窗都应进行编号。门常用“M_1”、“M_2”或“M-1”、“M-2”等表示，窗常用“C_1”、“C_2”或“C-1”、“C-2”表示，也可用标准图集上的门窗代号来编注门窗。门窗编号为“MF”、“LMT”、“LC”的含义依次分别为“防盗门”、“铝合金推拉门”、“铝合金带窗门”。为便于施工，图中还常列有门窗表。

(9) 建筑平面图的剖切位置及详图索引　为了表示房屋竖向的内部情况，需要绘制建筑剖面图，其剖切位置应在底层平面图中标出，其符号为：“└ ┘”，其中表示剖切位置的“剖切位置线”长度为 6～10mm；剖视方向线应垂直剖切位置线，长度应短于剖切位置线，宜为 4～6mm，见图 4-3。如剖面图与被剖切图样不在同一张图纸内，可在剖切位置线的另一侧注明其所在图纸的图纸号。如图中某个部位需要画出详图，则在该部位要标出详图索引标志（见第六节建筑详图）。

(10) 建筑平面图的房间功能说明　平面图中各房间的用途，宜用文字标出，如“起居室”、“卧室”、“客厅”等，见图 4-7。

(11) 建筑平面图的抹灰层、楼地面、材料图例　不同比例平面图的抹灰层、楼地面、材料图例的省略画法应符合下列规定。

① 比例大于 1∶50 的平面图，应画出抹灰层与楼地面、屋面的面层线，并宜画出材料图例。

② 比例等于 1∶50 的平面图，宜画出楼地面、屋面的面层线，抹灰层的面层线应根据需要而定。

③ 比例小于 1∶50 的平面图，可不画出抹灰层，但宜画出楼地面、屋面的面层线。

④ 比例为（1∶100）～（1∶200）的平面图，可画简化的材料图例（如砌体墙涂红、钢筋混凝土涂黑等），但宜画出楼地面、屋面的面层线。

⑤ 比例小于 1∶200 的平面图，可不画材料图例。

四、读图示例

1. 底层平面图的阅读

以图 4-3 所示的底层平面图为例，说明建筑底层平面图的读图步骤。

① 了解图名和比例。

由图 4-3 可知，该平面图是某住宅楼的底层平面图，绘图比例为 1∶100。

② 了解定位轴线，内外墙的位置和平面位置。

该平面图中，横向定位轴线有①～⑨；纵向定位轴线有Ⓐ～Ⓔ。

该楼每层均为两户，北面中间入口为楼梯间，每户有三室一厅一厨二厕，南北各有一阳台。朝南的居室开间为 3.6m，客厅开间为 7.05m；进深为 4.8m。朝北的居室开间为 3.6m 和 3m 两种；进深为 4.5m。楼梯和厨房开间都为 2.7m，楼梯两侧墙厚为 370mm，除 1/1 和 1/7 所在墙厚度为 120mm 外，其余内墙厚度均为 240mm，外墙厚度 490mm。

③ 了解门窗的位置、编号和数量。

单元有四种门 M-1～M-4，三种窗户 C-1～C-3，两种窗联门 MC-1、MC-2。

④ 了解建筑的平面尺寸和各地面的标高。

该平面图中共有外部尺寸三道，最外一道表示总长和总宽，它们分别为 22.04m 和 14.24m，与总平面图中的尺寸一致；第二道尺寸表示定位轴线的间距，一般即为房间的开间和进深尺寸，如 3600、3000、2700 和 4500、2700、4800 等；最里的一道尺寸为门窗洞的大小及它们到定位轴线的距离。

该楼底层室内地面相对标高±0.000，楼梯间地面标高为－0.900。室外标高为－1.050。

⑤ 了解其他建筑构配件。

该楼北面入口处设有一个踏步进到室内，经六级踏步到达一层地面；楼梯向上 20 级踏步可到达三层楼面。朝南客厅有推拉门通向阳台。建筑四周做有散水，宽 900mm。

⑥ 了解剖面图的剖切位置、投影方向等。

底层平面图上标有 1—1 剖面图的剖切符号。由图 4-3 可知，1—1 剖面图是一个阶梯全剖面图，它的剖切平面平行于纵向定位轴线，经过楼梯间后转折，再通过起居室的阳台，其投影方向向右。

2. 标准层平面图和顶层平面图

前面主要介绍的是底层平面图，与底层平面图相比，其他层平面图要简单一些，其主要区别如下。

① 一些已在底层平面图中表示清楚的构配件，就不在其他图中重复绘制。例如，按照建筑制图标准，在二层以上的平面图中不再绘制明沟、散水、台阶、花坛等室外设施及构配件；在三层以上也不再绘制已由二层平面图中表示的雨篷；除底层平面图外，其他各层一般也不绘制指北针和剖切符号了。

② 楼梯间的建筑构造图例不同。楼梯图例的具体画法见表 3-8，绘图时楼梯的形式和步数应照实际情况绘制。

图 4-4 和图 4-5 即为上面所读住宅楼的标准层和顶层平面图，读者可以对照底层平面图进行阅读。

3. 屋顶平面图

屋顶平面图是将屋面上的构配件直接向水平投影面所作的正投影图。由于屋顶平面图通常比较简单，故常用较小的比例（如 1：200）来绘制。在屋顶平面图中，一般表示屋顶的外形、屋脊、屋檐或内、外檐沟的位置，用带坡度的箭头表示屋面排水方向，另外还有女儿墙、排水管和屋顶水箱、屋面出入口的设置等，见图 4-6。

第四节　建筑立面图

一、建筑立面图的形成和作用

（1）建筑立面图的形成　立面图是用正投影法，将建筑物的墙面向与该墙面平行的投影面投影所得到的投影图。某些平面形状曲折的建筑物，可绘制展开立面图，圆形或多边形平面的建筑物，可分段展开绘制立面图。但均应在图名后加注“展开”二字。

（2）建筑立面图的作用　建筑立面图简称立面图，主要用来表达房屋的外部造型、门窗位置及形式、外墙面装修、阳台、雨篷等部分的材料和做法等，见图 4-8。

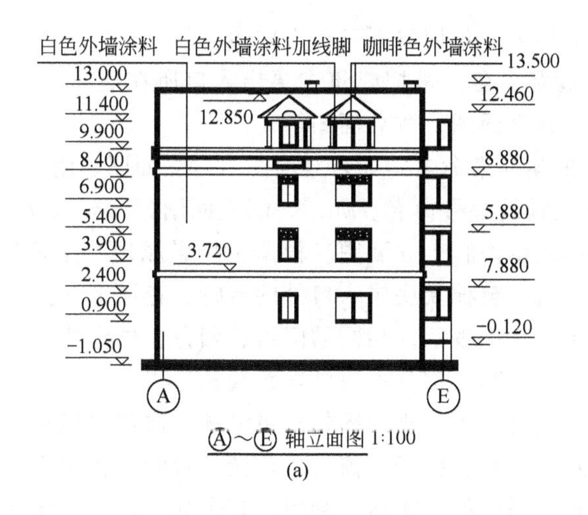

Ⓐ～Ⓔ 轴立面图 1:100

(a)

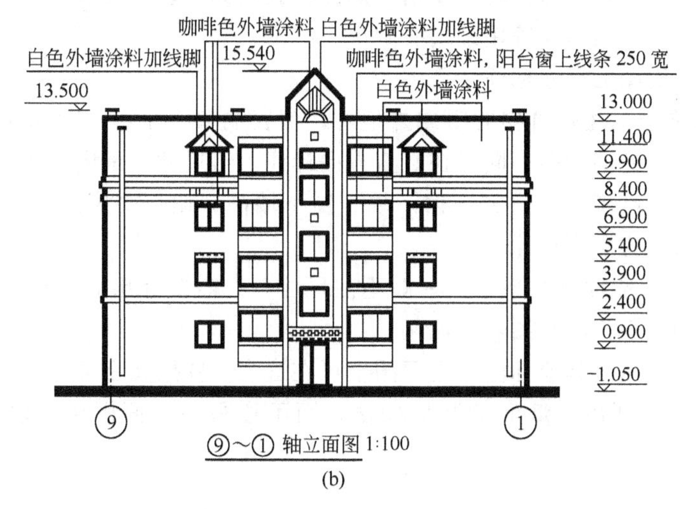

⑨～① 轴立面图 1:100

(b)

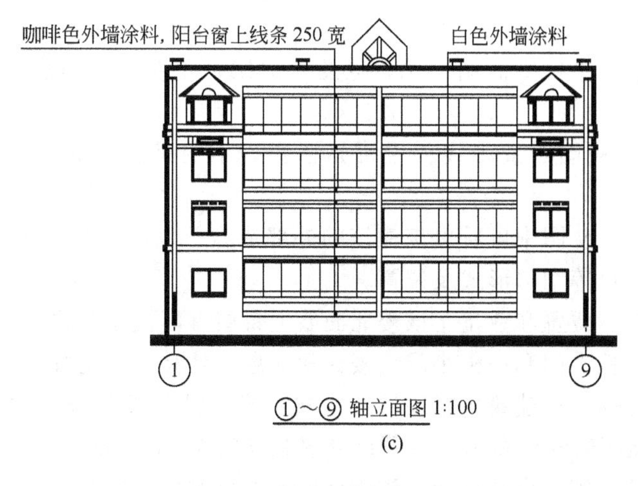

①～⑨ 轴立面图 1:100

(c)

图 4-8　建筑立面图

二、建筑立面图的图示方法和有关规定

(1) 建筑立面图的比例　建筑立面图的比例通常与建筑平面图一致，常用1∶50、1∶100、1∶200的比例绘制。

(2) 建筑立面图的图名　常用以下三种方式命名。

① 以建筑墙面的特征命名。常把建筑主要出入口所在墙面的立面图称为正立面图，其余几个立面相应地称为背立面图、侧立面图等。

② 以建筑各墙面的朝向来命名。如东立面图、西立面图、南立面图、北立面图。

③ 以建筑两端定位轴线编号命名。如①～⑨立面图，Ⓐ～Ⓗ立面图等。

(3) 建筑立面图的图示内容　立面图应根据正投影原理绘出建筑物外墙面上所有门窗、雨篷、檐口、壁柱、窗台、窗楣及底层入口处的台阶、花池等的投影。由于比例较小，立面图上的门、窗等构件也用图例表示。相同的门窗、阳台、外檐装修、构造做法等可在局部重点表示，绘出其完整图形，其余部分可只画轮廓线。

(4) 建筑立面图的线型　为使立面图外形更清晰，通常用粗实线表示立面图的最外轮廓线，而凸出墙面的雨篷、阳台、柱子、窗台、窗楣、台阶、花池等投影线用中粗线画出，地坪线用加粗线（粗于标准粗度的1.4倍）画出，其余如门、窗及墙面分格线、落水管以及材料符号引出线、说明引出线等用细实线画出。

(5) 建筑立面图的尺寸标注

① 竖直方向　标注建筑物的室内外地坪、门窗洞口上下口、台阶顶面、雨篷、房檐下口、屋面、墙顶等处的标高。同时在竖直方向标注三道尺寸。最内一道尺寸标注房屋的室内外高差、门窗洞口高度、垂直方向窗间墙、窗下墙高、檐口高度等；中间一道尺寸标注层高；最外一道尺寸为总高尺寸。

② 水平方向　立面图水平方向一般不注尺寸，但需要标出立面最外两端墙的定位轴线及编号，并在图的下方注写图名、比例。

(6) 建筑立面图的其他标注　立面图上可在适当位置用文字标注其装修做法，也可以在建筑设计总说明中列出外墙面的装修做法，而不注写在立面图中，以保证立面图的完整美观。

三、读图示例

现以实例的住宅楼⑨～①轴立面图为例，见图4-8(b)，说明立面图表达的主要内容及阅读方法。

(1) 了解图名比例　从图名或轴线编号可知该图表示的是建筑北立面图，其比例为1∶100。

(2) 了解建筑的形状　从图中可看出该建筑的外部造型，也可了解该建筑的屋顶形式、门窗、阳台、楼梯间、檐口等细部形式及位置。

(3) 了解门窗的类型、位置和数量　该楼北面墙上每层有两樘左右的推拉窗户，由室外进入楼内是通过对开的一樘大门和一樘小门，楼梯间休息台处有一樘左右推拉窗户。

(4) 了解各部分的标高　该建筑包括底层在内共4层，层高都为3m。建筑室外地坪处标高－1.05m，女儿墙顶面处的标高13m，所以外墙总高度为14.05m。

(5) 了解外墙面的装饰等　由图可知，该楼外墙面主色调用白色涂料，装饰用咖啡色外

墙涂料，阳台用咖啡色外墙涂料，窗上线条 250mm 宽。

第五节　建筑剖面图

一、建筑剖面图的形成和作用

（1）建筑剖面图的形成　假想用一个或几个剖切平面在建筑平面图的横向或纵向沿建筑的主要入口、窗洞口、楼梯等需要剖切的部位将建筑垂直地剖开，移去观察者和剖切面之间的部分，将剩余部分作正投影图，称为建筑剖面图，简称剖面图。

（2）建筑剖面图的作用　建筑剖面图主要用来表达房屋内部的结构形式、沿高度方向的分层情况、各层构造做法、门窗洞口高、层高及建筑总高等，见图 4-9。

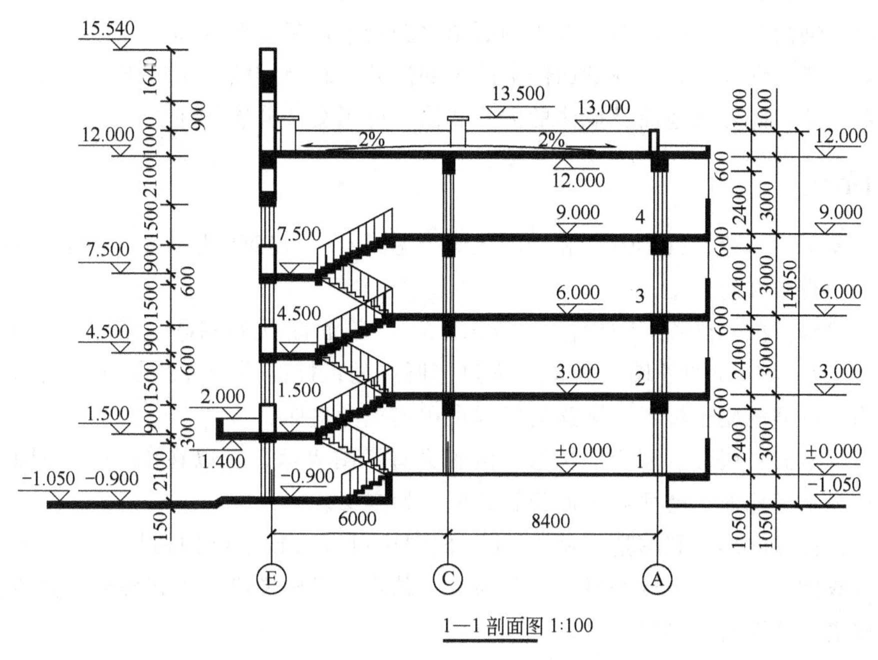

图 4-9　建筑剖面图

二、建筑剖面图的图示方法和有关规定

（1）建筑剖面图的比例　剖面图的比例常与平面图、立面图的比例一致，即采用1∶50、1∶100、1∶200 绘制，由于比例较小，剖面图中的门、窗等构件也采用“国标”标定的图例来表示。

（2）建筑剖面图的剖切位置及剖视方向　剖面图的剖切位置是标注在该建筑物的底层平面图上，见图 4-3 中的 1—1。剖面图的剖切位置应根据房屋的结构状况，在平面图上选择能反映建筑物全貌、构造特征、门窗洞口的位置。平面图上剖切符号的剖视方向宜向左、向上，看剖面图时应与平面图、立面图结合，对照其相互关系。

（3）建筑剖面图的图例　为了清楚地表达建筑各部分的材料及构造层次，当剖面图比例大于 1∶50 时，应在剖到的构件断面画出其材料图例。当剖面图比例小于 1∶50 时，则不画具体材料图例，而用简化的材料图例表示其构件断面的材料，如钢筋混凝土构件可在断面涂黑以区别砖墙和其他材料。

(4) 建筑剖面图的线型　剖面图的线型按“国标”规定，凡是剖到的墙、板、梁等构件的剖切线用粗实线表示，而未剖到的其他构件的投影，则常用中实线、细实线表示。

(5) 建筑剖面图的尺寸标注

① 竖直方向　标注三道尺寸：最外一道为总高尺寸，从室外外地坪起标到墙顶止，标注建筑物的总高度；中间一道尺寸为层高尺寸，标注各层层高（从某层的楼面到其上一层的楼面之间的尺寸称为层高，某层的楼面到该层的顶棚面之间的尺寸称为净高）；最里边一道尺寸为细部尺寸，标注墙段及洞口尺寸。标注标高符号表示建筑物的室内地台、室外地坪、各层楼面、门顶、窗台、窗顶、墙顶、梁底等部位标高。

② 水平方向　常标注剖到的墙、柱及剖面图两端的轴线编号及轴线间距，并在图的下方注写图名和比例。

(6) 建筑剖面图的其他标注　由于剖面图比例较小，某些部位如墙脚、窗台、过梁、墙顶等节点，不能详细表达，可在剖面图上的该部位处，画上详图索引标志，另用详图来表示其细部构造尺寸。此外楼地面及墙体的内外装修，可用文字分层标注。

三、读图示例

(1) 了解剖切位置、投影方向和绘图比例　见图 4-9，建筑底层平面图上的 1—1 剖面图的剖切位置和投影方向。

(2) 了解墙体剖切情况　如图 4-9 所示，1—1 剖面图共剖到Ⓐ、Ⓒ、Ⓔ三条承重墙。Ⓔ轴线的在墙为楼梯间的外墙，为单元进户门所在处；标高为−0.90m 处为门洞；门洞和窗洞顶部均有钢筋混凝土过梁；雨篷与门洞顶梁连成为整体。

(3) 了解地面、楼面、屋面的构造　由于另有详图表示，所以在 1—1 剖面图中，只示意地用线条表示了地面、楼面和屋面位置及屋面架空层。

(4) 了解楼梯的形式和构造　从 1—1 剖面图中可以大致了解到楼梯的形式和构造。该楼梯为平行双跑式，每层有两个梯段，各为 9 个踏步。楼梯梯段为板式楼梯，其休息平台和楼梯均为现浇钢筋混凝土结构。

(5) 了解其他未剖切到的可见部分　图中表达了每层大门、阳台的形状和位置，均用中实线绘制。

(6) 了解各部分尺寸和标高等　剖面图中的外部尺寸也分为三道，分别如下。

① 最里一道尺寸表示门窗洞的高度和定位尺寸。见图 4-9，在图的右侧注明了 A 轴线所在外墙上阳台门洞的高度为 2400mm，一层阳台门下边与一层地面等高，距其外地面的定位尺寸为 1050mm，门上圈梁的高度为 600mm。

② 中间一道尺寸表示楼房的层高。所谓层高是指地（楼）面至上一层楼面的距离，在本图中，各层的层高均为 3m。

③ 最外一道尺寸表示建筑的总高。该楼总高为 14.050m；若加上楼顶装饰其总高度为 16.590m。

另外，在图的左侧还注明了楼梯间外墙上门洞的高度，及它们至休息平台的定位尺寸及边梁的高度。在图内还标注了地面、各层楼面、休息平台的标高尺寸。

以上介绍了建筑的总平面图及平面图、立面图和剖面图，这些都是建筑物全局性的图纸。在这些图中，图示的准确性是很重要的，应力求贯彻国家制图标准，严格按制图标准规定绘制图样；其次，尺寸标注也是非常重要的，应力求准确、完整、清楚，并弄清各种尺寸的含义。

平、立、剖面图如画在同一张图纸上时，应符合投影关系，即平面图与立面图要长对正，立面图与剖面图要高平齐，平面图与剖面图要宽相等。

第六节　建筑详图

房屋建筑平、立、剖面图都是用较小的比例绘制的，主要表达建筑全局性的内容，但对于房屋细部或构、配件的形状、构造关系等无法表达清楚，因此，在实际工作中，为详细表达建筑节点及建筑构、配件的形状、材料、尺寸及做法，而用较大的比例画出的图形，称为建筑详图或大样图。

一、建筑详图的图示特点和有关规定

（1）详图的比例　详图的比例宜用 1∶1、1∶2、1∶5、1∶10、1∶20、1∶50 绘制，必要时，也可选用 1∶3、1∶4、1∶25、1∶30、1∶40 等。

（2）详图的数量　在施工图中，建筑详图的数量视建筑工程的体量大小及复杂程度来决定。常见的详图有墙身、楼梯间、卫生间、厨房、门窗、阳台、雨篷等详图。由于各地区都编有标准图集，故在实际工程中，有的详图可直接套用标准图集。

（3）详图标志及详图索引标志　为了便于看图，常采用详图标志和索引标志。详图标志（又称详图符号）画在详图的下方；详图索引标志（又称索引符号）则表示建筑平、立、剖面图中某个部位需另画详图表示，故详图索引标志标注在需要出详图的位置附近，并用引出线引出。

（4）建筑标高与结构标高　建筑标高是指建筑构造（包括构配件）装饰完成面的标高，它已将构造的粉饰层的层厚包括在内。而结构标高是指构件（如梁、板等）上皮（或下皮）的标高，它是剔除外装修的厚度，所以也称为构配件的毛面标高，见图 4-10。

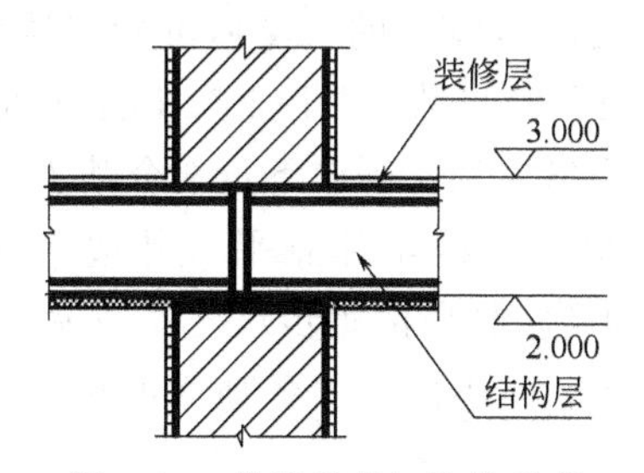

图 4-10　建筑标高与结构标高

楼地面、地下层底面、阳台、平台、檐口、屋脊、女儿墙、台阶等处的高度尺寸及标高，应按下列规定标注。

① 平面图及详图注写完成面的标高。

② 立面图、剖面图及详图注写完成面标高及高度方向的尺寸。

③ 其余部分注写毛面尺寸及标高。

④ 标注建筑平面图各部位的定位尺寸时，注写与其近邻的轴线间的尺寸；标注建筑剖

面各部位的定位尺寸时，注写其所在层次内的尺寸。

⑤ 室内设计图中连续重复的构配件等，当不易标明定位尺寸时，可在总尺寸的控制下，定位尺寸不用数值而用“均分”或“EQ”字样表示，见图 4-11。

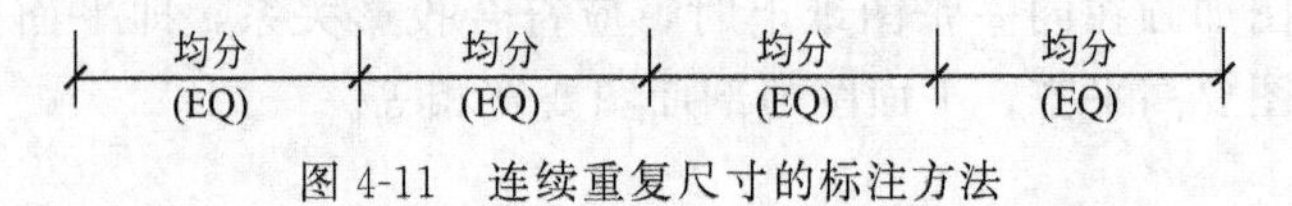

图 4-11 连续重复尺寸的标注方法

二、楼梯详图

楼梯是楼层建筑垂直交通的必要设施。常见的楼梯平面形式有：单跑楼梯、双跑楼梯、三跑楼梯等。它一般由梯段、平台和栏杆（或栏板）扶手组成。楼梯详图主要表示楼梯的结构形成、构造、各部分的详细尺寸、材料和做法。楼梯详图是楼梯施工放样的主要依据。

楼梯详图包括楼梯平面图、楼梯剖面图、踏步、栏杆等细部节点详图，主要表示楼梯的类型、结构形式、构造和装修等。楼梯详图应尽量安排在同一张图纸上，以便阅读。

1. 楼梯平面图

假想沿着建筑各层第一梯段的任一位置，将楼梯水平剖切后向下投影所得的图形，称为楼梯平面图。与建筑平面图同理，楼梯平面图一般也分三种：楼梯底层平面图、楼梯中间层平面图、楼梯顶层平面图，见图 4-12。但如果中间各层中某层的平面布置与其他层相差较多，则应专门绘制。

各层被剖切到的上行第一跑梯段，在楼梯平面图中画一条与踢面线成 30°的折断线（构成梯段的踏步中与楼地面平行的面称为踏面，与楼地面垂直的面称为踢面）。各层下行梯段不予剖切。常用的楼梯平面图的比例为 1∶50。

图 4-12(a) 所示为楼梯的底层平面图，它实际上是底层建筑平面图楼梯间的放大图，其定位轴线与相应的建筑平面图相同。在底层平面图中，剖切后的 45°折断线，应从休息平台的外边缘画起，使得第一梯段的踏步数全部表示出来。由图可知，该楼底层至二层的第一梯段为 10 级踏步，其水平投影应为 9 格，水平投影的格数＝踏步数－1。由休息平台的外边缘的距离取 9×300mm（300mm 为踏步宽）的长度后可确定楼梯的起步线。图中箭头指明了楼梯的上下走向，旁边的数字表示踏步数。“上 20”是指由此向上 20 个踏步可以到达二层楼面；“下 6”表示由一层地面到出口处，需向下走 6 个踏步。

在楼梯底层平面图上，楼梯起步线至休息平台外边缘的距离，被标出 9×300mm＝2700mm 的形式，其目的就是为了将梯段的踏步尺寸一并标出。

另外，在楼梯的底层平面图上，还标出了各地面的标高和楼梯剖面图的剖切符号等内容，见图 4-13 的 2—2 剖面。

图 4-12(b) 所示为楼梯的中间层平面图，它是沿二、三层的休息平台以下将梯段剖开所得。从图中可以看出，二层楼梯平面图中的 45°折断线，画在梯段的中部。在画有折断线的一边，折断线的一侧表示为下一层的第一梯段上的可见踏步及休息平台；而在扶手的另一边，表示的是休息平台以上的第二段踏步。在图中该段（第二段）画有 9 个等分格，说明该段有 10 个踏步，水平投影格数＋1＝踏步数。

楼梯中间层平面图的尺寸标注与底层平面图基本相同。

图 4-12(c) 所示为楼梯的顶层平面图，由于此时的剖切平面位于楼梯栏杆（栏板）以

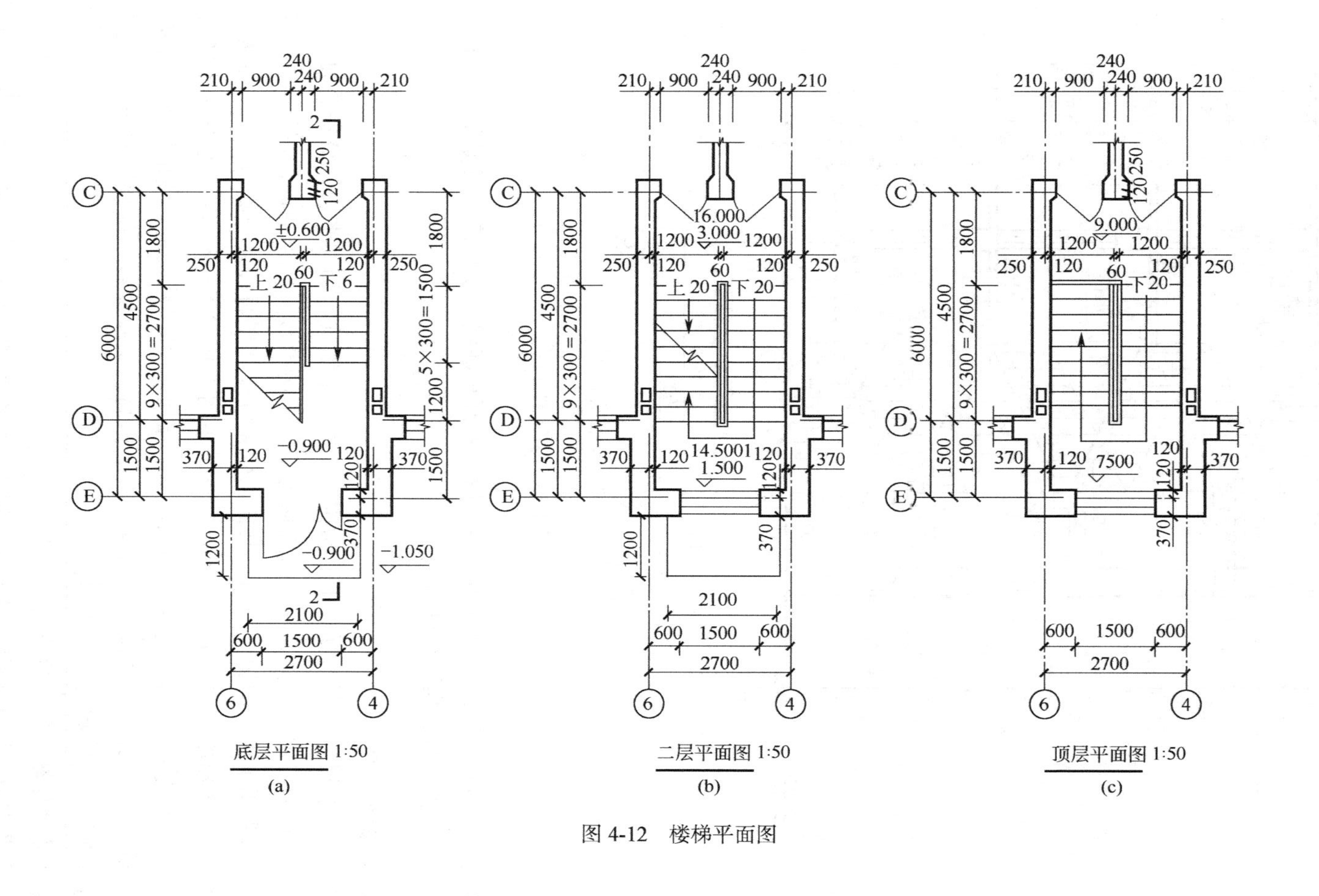

图 4-12 楼梯平面图

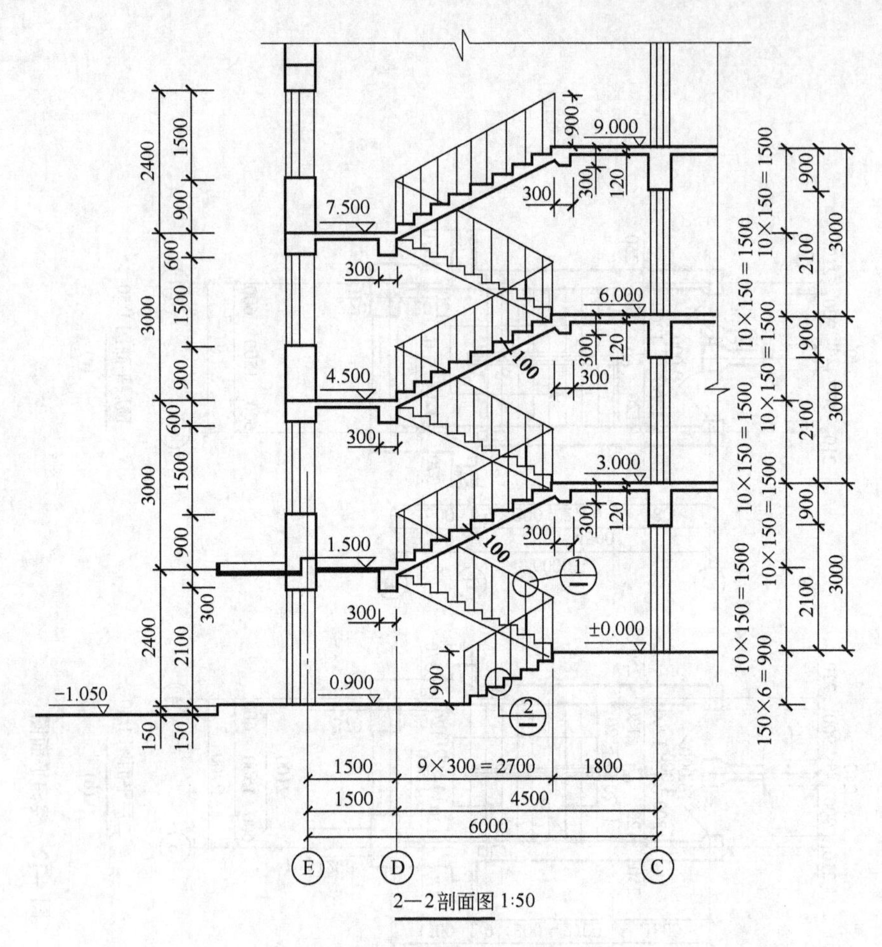

图 4-13 楼梯剖面图

上，梯段未被切断，所以在楼梯顶层平面图上不画折断线。图中表示的是下一层的两个梯段和休息平台，箭头只指向下楼的方向。

2. 楼梯剖面图

按照楼梯底层平面图上标注的剖切位置，用一个铅垂的剖切平面，沿各层的一个梯段和楼梯间的门窗洞口剖开，向另一个未剖切的梯段方向投影，所得的剖面图称为楼梯剖面图。楼梯剖面图常用1∶50的比例画出。其剖切位置应选择在通过第一跑梯段及门窗洞口，并向未剖到的第二跑梯段方向投影，见图4-12(a)中的剖切位置。图4-13为按图4-12(a)所示剖切位置2—2绘制的剖面图。由图可知，楼梯剖面图可以看成是建筑剖面图的局部放大图。

楼梯剖面图主要表示各楼层及休息平台的标高、梯段踏步、构件连接方式、栏杆形式、楼梯间门窗洞的位置和尺寸等内容。

楼梯间剖面图的主要标注内容如下。

① 水平方向 标注被剖切墙的轴线编号、轴线尺寸及中间平台宽、梯段长等细部尺寸。

② 竖直方向 标注剖到墙的墙段、门窗洞口尺寸及梯段高度、层高尺寸。梯段高度应标成：步级数×踢面高＝梯段高。

③ 标高及详图索引 楼梯间剖面图上应标出各层楼面、地面、休息平台面及平台梁下

底面的标高。如需画出踏步、扶手等的详图，则应标出其详图索引符号和其他尺寸，如栏杆（或栏板）高度。

3. 踏步、栏杆和扶手详图

用 1∶50 的比例画出的楼梯平面图和剖面图中，仍然难以表达清楚踏步、栏杆、扶手等的细部构造及尺寸做法。为此，在实际的工程表达中，往往需要使用更大的比例来表达更加详细的构造。如图 4-14(a) 所示，详图“①”是一个剖面详图，它主要表示扶手的断面形状、尺寸、材料及它与栏杆柱的连接方式。图 4-14(b) 所示是栏杆柱与楼梯板的固定形式，也是楼梯梯段终端的节点详图。通常这样的详图还包括：室外台阶节点剖面详图、阳台详图、壁橱详图等。

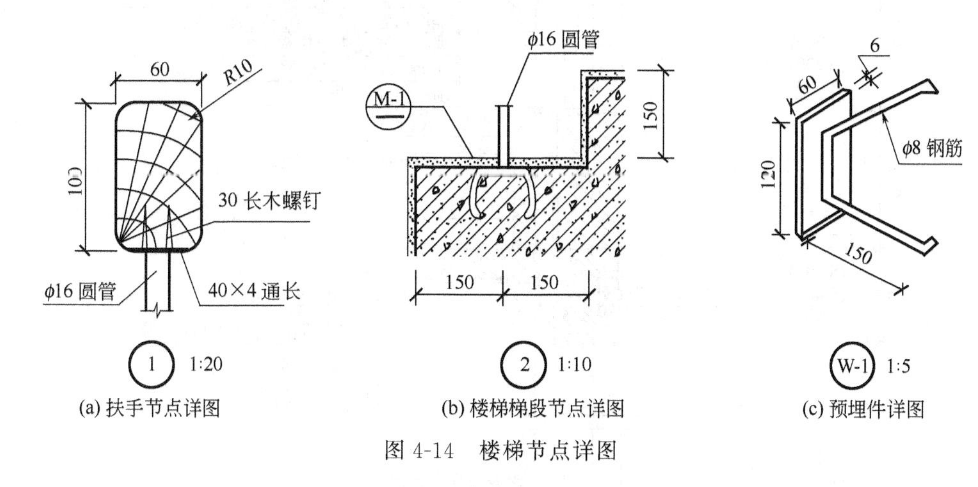

图 4-14 楼梯节点详图

由于这类详图的尺寸相对较小，所以可以采用更大的绘图比例。一般这类详图的绘图比例有 1∶20、1∶10，还有 1∶5 和 1∶2 等。详图“①”［4-14(a)］的比例为 1∶20，详图“②”［图 4-14(b)］的比例为 1∶10。详图“②”所表示的楼梯梯段为现浇钢筋混凝土板式楼梯，梯段中踏步的踏面宽为 300mm，踢面高为 150mm。此外，该图中还表明了栏杆与楼梯板的连接是通过钢筋混凝土中预埋件“M-1”，如图 4-14(c) 所示为预埋件详图。

三、外墙身详图

外墙身详图即房屋建筑的外墙身剖面详图，它是建筑剖面图中某处墙的局部放大图。主要用以表达外墙的墙脚、窗台、窗顶，以及外墙与室内外地面、外墙与楼面、屋面的连接关系等内容。对一般建筑而言，其节点图应包括底层、中间层、顶层三部分，见图 4-15。

外墙身详图可根据底层平面图，外墙身剖切位置线的位置和投影方向来绘制，也可根据房屋剖面图中，外墙身上索引符号所指示需要画出详图的节点来绘制。

外墙身详图常用较大比例（如 1∶20）绘制，线型同剖面图，详细地表明外墙身从防潮层至屋顶间各主要节点的构造。为表达简洁、完整，常在门窗洞中间（如窗台与窗顶之间）断开，成为几个节点详图的组合。多层房屋中，若中间几层的情况相同，也可以只画底层、顶层和一个中间层来表示。

外墙身详图的主要标注内容如下。

① 墙的轴线编号、墙的厚度及其与轴线的关系。有时一个外墙身详图可适用于几个轴线。按“国标”规定：如一个详图适用于几个轴线时，应同时注明各有关轴线的编号。通用

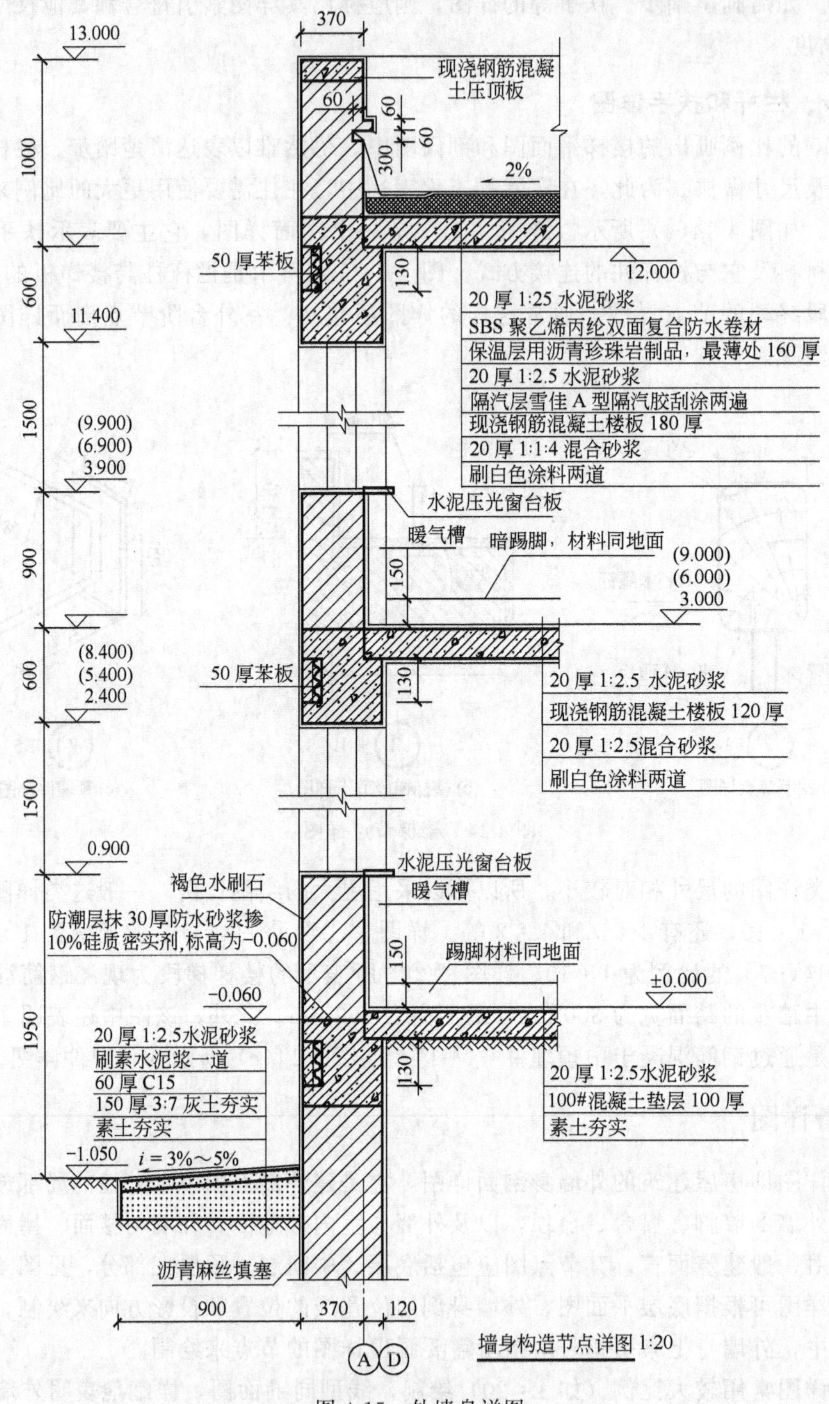

图 4-15　外墙身详图

详图的定位轴线应只画圆，不注写轴线编号。

② 各层楼板等构件的位置及其与墙身的关系。诸如进墙、靠墙、支承、拉结等情况。

③ 门窗洞口、底层窗下墙、窗间墙、檐口、女儿墙等的高度；室内外地坪、防潮层、门窗洞的上下口、檐口、墙顶及各层楼面、屋面的标高。

④ 屋面、楼面、地面等为多层次构造。多层次构造用分层说明的方法标注其构造做法。

⑤ 立面装修和墙身防水、防潮要求，及墙体各部位的线脚、窗台、窗楣、檐口、勒脚、散水等的尺寸、材料和做法，或用引出线说明，或用索引符号引出另画详图表示。

图 4-15 所示的外墙剖面详图，墙体轴线编号为 A 和 D，且轴线距室内墙 120mm，防水砂浆掺 10%硅质密实剂做墙身防潮层，做在底层地面以下 60mm 处。室内地面和散水的构造做法见图 4-15，水泥砂浆踢脚高 150mm。在洞口位置有现浇钢筋混凝土过梁，过梁和楼板浇筑在一起，梁高 600mm。窗台为水泥压光窗台板。女儿墙厚 370mm，高度为 1000mm，墙顶做现浇钢筋混凝土压顶板。屋面由钢筋混凝土板、保温层和防水层构成。屋面横向排水坡为 2%。为了做好防水卷材收头的固定和防水，墙体挑出一皮砖做泛水。楼层及屋面的构造做法见图 4-15。

四、门窗节点详图

门在建筑中的主要功能是交通、分隔、防盗，兼作通风、采光。窗的主要作用是通风、采光。门窗洞口的基本尺寸，1000 以下时按 100 为增值单位增加尺寸，1000 以上时，按 300 为增值单位增加尺寸。门窗详图，一般都有分别由各地区建筑主管部门批准发行的各种不同规格的标准图，（通用图、利用图），供设计者选用。若采用标准详图，则在施工图中只需说明该详图所在标准图集中的编号即可。如果未采用标准图集时，则必须画出门窗详图。

门窗详图一般用立面图、节点详图、断面图和文字说明等来表示。图 4-16 为铝合金窗详图。

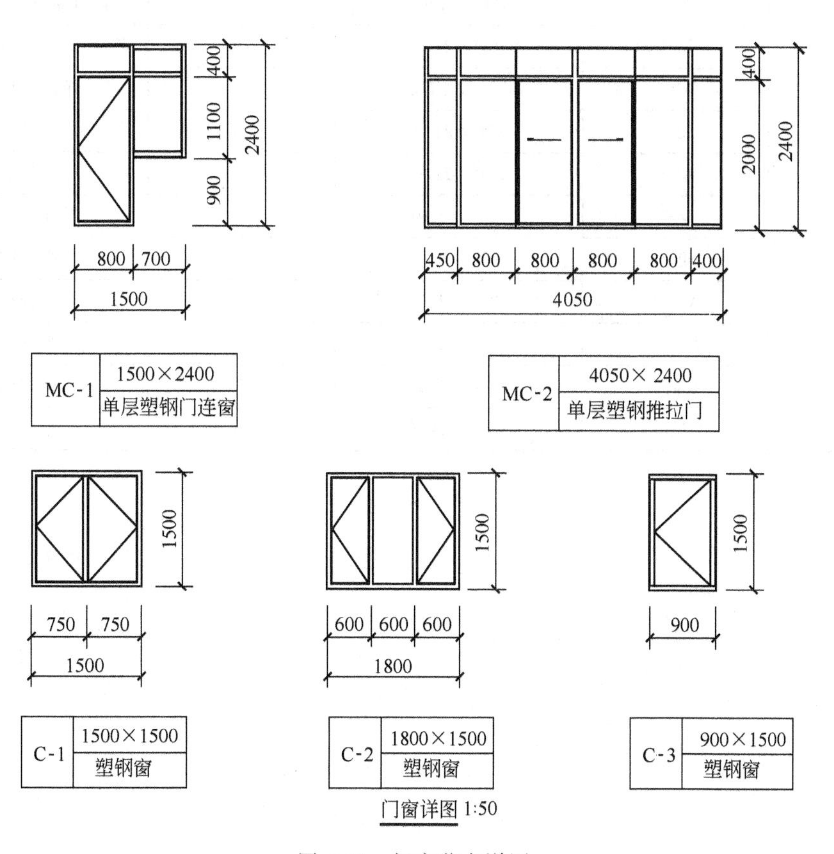

图 4-16　门窗节点详图

详图内容及其图示特点如下。

（1）立面图　所用比例较小，只表示窗的外形、开启方式及方向、主要尺寸、节点索引符号等内容，见图4-16。立面图上所标注的尺寸有三道：第一道为窗洞口尺寸；第二道为窗框外包尺寸；第三道为窗扇、窗框尺寸。窗洞口尺寸应与建筑平、剖面图的洞口尺寸一致。窗框和窗扇尺寸均为成品的净尺寸。立面图上的线型除外轮廓线用中粗线外，其余均为细实线。

（2）节点详图　一般有剖面图、断面图、安装图等。节点详图比例较大，能表示各窗料的断面形状、定位尺寸、安装位置和窗框、窗扇的连接关系等内容。

铝合金门窗、塑钢门窗及钢门窗和木制门窗相比，在坚固、耐久、耐火和密闭等性能上都较优越，而且节约木材，透光面积较大，各种开启方式如平开、翻转、立转、推拉等都可适应，是目前在建筑工程中应用较多的门窗形式之一。铝合金门窗、塑钢门窗、木门窗的表达方式都是大同小异。

（3）门窗表　主要列出建筑中使用门窗的尺寸、数量及需要用文字说明的情况，见表4-4。

表4-4　门窗表

名　称	门窗编号	洞口尺寸(宽×高)/mm	数量/个	所选标准图集及说明
窗	C-1	1500×1500	84	内开塑钢窗　双层玻璃
	C-2	1800×1500	91	内开塑钢窗　双层玻璃
	C-3	900×1500	14	内开塑钢窗　双层玻璃
	C-4	1200×1500	6	内开塑钢窗　双层玻璃
门	M-1	900×2100	140	单层木门 LJ101 P41 177-11
	M-2	1500×2100	4	单元入口电子门
	M-3	800×2100	84	单层木门 LJ101 P41 177-11
	M-4	900×2100	56	三防门
	M-5	1200×2100	1	单元入口电子门
门连窗	MC-1	1500×2400	56	塑钢推拉门
	MC-2	4050×2400	28	塑钢推拉门
	MC-3	2700×2400	7	塑钢门连窗
	MC-4	3600×2400	7	塑钢门连窗
	MC-5	3000×2400	14	塑钢门连窗

第五章 一般民用建筑构造

建筑构造是研究建筑物各组成部分之间相互结合的构造原理和构造方法的学科，是建筑设计不可分割的一部分。要读懂建筑施工图，就要了解其相关知识，它是建筑设计中综合解决技术问题及进行施工图设计等的依据。

第一节 地基与基础

一、地基

在建筑工程上，把建筑物与土壤直接接触的部分称为基础。把支承建筑物重量的土层叫地基。基础是建筑物的组成部分。它承受着建筑物的上部荷载，并将这些荷载传给地基。地基不是建筑物的组成部分。

地基可分为天然地基和人工地基两类。凡天然土层本身具有足够的强度，能直接承受建筑物荷载的地基称为天然地基。须预先对土壤层进行人工加工或加固处理后才能承受建筑物荷载的地基称人工地基。人工加固地基通常采用压实法、换土法、打桩法以及化学加固法等。

二、基础

1. 基础的埋置深度

从室外设计地面至基础底面的垂直距离称基础的埋置深度，简称基础的埋深。

基础的最小埋置深度不应小于500mm。根据基础埋置深度的不同，基础有深基础、浅基础和不埋基础之分。埋置深度大于4m的称深基础；埋置深度小于等于4m的称浅基础；当基础直接做在地表面上的称不埋基础。

2. 基础的类型

基础的类型较多，按基础所采用材料和受力特点分，有刚性基础和柔性基础；依构造形式分，有条形基础、独立基础、井格基础、筏形基础、箱形基础和桩基础等。

(1) 按材料及受力特点分类

① 刚性基础　由刚性材料制作的基础称刚性基础。刚性材料，一般是指抗压强度高而抗拉、抗剪强度低的材料。如砖、石砌体基础、混凝土基础等。

由于地基承载力的限制，建筑物上部结构通过基础将其荷载传给地基时，只有将基础底面积不断扩大，才能满足要求。上部结构在基础中传递压力只能在材料允许的范围内沿一定角度分布，这个传力角称刚性角，以α表示，见图5-1(a)。

由于刚性材料抗压能力强，抗拉能力差，压力分布角只能控制在材料的抗压范围内。如果基础底面宽度超过控制范围，即由 B_0 增大到 B_1，致使刚性角扩大。这时，基础会因受拉而破坏，见图 5-1(b)。所以，刚性基础底面宽度的增大要受到刚性角的限制。

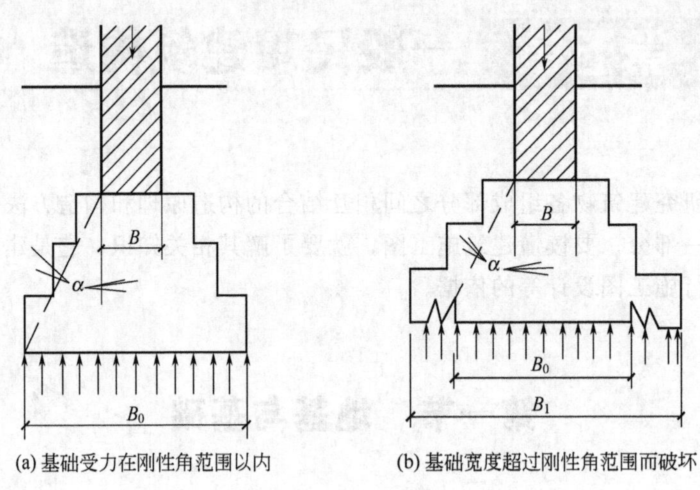

(a) 基础受力在刚性角范围以内　　(b) 基础宽度超过刚性角范围而破坏

图 5-1　刚性基础的受力特点

不同材料基础的刚性角是不同的，通常砖砌基础的刚性角控制在 26°～33°之间为好，混凝土基础应控制在 45°以内。

② 柔性基础　当建筑物的荷载较大而地基承载能力较小时，基础底面 B_0 加宽，由于刚性角的限制，如果仍采用混凝土材料，势必导致基础的埋深加大。既增加了挖土工作量，又使材料用量增加。这样可以在混凝土基础的底部配以钢筋，利用钢筋来承受拉力，使基础底部能够承受较大弯矩。这时，基础宽度的加大不受刚性角的限制，故称钢筋混凝土基础为柔性基础。

(2) 按基础的构造形式分类　基础构造形式的确定随建筑物上部结构形式、荷载大小及地基土质情况而定。

① 条形基础　当建筑物上部结构采用砖墙或石墙承重时，基础沿墙身设置，多做成长条形，这种基础称条形基础，见图 5-2。所以，条形基础往往是砖石墙承重的基础形式。

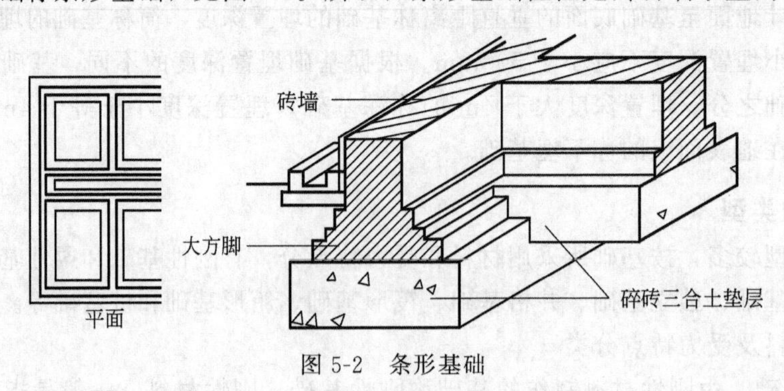

图 5-2　条形基础

② 独立基础　当建筑物上部结构采用框架结构或单层排架及门架结构承重时，常采用单独基础，称独立基础或柱式基础，见图 5-3。当柱采用预制构件时，基础做成杯口形，将柱子插入，并嵌固在杯口内，称杯形基础，见图 5-3(b)。独立基础是柱下基础的基本形式。

③ 井格基础　当框架结构处在地基条件较差的情况时，为了提高建筑物的整体性，避

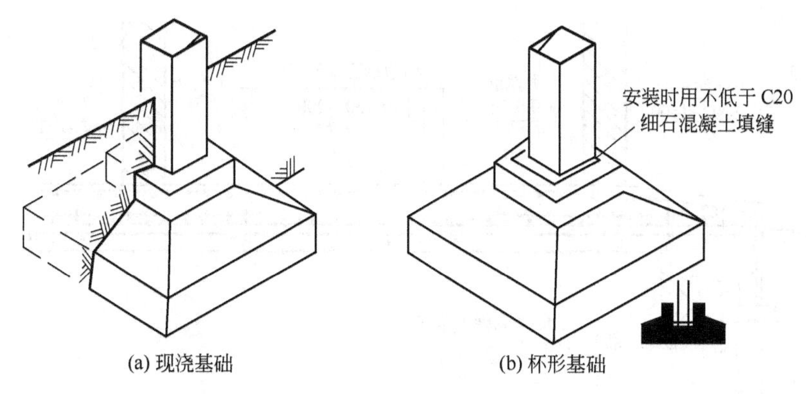

(a) 现浇基础　(b) 杯形基础

图 5-3　独立式基础

免不均匀沉降，常将柱下基础沿纵、横方向连接起来，做成十字交叉的井格基础，见图 5-4。

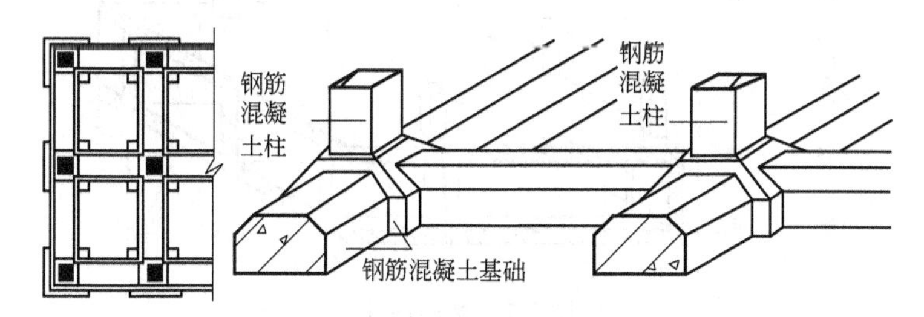

图 5-4　井格基础

④ 满堂基础　满堂基础包括筏形基础和箱形基础。

a. 筏形基础　当建筑物上部荷载较大，而地基承载能力又比较弱，常将墙或柱下基础连成一片，使整个建筑物的荷载承受在一块整板上，称筏形基础。

筏形基础有平板式和梁板式之分。梁板式筏形基础见图 5-5。在天然地表上，将场地平整并用压路机将地表土碾压密实后，在较好的持力层上，浇灌钢筋混凝土平板，形成不埋板式基础，见图 5-6。

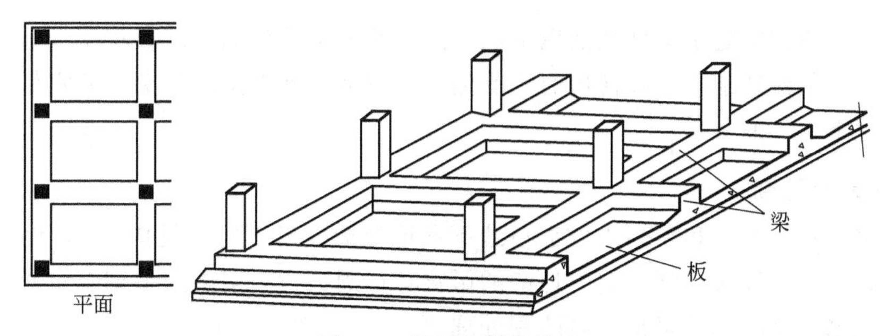

图 5-5　梁板式筏形基础

b. 箱形基础　箱形基础是由钢筋混凝土的底板、顶板和若干纵横墙组成的，形成空心箱体的整体结构，共同承受上部结构荷载，见图 5-7。箱形基础整体空间刚度大，能抵抗地基的不均匀沉降。基础内部空间部分可构成地下室。

以上是常见基础的几种基本结构形式。此外，我国还采用了许多不同材料、不同形式的基础，如灰土基础、壳体基础等。

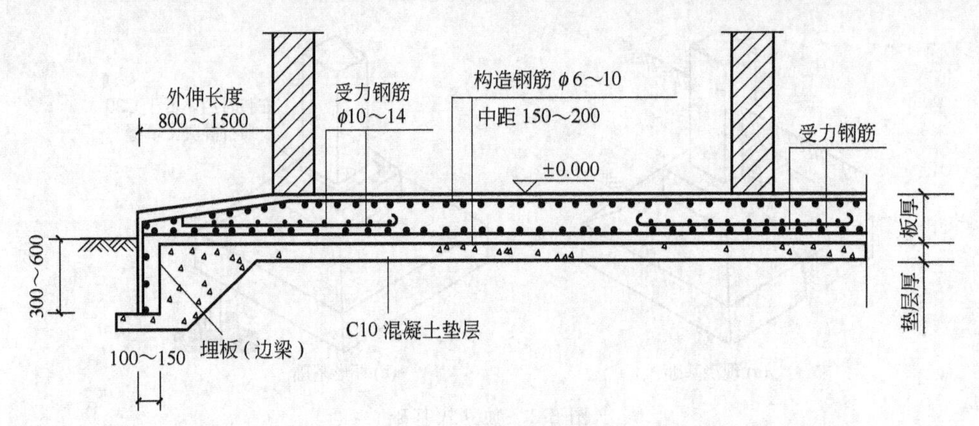

图 5-6 不埋板式基础

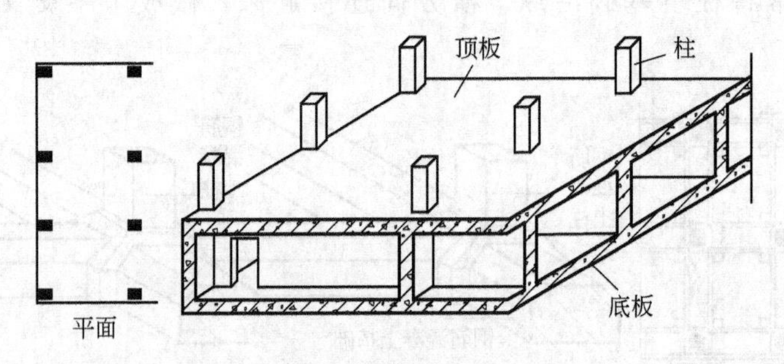

图 5-7 箱形基础

⑤ 桩基础 当建造比较大的工业与民用建筑时，若地基的土层较弱较厚，采用浅埋基础不能满足地基的强度和变化要求，常采用桩基。桩基的作用是将荷载通过桩传给埋藏较深的坚硬土层（端承桩），或通过桩周围的摩擦力传给地基（摩擦桩）。

目前，桩广泛采用钢筋混凝土材料。按施工方法可分为预制桩和灌注桩两大类。灌注桩又可分为振动灌注桩、钻孔灌注桩和爆扩灌注桩三种。

三、地下室的防潮、防水

地下室是建筑物中处于室外地面以下的房间。地下室的外墙、底板将受到地潮或地下水的侵蚀，因此必须保证地下室在使用时不受潮、不渗漏。地下室的防潮、防水做法取决于地下室地坪与地下水位的关系。

1. 地下室的防潮

当地下水的常年水位和最高水位都在地下室地坪标高以下时，见图 5-8，地下水不能直接侵入室内，墙和地坪仅受到土层中地潮的影响。地潮是指土层中的毛细管水和地面水下渗而造成的无压水。这时地下室只需做防潮处理。

其构造做法：墙体必须采用水泥砂浆砌筑，在外墙外表面先抹一层 20mm 厚水泥砂浆找平层后，涂刷冷底子油一道和热沥青两道，需涂刷至室外散水坡处。然后在防潮层外侧回填低渗透性土壤，并逐层夯实，土层宽 500mm 左右，以防地表水的影响，见图 5-8(a)。

地下室所有的墙体都必须设两道水平防潮层，一道设在地下室地坪附近，一般设置在地坪的结构层之间；另一道设在室外地面散水坡以上 150～200mm 的位置，以防地潮沿地下墙身或勒脚处墙身入侵室内。

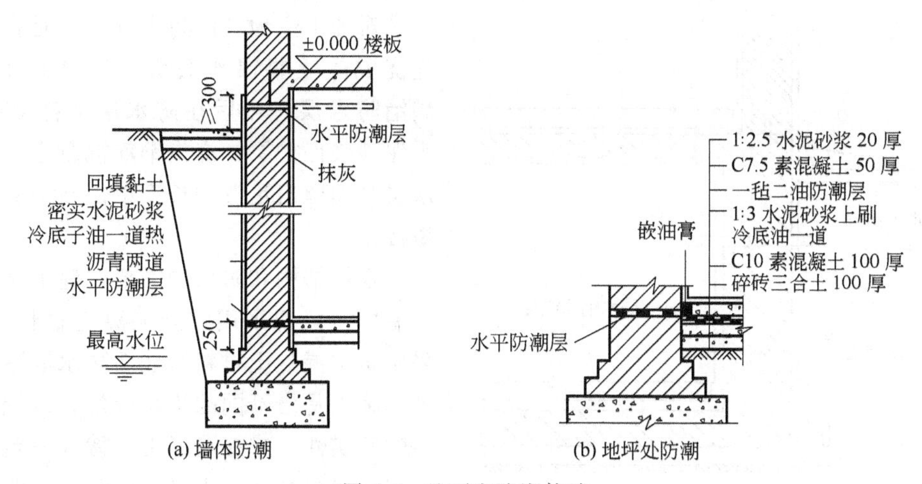

(a) 墙体防潮 (b) 地坪处防潮

图 5-8 地下室防潮构造

地下室地坪的防潮构造见图 5-8(b)。

2. 地下室的防水

当设计最高地下水位高于地下室地坪时，地下室的外墙和地坪均受到水的侵袭，见图 5-9(a)，地下室外墙受到地下水侧压力的影响，地坪受到地下水浮力的影响。这时必须考虑对地下室外墙和地坪做防水处理。

地下室的防水按所用材料不同，包括柔性防水和刚性防水。

地下室采用砖墙承重的，地下室防水多采用外包式柔性防水处理，见图 5-9(b)。外包式防水是将防水层贴在迎水面，即地下室外墙的外表面，这对防水较为有利，缺点是维修困难；内包式防水是将防水层贴在背水的一面，即地下室墙身的内表面，这时施工方便，便于维修，但对防水不太有利。

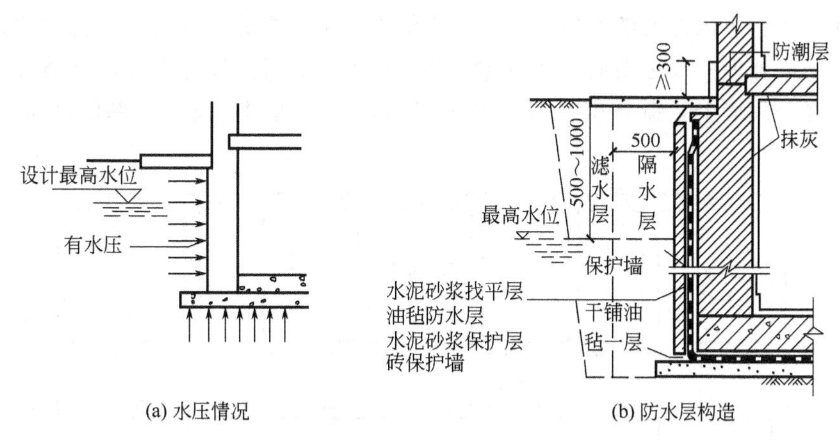

(a) 水压情况 (b) 防水层构造

图 5-9 地下室的柔性防水构造

柔性防水有油毡防水和冷胶料加衬玻璃布防水。采用油毡防水时，先在墙面抹 20mm 厚 1∶3 水泥砂浆找平层，涂刷冷底子油一道，然后油毡借热沥青胶分层粘贴，油毡沿地坪连续粘贴到外墙外表面，粘贴高度应高出水头 0.5～1m，其上部分进行防潮处理。最后以半砖墙进行保护。采用涂料冷胶粘贴防水层时，是采用橡胶沥青防水涂料配以玻璃纤维布或聚酯无纺布等加筋层进行铺贴。它的防水效果、耐老化性能均较油毡防水层好。

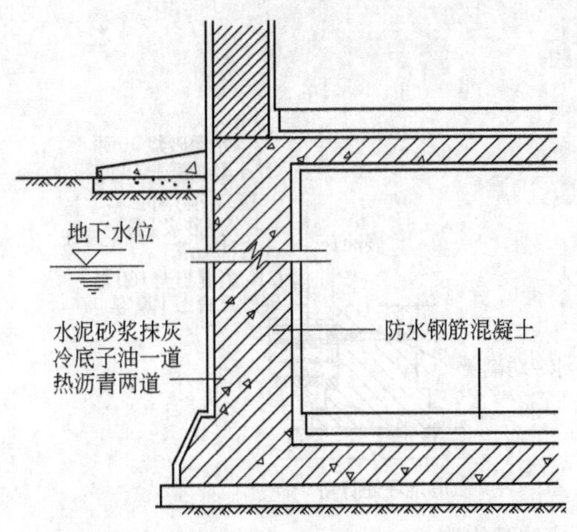

图 5-10　防水混凝土做地下室的处理

对地下室地坪的防水处理，是在土层上先浇混凝土垫层作底板，板厚约 100mm。满铺防水层，然后在防水层上抹 20mm 厚水泥砂浆保护层，浇筑钢筋混凝土。地坪防水层必须留出足够的长度以便与垂直防水层搭接。

根据结构和防水的需要，地下室的地坪与墙体一般都采用钢筋混凝土材料。这时，采用防水混凝土材料为佳。防水混凝土的配制和施工是借不同的集料级配，以提高混凝土的密实性；或在混凝土内掺入一定量的外加剂，以提高混凝土自身的防水性能。

防水混凝土外墙、底板，均不宜太薄。一般外墙厚应为 200mm 以上，底板厚应在 150mm 以上，否则会影响抗掺效果。为防止地下水对混凝土侵袭，在墙外侧应抹水泥砂浆、冷底子油一道，热沥青两道，见图 5-10。

第二节　墙　　体

一、墙体的类型

1. 按照其在建筑物所处位置不同分类（图 5-11）

墙体依其在建筑房屋所处位置的不同，有内墙和外墙之分。凡位于建筑物外界四周的墙称外墙。凡位于建筑内部的墙称内墙。墙体有纵墙、横墙之分。凡沿建筑物短轴方向布置的墙称横墙，横向外墙一般称山墙。而沿建筑物长轴方向布置的墙称纵墙，纵墙有内纵墙与外纵墙之分。在一片墙上，窗与窗或门与窗之间的墙称窗间墙。窗洞下部的墙称窗下墙或窗肚墙。

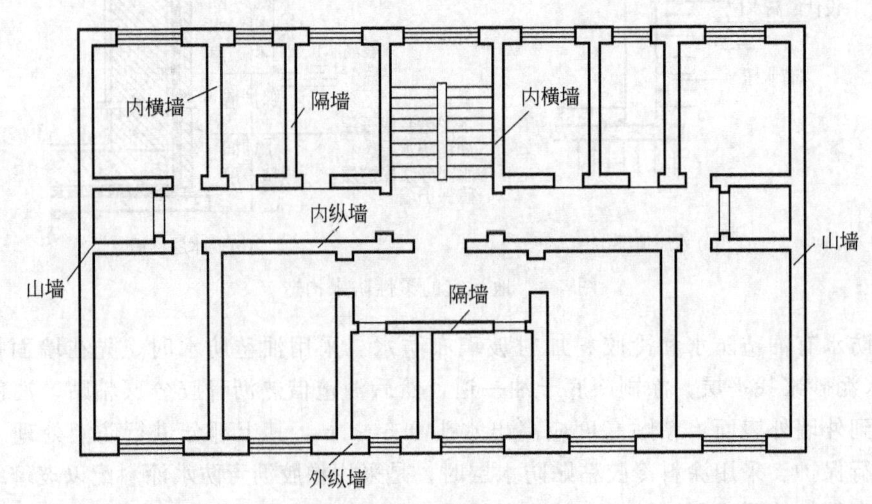

图 5-11　墙体各部分名称

2. 按照结构受力情况不同分类

墙体根据结构受力情况不同，有承重墙和非承重墙之分。凡直接承受上部屋顶、楼板所传来荷载的墙称承重墙。不承受上部荷载的墙称非承重墙。非承重墙包括隔墙、填充墙和幕墙。凡分隔内部空间其重量由楼板或梁承受的墙称隔墙；框架结构中填充在柱子之间的墙称框架填充墙；悬挂于外部骨架或楼板间的轻质外墙称幕墙，它包括金属幕墙、玻璃幕墙等。

3. 按照墙体材料不同分类

墙体按所用材料不同，可分为砖墙、石墙、土墙、混凝土墙及钢筋混凝土墙等。多种材料结合的组合墙和利用工业废料发展墙体材料也开始推广应用。

4. 按照构造和施工方法的不同分类

墙体根据构造和施工方式的不同，有叠砌式墙、板筑墙和装配式墙。叠砌式墙包括实砌砖墙、空斗墙和砌块墙等。叠砌式墙是利用不同形式、不同规格构件，借手工或小型机具砌筑而成的。板筑墙则是施工时，直接在墙体部位竖立模板，然后在模板内夯筑或浇筑材料捣实而成的墙体。装配式墙是在预制厂生产墙体构件，运到施工现场进行机械安装的墙体。

二、砖墙

1. 砖墙材料

砖墙是用砂浆将砖按一定规律砌筑而成的砌体。其主要材料是砖与砂浆。

（1）砖　砖的种类很多，依其材料分有黏土砖、炉渣砖、灰砂砖等；依生产形状分有实心砖、多孔砖和空心砖等。普通黏土砖根据生产方法的不同，有青砖和红砖之分。

（2）砂浆　砂浆是砌体的黏结材料。它将砖块胶结成为整体，并将砖块之间的空隙填平、密实，便于使上层砖块所承受的荷载能逐层均匀地传至下层砖块，以保证砌体的强度。

砌筑墙体的砂浆常用的有水泥砂浆、石灰砂浆和混合砂浆三种。石灰砂浆由石灰膏、砂加水拌和而成，它属气硬性材料，强度不高，多用于砌筑次要的民用建筑中地面以上的砌体；水泥砂浆由水泥、砂加水拌和而成，它属水硬性材料，强度高，较适合于砌筑潮湿环境下的砌体；混合砂浆由水泥、石灰膏、砂加水拌和而成，这种砂浆强度较高，和易性和保水性较好，常用于砌筑地面以上的砌体。

2. 实体墙的组砌方式

标准砖的规格为240mm×115mm×53mm（长×宽×厚）。砖墙的砌式主要指砖块在砌体中的排列方式。以标准黏土砖为例，砖墙可根据砖块尺寸和数量采用不同的排列，借砂浆形成的灰缝，组合成各种不同的墙体。用标准砖砌筑墙体，常见的墙体厚度名称见表5-1。

表5-1　墙厚名称

墙厚名称	习惯称呼	实际尺寸/mm	墙厚名称	习惯称呼	实际尺寸/mm
半砖墙	12墙	115	一砖半墙	37墙	365
3/4砖墙	18墙	178	二砖墙	49墙	490
一砖墙	24墙	240	二砖半墙	62墙	615

实体墙常见的砌式有全顺式、一丁一顺式、一丁多顺式、每皮丁顺相间式及两平一侧式（18墙）等。

为了保证墙体的强度，作为砖砌体，必须保证横平竖直，错缝搭接，砂浆饱满，灰缝均匀。

3. 墙体的细部构造

墙体的细部构造包括墙脚、窗台、门窗过梁和圈梁等。

(1) 墙脚　墙脚通常是指基础以上、室内地面以下的那部分墙身。墙脚包括勒脚、防潮层、散水和明沟等。

① 勒脚　勒脚是墙身接近室外地面的部分。一般情况下，其高度为室内地坪与室外地面的高差部分。它起着保护墙身和增加建筑物立面美观的作用。在构造上须采取相应的防护措施。

勒脚按材料不同有石砌勒脚和抹灰勒脚。石砌勒脚是对勒脚容易遭到破坏的部分采用坚固的材料，如石块进行砌筑，或以石板作贴面进行保护，见图 5-12(a)、(b)。抹灰勒脚是为防止室外雨水对勒脚部位的侵蚀，常对勒脚的外表面进行水泥砂浆抹面或其他有效的抹面处理。为防止抹灰起壳脱落，常用增加抹灰的“咬口”进行加强，见图 5-12(c)、(d)。

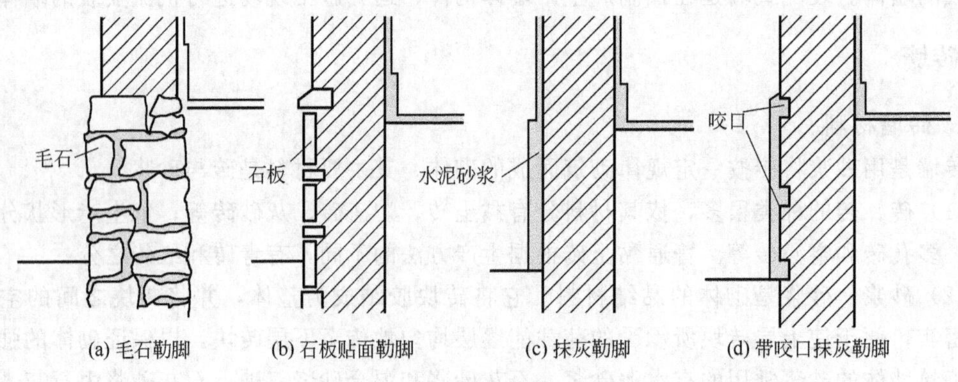

(a) 毛石勒脚　(b) 石板贴面勒脚　(c) 抹灰勒脚　(d) 带咬口抹灰勒脚

图 5-12　勒脚

② 墙脚防潮　勒脚受潮会影响墙身，解决的办法是在勒脚处设防潮层，有水平防潮和垂直防潮两种。

a. 水平防潮　水平防潮是对建筑物内外墙体沿勒脚处设水平方向的防潮层，以隔绝地下潮气等对墙身的影响。水平防潮根据材料的不同，有油毡防潮层、防水砂浆防潮层和配筋细石混凝土防潮层等，见图 5-13。

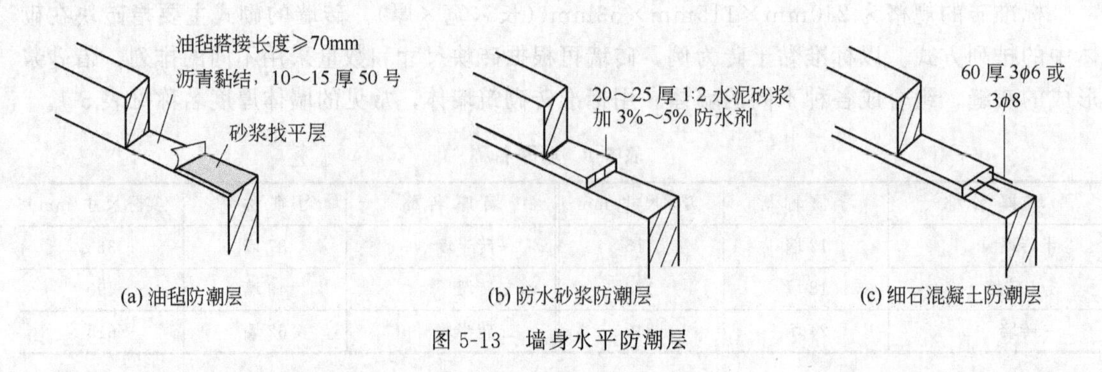

(a) 油毡防潮层　(b) 防水砂浆防潮层　(c) 细石混凝土防潮层

图 5-13　墙身水平防潮层

一般水平防潮层应设置在地坪的结构层（如混凝土层）厚度之间的砖缝处，在设计中常以标高－0.06m 表示，见图 5-14，使其更有效地起到防潮作用。

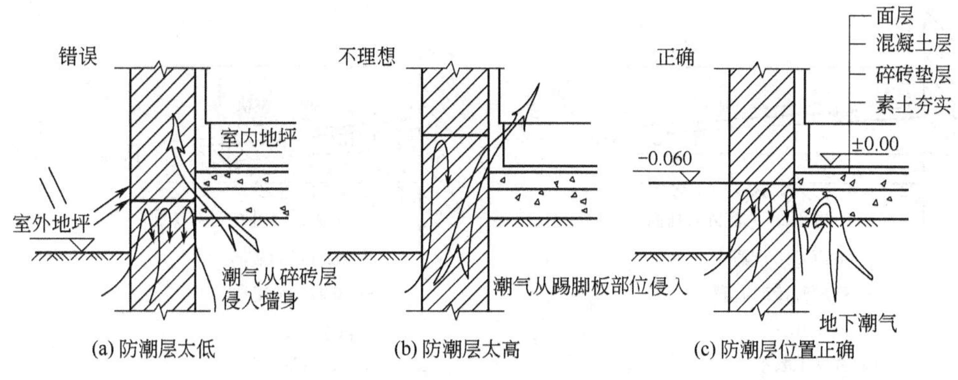

图 5-14 水平防潮层的设置位置

b. 垂直防潮 当室内地坪出现高差或室内地坪低于室外地面时，要求不仅按地坪高差的不同在墙身设两道水平防潮层，而且还为了避免高地坪房间（或室外地面）填土中的潮气侵入墙身，对有高差部分的垂直墙面采取垂直防潮措施。其具体做法是在高地坪房间两道水平防潮层之间的垂直墙面上，用水泥砂浆抹灰，再涂冷底子油一道，热沥青两道（或采用防水砂浆），而在低地坪一边的墙面上，采用水泥砂浆打底的墙面抹灰，见图 5-15。

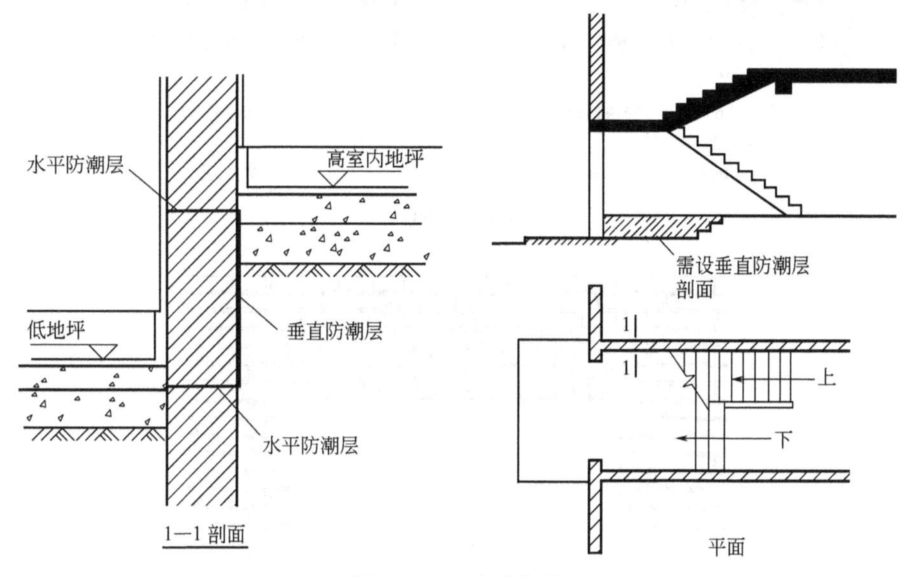

图 5-15 垂直防潮层

③ 散水 为保护墙基不受雨水的侵蚀，常在外墙四周将地面做成向外倾斜的坡面，以便将屋面雨水排至远处，这一坡面称散水或护坡，见图 5-16。散水坡度为 3%～5%，宽一般 600～1000mm。当屋面排水方式为自由落水时，要求其宽度较屋檐长 200mm。

④ 明沟 明沟又称阳沟，位于外墙四周，通过落水管将屋面落水等有组织地导向地下排水集井（又称集水口），起到保护墙基的作用，见图 5-17。

（2）门窗过梁 当墙体上开设门、窗洞孔时，为了支承洞孔上部砌体所传来的各种荷载，并将这些荷载传给窗间墙，常在门、窗洞孔上设置横梁，该梁称过梁。

过梁的形式较多，常见的有砖拱（平拱、弧拱和半圆拱）、钢筋砖过梁和钢筋混凝土过梁等。

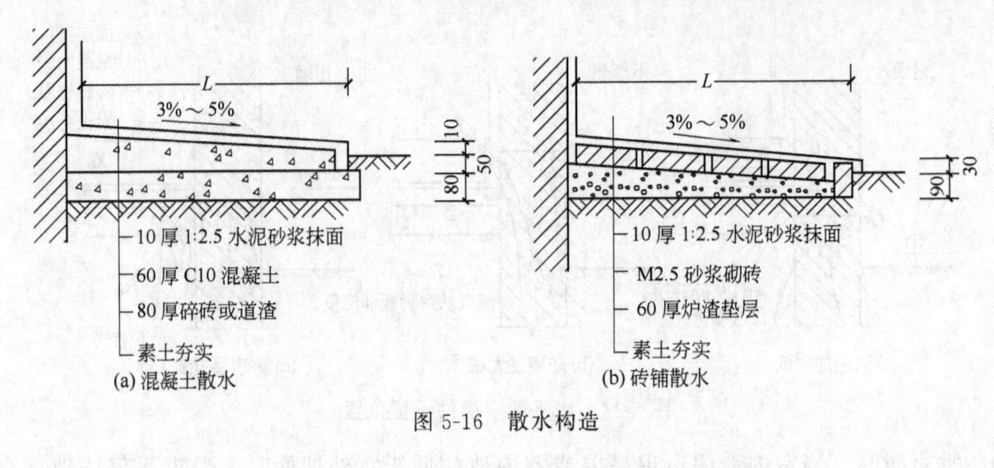

图 5-16 散水构造

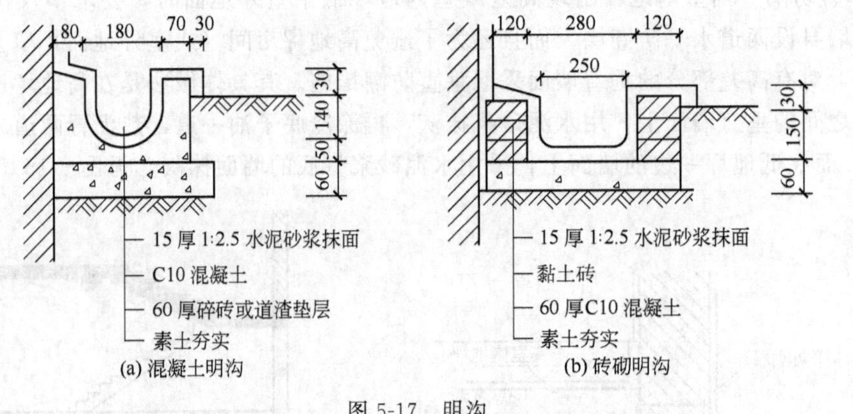

图 5-17 明沟

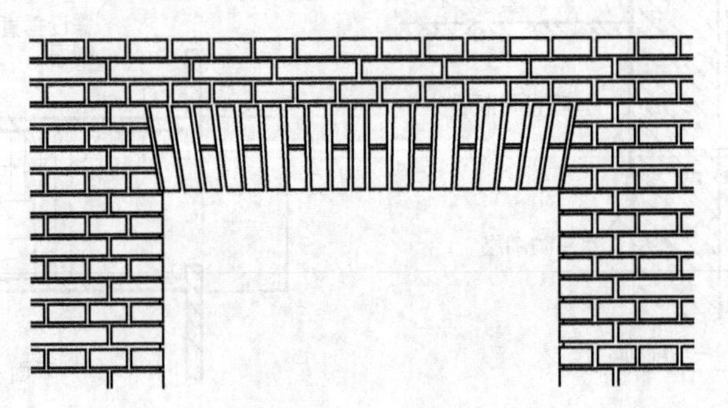

图 5-18 砖砌平拱

① 砖砌平拱　砖砌平拱是用砖立砌或侧砌成对称于中心而倾向两边的拱，见图 5-18。

② 钢筋砖过梁　钢筋砖过梁是在平砌的砖缝中配置适量的钢筋，形成可以承受弯矩的加筋砖砌体。它按每一砖厚墙配 2 或 3 根 $\phi 6$ 钢筋，并放置在第一皮砖和第二皮砖之间，亦可放置在第一皮砖下的砂浆层内，见图 5-19。常用 M5 级砂浆砌筑，连续砌筑 5～7 皮砖，相当于不小于门窗洞口宽度的 1/4 高度范围，以便使洞孔上部分砌体与钢筋构成过梁。

③ 钢筋混凝土过梁　过梁宽与墙厚相同，高度与砖的皮数相适应，常用的高度为 60mm、120mm、180mm、240mm。过梁每端伸入侧墙不小于 240mm。过梁截面形式有矩形和 L 形，见图 5-20。

(3) 窗台　当室外雨水沿窗扇下淌时，为避免雨水积聚窗下并侵入墙身且沿窗下槛向室内渗透，常在窗下靠室外一侧设置泄水构件——窗台。窗台须向外形成一定坡度，以利排水。

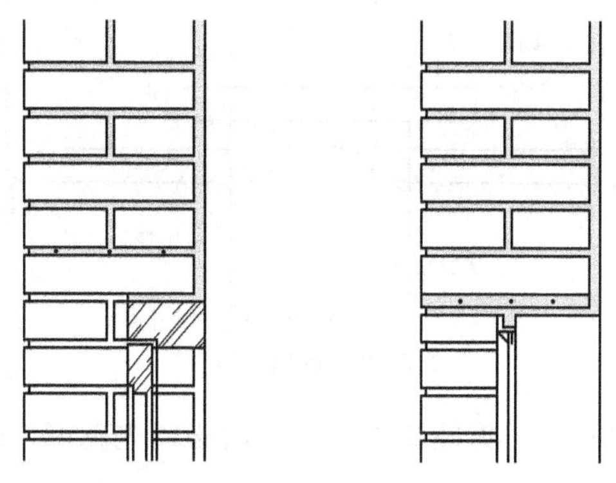

图 5-19　钢筋砖过梁

窗台有悬挑窗台和不悬挑窗台两种，见图 5-21。悬挑窗台常采用顶砌一皮砖，悬挑 60mm，外部用水泥砂浆抹灰，并在外沿下部抹出滴水。设滴水的目的在于引导上部雨水沿着所设置的槽口聚集而下落，以防雨水影响窗下墙体。另一种悬挑窗台是用一砖侧砌，也悬挑 60mm，水泥砂浆勾缝，称清水窗台。此外还有预制钢筋混凝土悬挑窗台。

(4) 圈梁与构造柱　圈梁又称腰箍，是沿外墙四周及部分内横墙设置的连续而闭合的梁。圈梁配合楼板的作用可提高建筑物的空间刚度及整体性，增强墙体的稳定性，减少由于地基不均匀沉降而引起的墙身开裂。

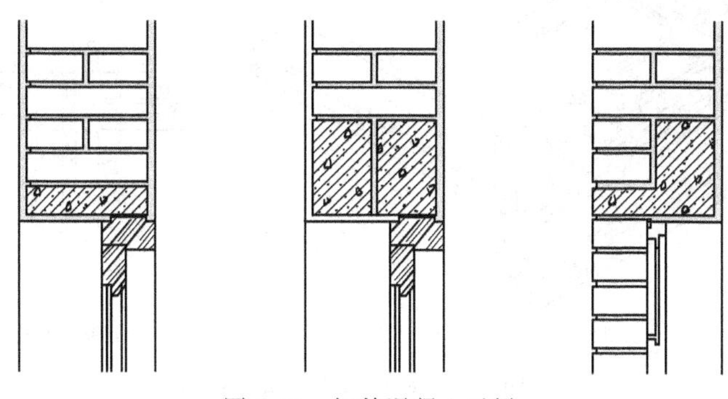

图 5-20　钢筋混凝土过梁

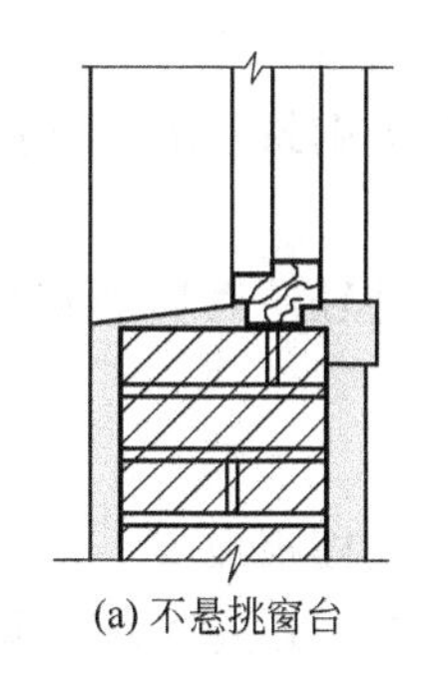

(a) 不悬挑窗台

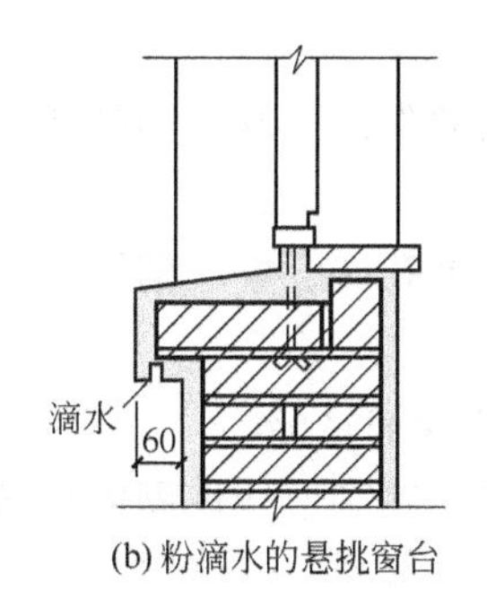

(b) 粉滴水的悬挑窗台

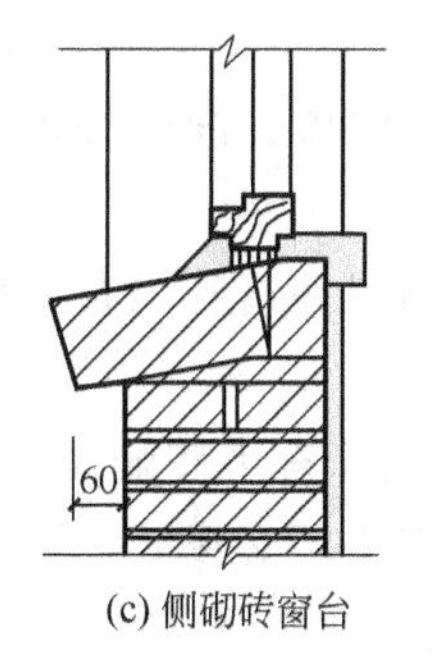

(c) 侧砌砖窗台

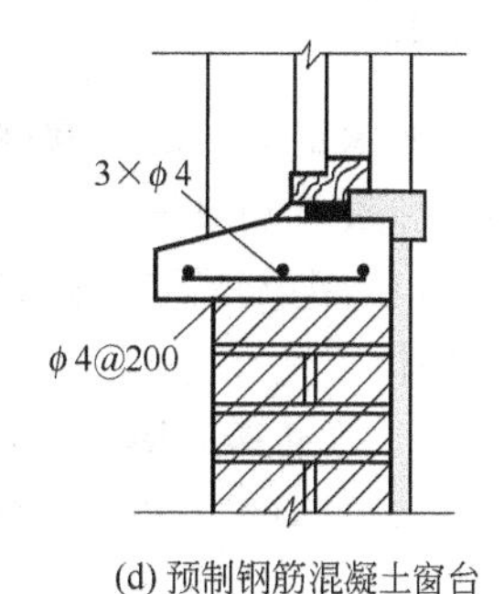

(d) 预制钢筋混凝土窗台

图 5-21　窗台形式

圈梁有钢筋砖圈梁和钢筋混凝土圈梁两种。钢筋砖圈梁结合钢筋砖过梁使其沿外墙兜圈而成。钢筋混凝土圈梁宽度一般与墙厚相同，高度一般不小于 120mm，常见为 180mm、240mm。当遇到门、窗洞孔致使圈梁不能闭合时，应在洞口上部设置一道不小于圈梁截面的附加圈梁。附加圈梁与圈梁的搭接长度应不小于 $2h$，且不小于 1m，见图 5-22。

为增强建筑物的整体刚度和稳定性，还要求采用钢筋混凝土构造柱。钢筋混凝土构造柱一般设在建筑物的四角、内外墙交接处、楼梯间、电梯间以及某些较长的墙体中部。构造柱

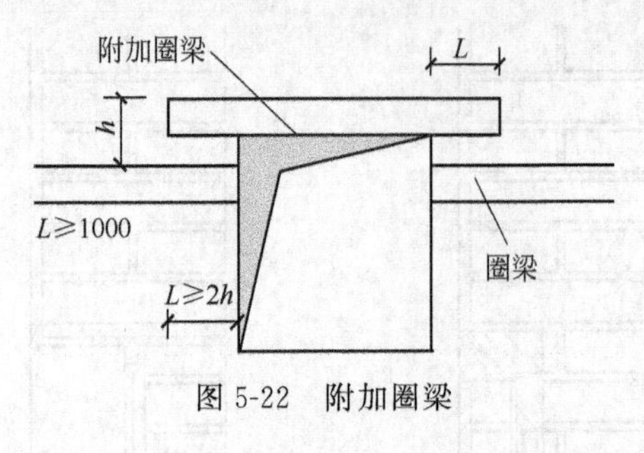

图 5-22 附加圈梁

必须与圈梁及墙体紧密连接，形成空间骨架，增强建筑物的刚度，提高墙体的应变能力，使墙体由脆性变为延性，做到裂而不倒。构造柱下端应锚固于钢筋混凝土基础或基础梁内。柱截面应不小于 180mm×240mm，主筋一般采用 4×ϕ12，墙与柱之间应沿墙高每 500mm 设 2×ϕ6 钢筋连接，每边伸入墙内不少于 1000mm，箍筋间距不大于 250mm，见图 5-23。施工时必须先砌墙，随着墙体的上升而逐段现浇钢筋混凝土柱身。

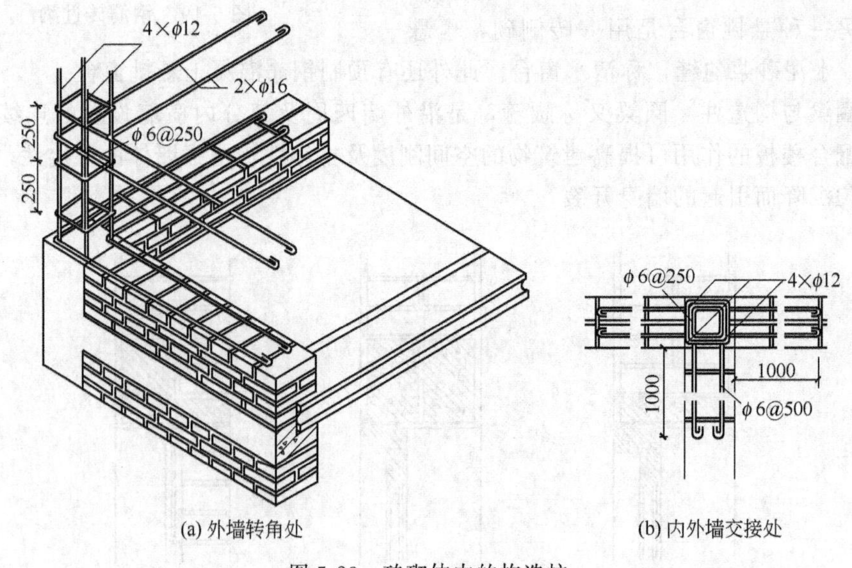

图 5-23 砖砌体中的构造柱

三、隔墙

非承重的内墙通常称为隔墙，起着分隔房间的作用。常见的隔墙可分为砌筑隔墙、立筋隔墙和条板隔墙等。

(1) 砌筑隔墙　砌筑隔墙是指利用普通砖、多孔砖、空心砌块以及各种轻质砌块等砌筑的墙体。

① 普通砖砌隔墙　砖隔墙有半砖隔墙和 1/4 隔墙之分。

砖隔墙的上部与楼板或梁的交接处，不宜过于填实或使砖砌体直接顶住楼板或梁。应留有约 30mm 的空隙或将上两皮砖斜砌，以预防楼板结构产生挠度，致使隔墙被压坏，见图 5-24。

② 多孔砖、空心砖及砌块墙　多孔砖或空心砖作隔墙多采用立砌。砌块隔墙常采用粉煤灰硅酸盐、加气混凝土、水泥煤渣等制成的实心或空心砌块砌筑而成，见图 5-25。墙体稳定性较差，通常沿墙身横向配以钢筋。

(2) 立筋隔墙　立筋隔墙有木筋骨架隔墙和金属骨架隔墙之分。

① 木筋骨架隔墙　木筋骨架隔墙根据饰面材料的不同有灰板条隔墙、装饰板隔墙和镶板隔墙等多种。特点是自重轻、构造简单。木骨架由上槛、下槛、墙筋、斜撑及横撑等构成，见图 5-26。

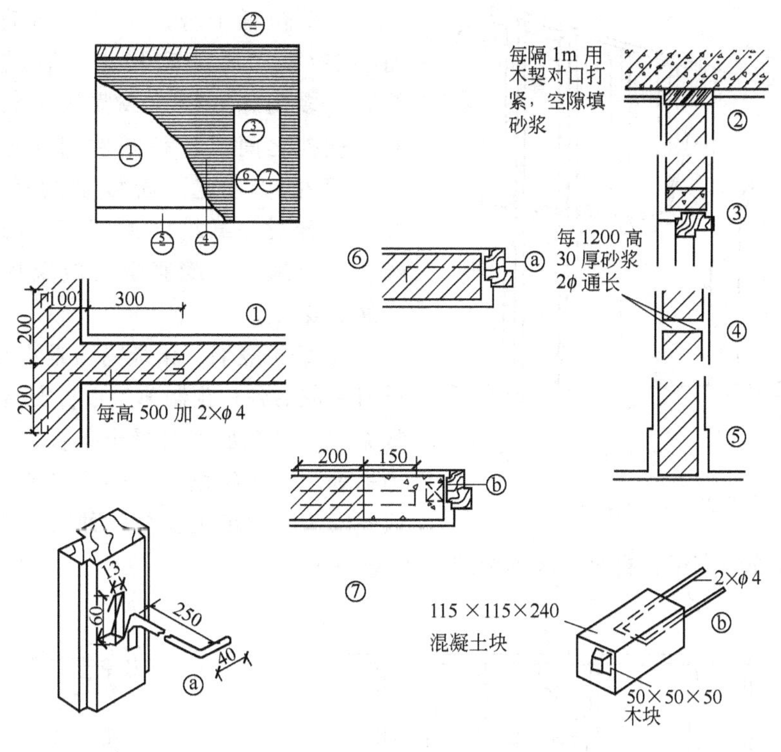

图 5-24　砖隔墙

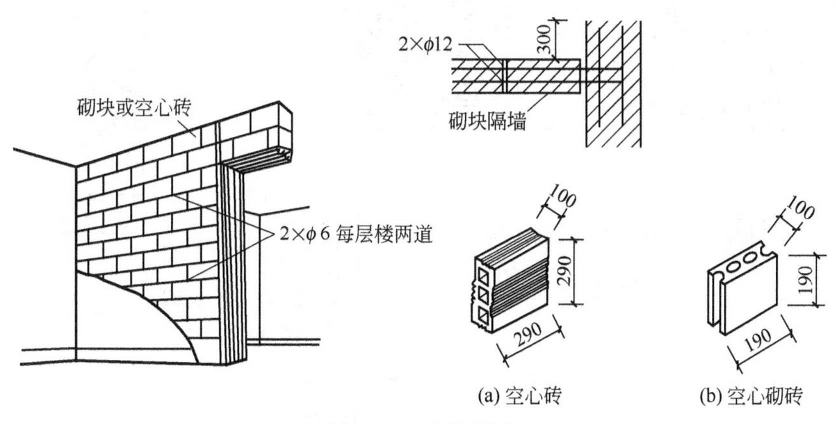

图 5-25　砌块隔墙

灰板条抹灰隔墙构造见图5-27，是在墙筋上钉灰板条，灰板条规格一般为6mm×30mm×1200mm，其间距为9mm左右，以便让底灰挤入板条间隙的背面，“咬”住灰板条。钉板条时，一根板条搭接三个墙筋间距。为避免因板条搭接接缝在一根墙筋上过长，导致外部抹灰开裂、脱落，当板条搭接接缝长达600mm时，必须使接缝位置错开。

在木骨架上还可以铺饰各种饰面材料，包括灰板条抹灰、装饰吸声板、钙塑板、纸面石膏板、水泥刨花板、水泥石膏板以及各种胶合板、纤维板等。

② 金属骨架隔墙　金属骨架隔墙是在金属骨架外铺钉面板而制成的隔墙，它具有节约木材、重量轻、强度高、刚度大、结构整体性强及拆装方便等特点。骨架由各种形式的薄壁

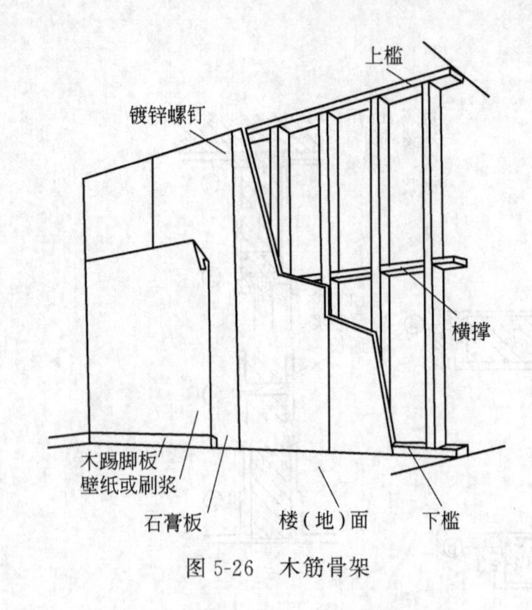

图 5-26 木筋骨架

型钢加工而成，见图 5-28(a)。

骨架包括上槛、下槛、墙筋和横挡，见图 5-28(b)。骨架和楼板、墙或柱等构件相接时，多用膨胀螺栓或膨胀钢钉来固接。墙筋、横挡之间靠各种配件相互连接。墙筋间距由面板尺寸定。面板多为胶合板、纤维板、石膏板和纤维水泥板等，面板藉镀锌螺丝、自攻螺钉、膨胀螺钉或金属夹子固牢在金属骨架上。

③ 条板隔墙 条板隔墙是指采用各种轻质材料制成的各种预制薄型板材安装而成的隔墙。常见的板材有加气混凝土条板、石膏条板、泰柏板等。这些条板自重轻、安装方便。普通条板的安装、固定主要靠各种黏结砂浆或黏结剂进行黏结，待安装完毕，再进行表面装修，见图 5-29。

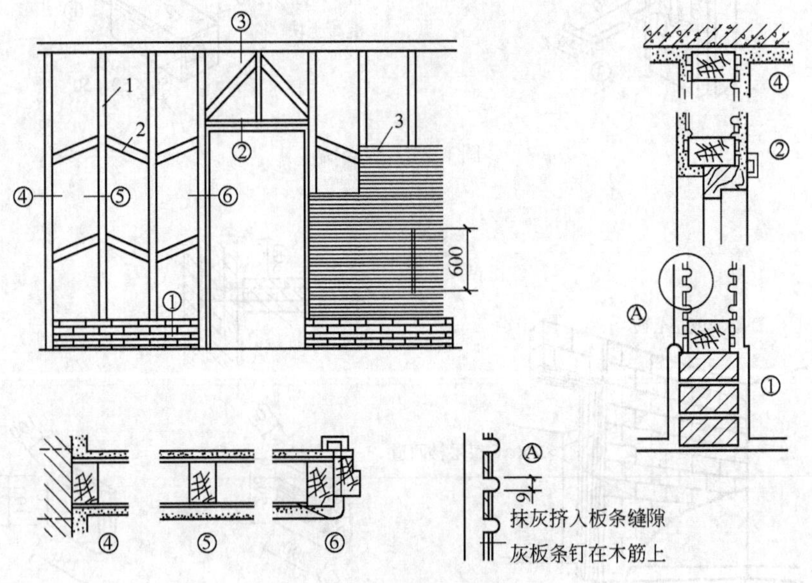

图 5-27 灰板条抹灰隔墙

1—墙筋；2—斜撑；3—板条

四、墙面装修

1. 装修的作用

墙面装修主要作用是保护墙体，可防止墙体结构免遭风、雨的直接袭击，从而增强了墙体的坚固性和耐久性。

墙面装修还可改善墙体的热工性能；对室内可增加光线的反射，提高室内照度；对有吸声要求的房间，还可改善室内音质效果。

墙面装修对提高建筑物的功能质量、艺术效果、美化建筑环境起重要作用。

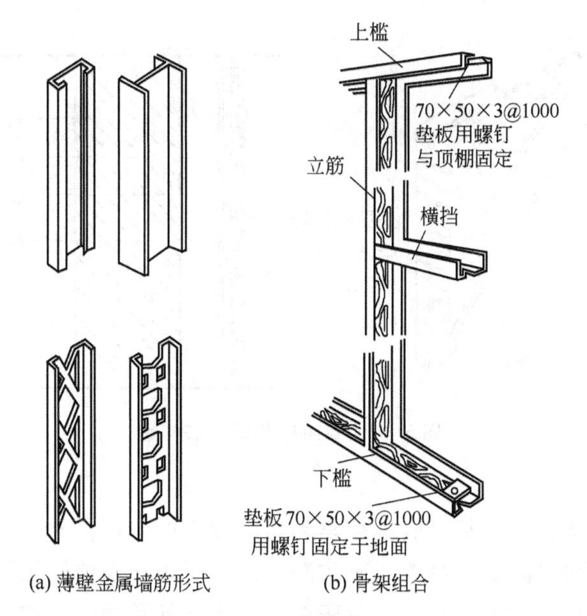

图 5-28　金属骨架隔墙

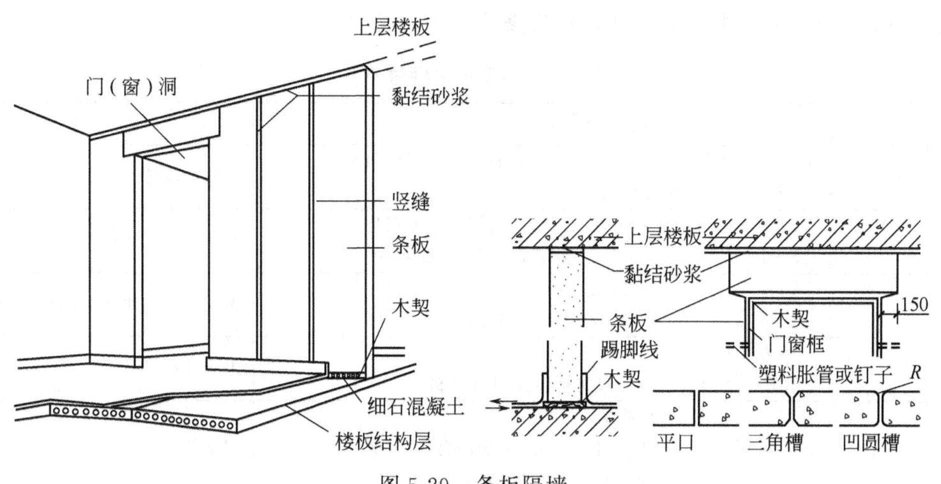

图 5-29　条板隔墙

2. 墙面装修的分类

由于材料和施工方式的不同，常见的墙面装修可分为抹灰类、贴面类、涂料类、被糊类和铺钉类五类。

3. 墙面装修构造

(1) 抹灰类　抹灰是由水泥、石灰膏为胶结料加入砂或石碴，与水拌和成砂浆或石碴浆，然后抹到墙面上的一种操作工艺，属湿作业范畴。它是一种传统的墙面装修方式。主要特点是材料来源广，施工简便，造价低廉；缺点是饰面的耐久性低、易开裂、易变色，且湿作业施工，工效较低。

墙面抹灰有一定厚度，外墙一般为 20～25mm，内墙为 15～20mm。为避免抹灰出现裂缝、保证抹灰与基层黏结牢固，墙面抹灰层不宜太厚，而且需分层构造，见图 5-30。普通标准的装修，抹灰由底层和面层组成。对标准较高的抹灰装修，在面层和底层之间，还设有

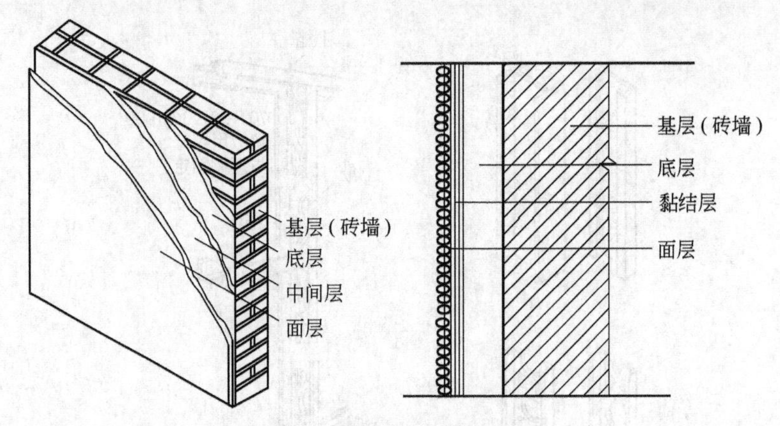

图 5-30 墙面抹灰的分层构造

一层或多层中间层。

底层抹灰具有使装修层与基层墙体粘牢和初步找平的作用。对普通砖墙常用石灰砂浆或混合砂浆打底即可，而对混凝土墙体或有防潮、防水要求的墙体则需用混合砂浆或水泥砂浆打底。中间层主要用作进一步找平，减少底层砂浆干缩导致面层开裂的可能。同时亦可作为底层与面层之间的黏结层。面层抹灰对墙体的质量和美观起重要作用。

根据面层材料的不同，常见的抹灰装修构造见表 5-2。

表 5-2 常用抹灰做法举例

抹灰名称	构造及材料配合比	适用范围
纸筋(麻刀)灰	①12～17 厚(1∶2)～(1∶2.5)石灰砂浆(加草筋)打底 ②2～3 厚纸筋(麻刀)灰粉面	普通内墙抹灰
混合砂浆	①12～15 厚 1∶1∶6 水泥、石灰、砂的混合砂浆打底 ②5～10 厚 1∶1∶6 水泥、石灰、砂的混合砂浆粉面	外墙、内墙均可
水泥砂浆	①15 厚 1∶3 水泥砂浆打底 ②10 厚(1∶2)～(1∶2.5)水泥砂浆粉面	多用于有防水要求的外墙或内墙
水刷石	①15 厚 1∶3 水泥砂浆打底 ②10 厚 1∶(1.2～1.4)水泥石碴抹面后水刷	用于外墙
干黏石	①10～12 厚 1∶3 水泥砂浆打底 ②7～8 厚 1∶0.5∶2 外加 5%107 胶的混合砂浆黏结层 ③3～5 厚彩色石碴面层(用喷或甩方式进行)	用于外墙
斩假石	①15 厚 1∶3 水泥砂浆打底 ②刷素水泥浆一道 ③8～10 厚水泥石碴粉面 ④用剁斧斩去表面层水泥浆或石尖部分使其显出凿纹	用于外墙或局部内墙
水磨石	①15 厚 1∶3 水泥砂浆打底 ②10 厚 1∶1.5 水泥石碴粉面，磨光、打蜡	多用于室内潮湿部位

在内墙抹灰中，当遇到人群活动频繁，且常受到碰撞的墙面或防潮、防水要求较高的墙体，为保护墙身，常对那些易受碰撞或易受潮的墙面，进行保护处理，称之为墙裙。墙裙又称台度，其高一般为 1.0～1.8m，见图 5-31。对经常易受碰撞的内墙凸出的转角处或门洞的两侧，常抹以高 1.5m 的 1∶2 水泥砂浆打底，以素水泥浆捋小圆角进行处理，俗称护角，见图 5-32。此外，在外墙抹灰中，由于墙面抹灰面积较大，为避免面层产生裂纹且方便操作，以及立面处理的需要，常对抹灰面层进行分格处理，俗称引条线，其构造见图 5-33。

(2) 贴面类墙面装修　贴面类装修是指利用各种天然或人造板、块对墙面进行的装修处

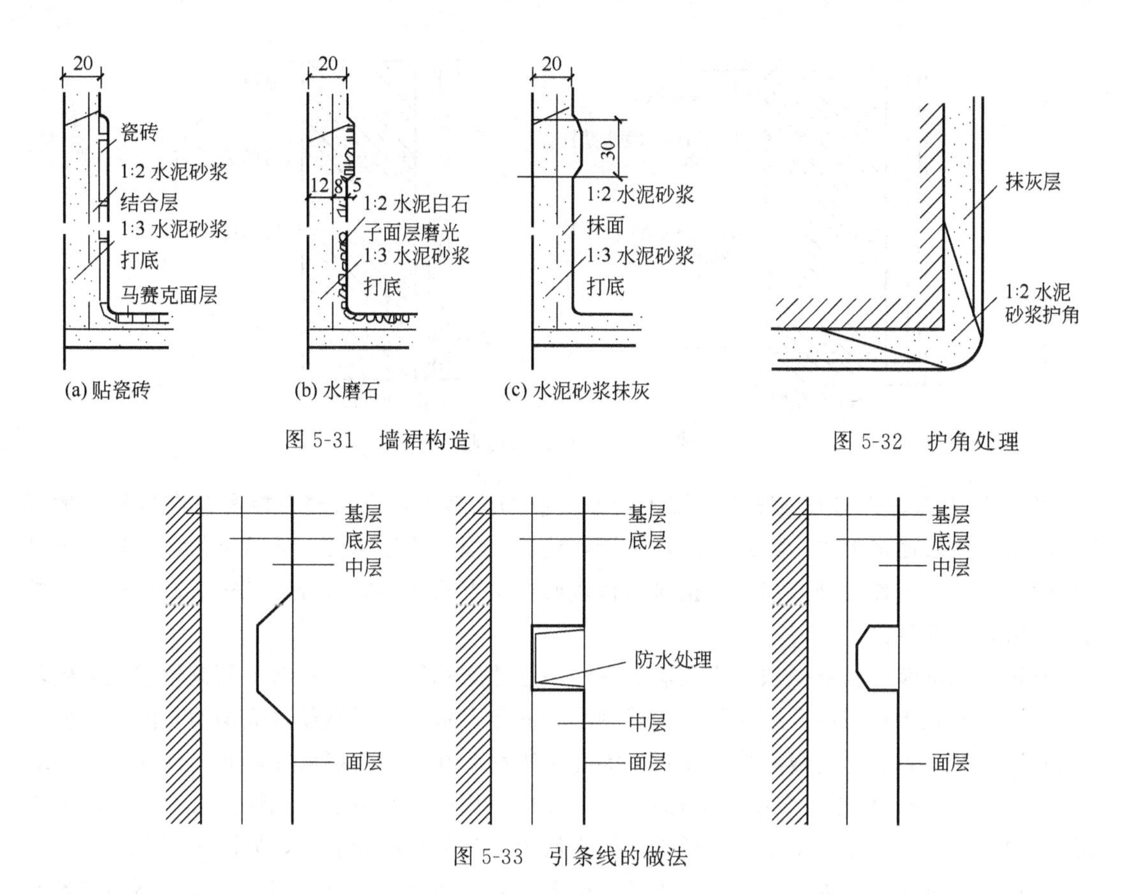

(a) 贴瓷砖　(b) 水磨石　(c) 水泥砂浆抹灰

图 5-31　墙裙构造

图 5-32　护角处理

图 5-33　引条线的做法

理。这类装修具有耐久性强、施工方便、质量高、装饰效果好等特点。质感细腻的瓷砖、大理石板多用作室内装修；而质感粗放、耐候性好的陶瓷锦砖、面砖、墙砖、花岗岩板等多用作室外装修。

① 陶瓷面砖饰面　陶瓷面砖根据是否上釉而分为以下几种。

a. 陶土釉面砖和陶土无釉面砖（俗称面砖）。

b. 瓷土釉面砖和瓷土无釉砖。锦砖又名马赛克，属于瓷土无釉砖，由各种颜色、方形或多种几何形状的小瓷片拼制而成。生产时将小瓷片拼贴在 300mm×300mm 或 400mm×400mm 的牛皮纸上。因其图案丰富、色泽稳定，加之耐污染、易清洁、价廉、变化多，近年来已大量用于外墙饰面，效果甚佳。它质地坚固、耐磨、耐酸碱、防冻、不打滑。其外观与质地均具天然花岗岩的效果，是理想的墙面装饰材料。施工时将纸面朝外整块粘贴在 1∶1 水泥砂浆上，用木制抹子，反复挤压，使其粘牢，待砂浆硬结后，用素灰浆洗去牛皮纸即可。

c. 还有一种玻璃锦砖又称玻璃马赛克，是半透明的玻璃质饰面材料。与陶瓷马赛克一样，生产时就将小玻璃瓷片铺贴在牛皮纸上。也是外墙装修较为理想的材料之一。

陶瓷墙砖作为内墙面装修，其构造多采用 10～15 厚 1∶3 水泥、砂浆或 1∶3∶9 水泥、石灰膏、砂浆打底，8～10 厚 1∶0.3∶3 水泥、石灰膏、砂浆黏结层，外贴瓷砖，见图 5-34(a)。作为外墙面装修，其构造多采用 10～15 厚 1∶3 水泥砂浆打底，5 厚 1∶1 水泥、砂浆黏结层，然后粘贴各类装饰材料。如果黏结层内掺入 10%以下的 107 胶时，其黏结层厚可减为 2～3mm，在外墙面砖之间粘贴时留出约 13mm 缝隙，以增加材料的透气性，见图 5-34(b)。

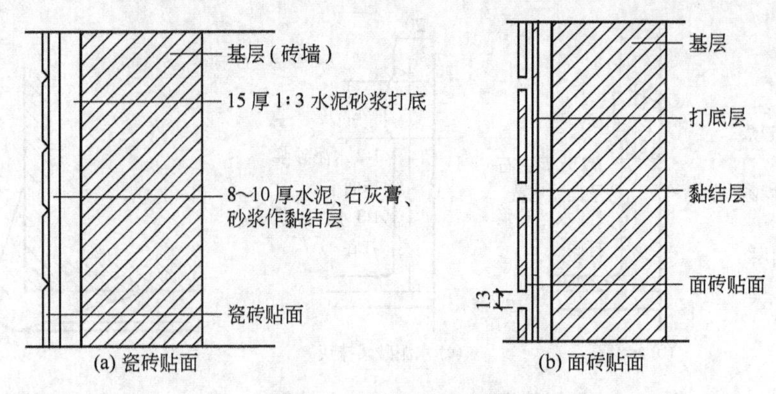

图 5-34　瓷砖、面砖贴面

② 天然石板、人造石板贴面　用于墙面装修的天然石板有大理石板和花岗岩板。大理石又称云石，表面经磨光后纹理雅致，色泽鲜艳。花岗岩质地坚硬、不易风化、能适应各种气候变化，故多用作室外装修。根据对石板表面加工方式的不同可分为剁斧石、火爆石、蘑菇石和磨光石四种。

石板贴面的装修构造做法：先在墙面或柱面上固定钢筋网，再将石板藉铜丝或镀铸铅丝穿过事先在石板上钻好的孔眼绑扎在钢筋网上。固定石板中水平钢筋（或钢箍）的间距应与石板高度尺寸一致。当石板就位、校正、绑扎牢固后，在石板与墙或柱之间，浇注厚 30mm 左右的 1∶3 水泥、砂浆，见图 5-35(a)。还可以用专用的卡具借射钉或螺钉钉在墙上，或用膨胀螺栓打入墙上的角钢上或预立的铝合金立筋上，外部用硅胶嵌缝，见图 3-35(b)。

人造石板常见的有人造大理石、水磨石板等，其构造与天然石板相同，只是不必在预制

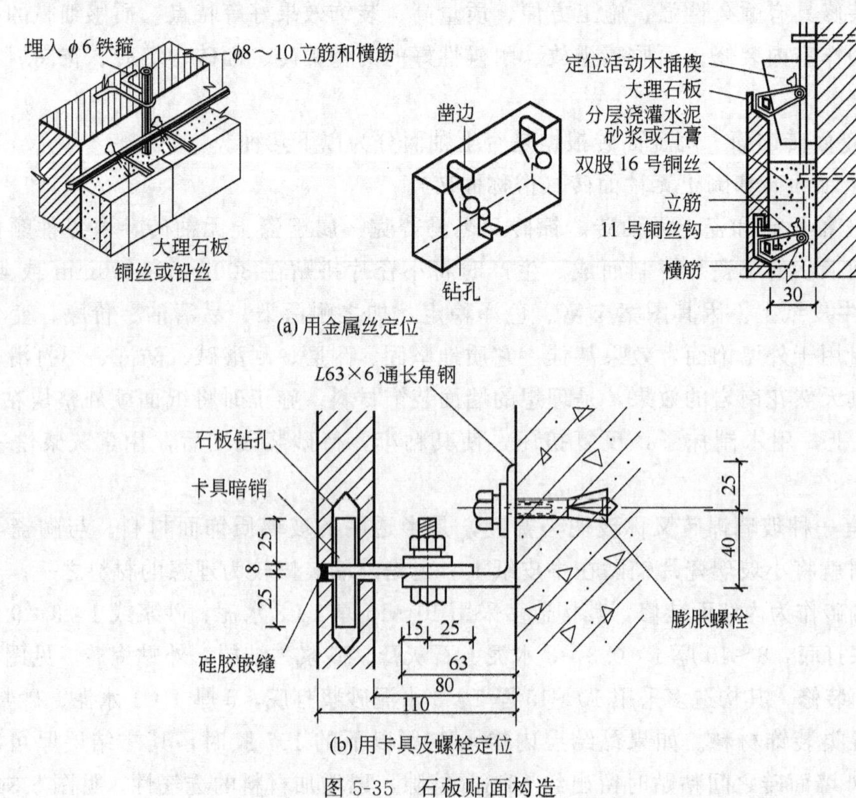

图 5-35　石板贴面构造

板上钻孔，而是利用预制板背面在生产时就露出的钢筋，将板用铅丝绑牢在水平钢筋（或钢箍）上即可，见图 5-36。

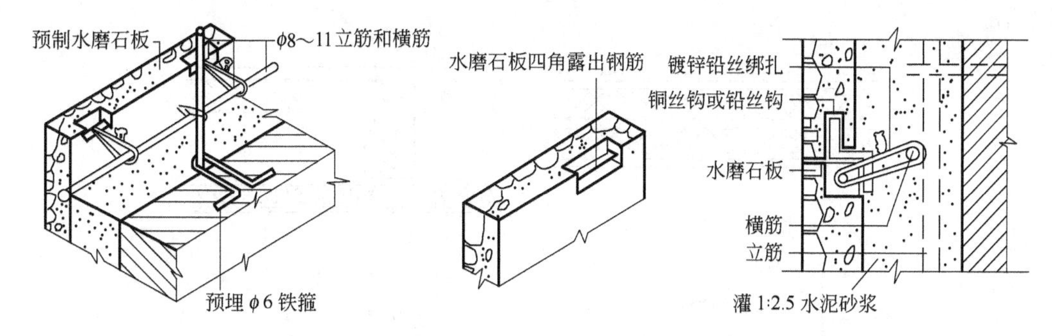

图 5-36 人造石板墙面装修构造

③ 涂料类墙面装修 涂料是指涂敷于物体表面后，能与基层很好黏结，从而形成完整而牢固的保护膜的面层物质。这种物质对被涂物体有保护、装饰作用。

涂料作为墙面装修材料，与贴面装修相比具有材料来源广，装饰效果好，造价低，操作简单，工期短、工效高，自重轻，维修、更新方便等特点。

建筑涂料按其主要成膜物的不同可分为有机涂料、无机涂料及有机和无机复合涂料三大类。

④ 裱糊类墙面装修 裱糊类装修是将各种装饰性的墙纸、墙布等卷材类的装饰材料糊在墙面上的一种装修饰面。

墙纸又称壁纸，是利用各种彩色花纸装修墙面，其在我国历史悠久，且具有一定艺术效果。但花纸不仅怕潮、怕火、不耐久，而且脏了不能洗刷，故应用受到限制。目前，国内外生产的各种新型复合墙纸，依其构成材料和生产方式不同，有以下几类：PVC 塑料墙纸、纺织物面墙纸、金属面墙纸和天然木纹面墙纸。

墙布是指以纤维织物直接作为墙面装饰材的总称。它包括玻璃纤维墙面装饰布和织锦等材料。

墙纸与墙布的粘贴主要在以混合砂浆面层抹灰的基层上进行。它要求基底平整、致密；对不平的基层需用腻子刮平。粘贴墙纸、墙布，一般采用墙纸、墙布胶结剂。在具体粘贴时，要求对花的墙纸或墙布在裁剪尺寸上，其长度需比墙高放出 100～150mm，以适用对花粘贴的要求。

⑤ 铺钉类墙面装修 铺钉类装修是指利用天然木板或各种人造薄板借助于钉、胶等固定方式对墙面进行的装修处理。属于干作业范畴。铺钉类装修材料质感细腻、美观大方，装饰效果好。同时，材料多是薄板结构或多孔性材料，对改善室内音质效果有一定作用。但防潮、防火性能欠佳。铺钉类装修由骨架和面板两部分组成。

第三节 楼 地 层

一、楼地层的组成和类型

1. 楼板层和地坪的基本组成

楼地层包括楼板层和地坪。楼板层也称为楼层，是分隔建筑室内空间的水平承重构件，承受并传递作用于其上面的各种荷载，同时对墙体起水平支撑作用。

为了满足楼板层的使用功能要求，楼板层通常由面层、结构层、附加层、顶棚构成，见图 5-37。

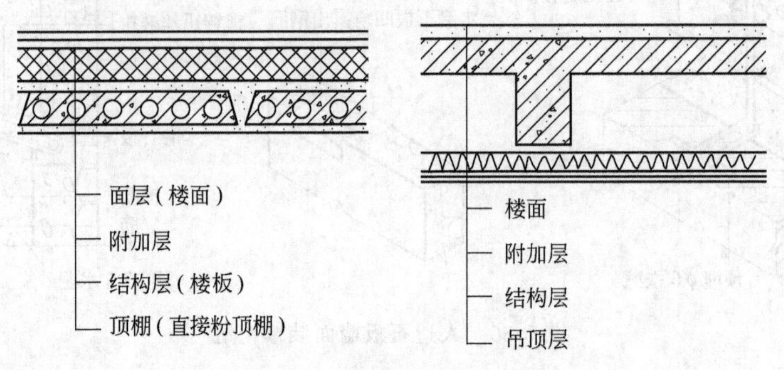

图 5-37 楼板层的基本组成

(1) 面层 又称楼面或地面。起着保护楼板层、分布荷载和各种绝缘的作用。同时也满足使用者各种使用要求和装饰需要。

(2) 结构层 楼板层的承重构件。主要功能是承受楼板层上的全部静、活荷载，并将这些荷载传给墙或柱；同时还对墙身起水平支撑作用，增强建筑物的整体刚度。

(3) 附加层 附加层又可称功能层，主要用以满足隔声、防水、隔热、保温等方面的要求。

(4) 顶棚 楼板层的下面部分，起着保护楼板、安装灯具、遮掩各种水平管线设备以及修饰的作用。

地坪是指建筑物底层室内地面与土壤相接触的结构构件，它承受着地坪上的各种荷载，并均匀传给地基。地坪由面层和基层两部分构成。基层主要是结构层，在地基较差时为加固地基增设垫层。对有特殊要求的地坪，常在面层与结构层之间增设附加层。

2. 楼板的类型

根据所采用材料的不同，楼板可分为木楼板、钢筋混凝土楼板、压型钢板组合楼板等，见图 5-38。

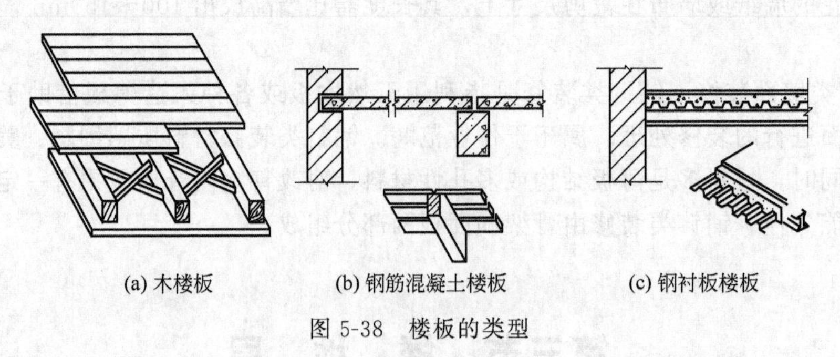

(a) 木楼板 (b) 钢筋混凝土楼板 (c) 钢衬板楼板

图 5-38 楼板的类型

(1) 木楼板 木楼板具有自重轻、构造简单等优点，但其耐火性和耐久性均较差，为节约木材，现已很少采用。

(2) 钢筋混凝土楼板 钢筋混凝土楼板具有强度高、防火性能好、耐久、便于工业化生产等优点。是我国应用最广泛的一种楼板。

(3) 压型钢板组合楼板 压型钢板组合楼板是用截面为凹凸形压型钢板与现浇混凝土面

层组合形成整体性很强的一种楼板结构。压型钢板的作用既为面层混凝土的模板，又起结构作用，从而增加了楼板的侧向和竖向刚度，使结构的跨度加大、梁的数量减少、楼板自重减轻、加快施工进度。

二、钢筋混凝土楼板的构造

钢筋混凝土材料的强度高、防火性能好、耐久性佳、可塑性强，因而极广泛地被应用于各类建筑中。根据其施工方式的不同，可分为现浇整体式、预制装配式与装配整体式三种类型。

1. 现浇整体式钢筋混凝土楼板

现浇整体式钢筋混凝土楼板是在施工现场经支模、扎筋、浇筑混凝土、养护、拆模等施工程序而成型的楼板结构。受季节、天气影响，施工工期长。但由于楼板是现场整体浇筑成型，结构的整体性能良好，因而特别适合于整体性要求较高的建筑物或有管道穿过楼板的房间以及形状不规则的房间中。

现浇整体式钢筋混凝土楼板根据受力和传力情况有板式楼板、梁板式楼板、无梁楼板和压型钢板组合楼板之分。

（1）板式楼板　在墙体承重建筑中，当房间尺度较小时，楼板上的荷载直接靠楼板传给墙体，这种楼板称板式楼板。它多适用于跨度较小的房间或走廊。

（2）梁板式楼板　当房间的空间尺度较大时，为使楼板结构的受力与传力合理，常在楼板下设梁以增加板的支点，从而减小了板的跨度，这样楼板上的荷载先由板传给梁，再由梁传给墙或柱。这种楼板结构称梁板式楼板结构。梁有主梁、次梁之分，见图 5-39。

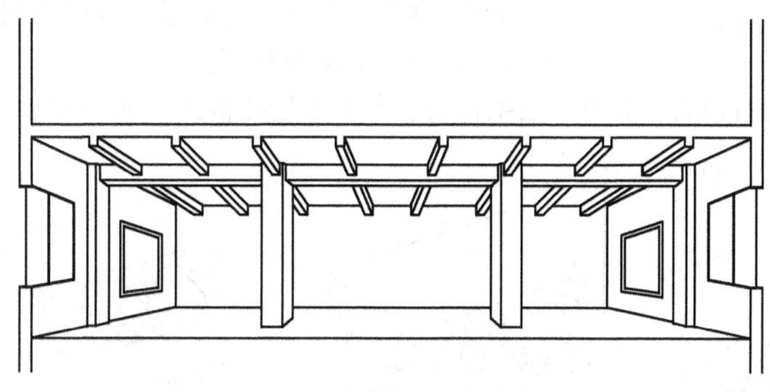

图 5-39　梁板式楼板

当房间的平面形状为方形或接近方形时（长短边比例小于 2 时），常沿房间两个方向等尺寸地布置构件，即主、次梁不分，梁的截面也同高。两个方向的梁正放正交或斜放正交，形成井格，这种形式的楼板称为井式楼板，见图 5-40。井式楼板上部传下的力，由两个方

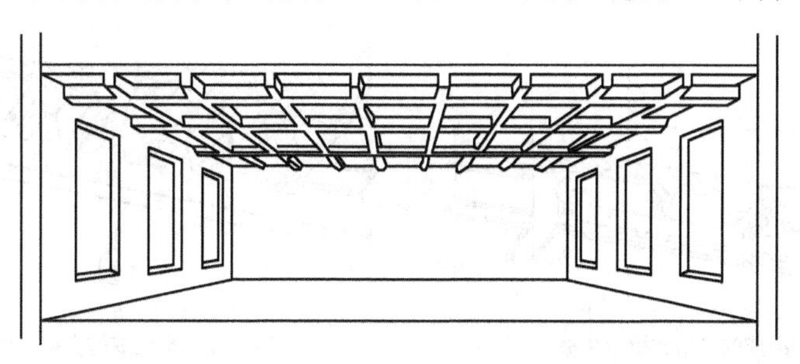

图 5-40　井式楼板

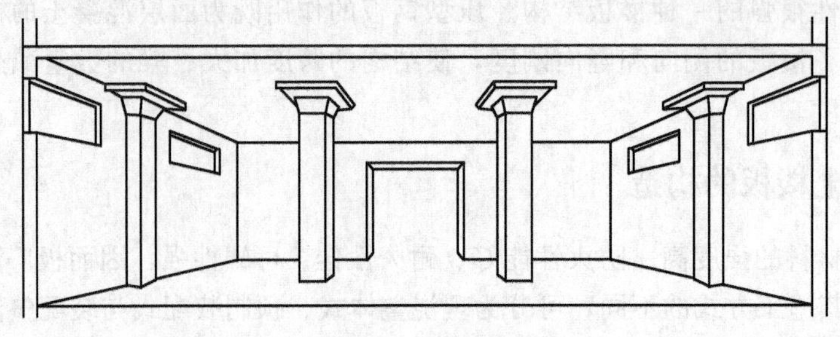

图 5-41　无梁楼板

向的梁相互支撑，其梁间距一般为 3m 左右，跨度可达 30～40m，故可营造较大的建筑空间，这种形式多用于无柱的大厅。

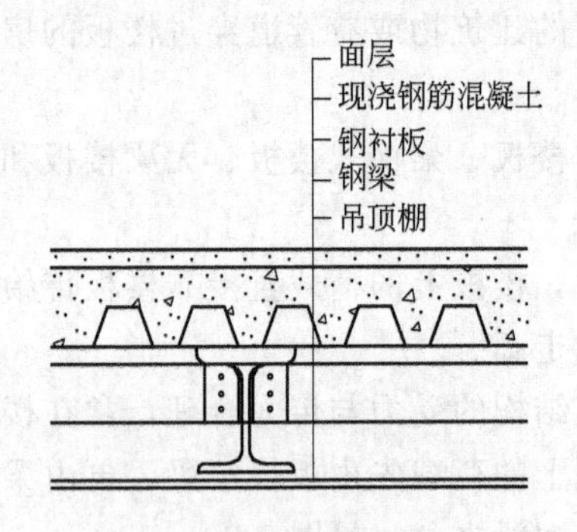

图 5-42　压型钢板组合楼板基本组成

(3) 无梁楼板　无梁楼板是在框架结构中将板直接支承在柱子上且不设梁的结构，见图 5-41。为了增大柱子的支承面积和减小板的跨度，在柱的顶部设柱帽和托板。无梁楼板的柱尽量按方形网格布置，柱距在 6m 左右，一般板厚不小于 120mm。

无梁楼板与梁板式楼板比较，顶棚平整，室内净空大，采光、通风好，施工较简单。

(4) 压型钢板组合楼板　压型钢板组合楼板实际上是一种钢与混凝土组合的楼板，见图 5-42。这种结构是利用凸凹相间的压型薄钢板做衬板与混凝土浇筑在一起支承在钢梁上构成的整体型楼板。

组合楼板的构造形式主要有单层钢衬板支承和双层孔格式支承，见图 5-43、图 5-44。

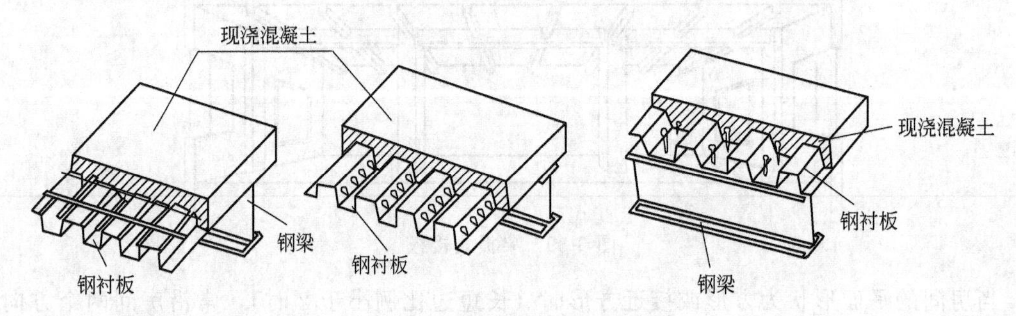

图 5-43　单层钢衬板组合楼板

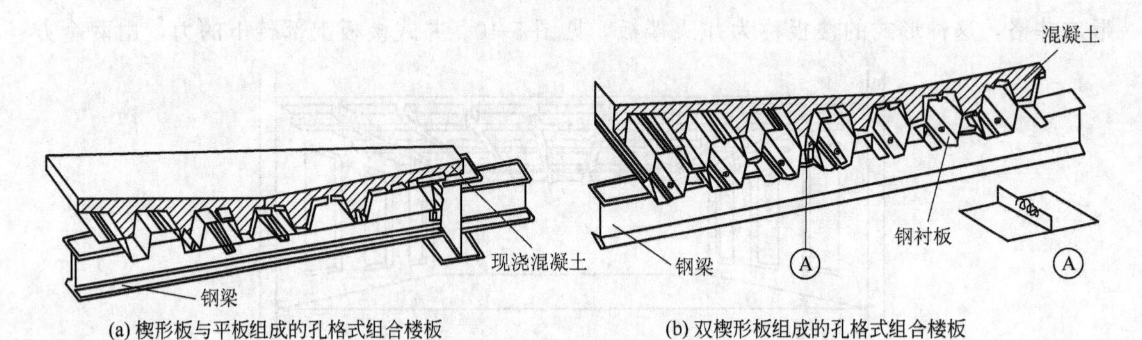

(a) 楔形板与平板组成的孔格式组合楼板　(b) 双楔形板组成的孔格式组合楼板

图 5-44　双层钢衬板组合楼板

2. 预制装配式钢筋混凝土楼板

预制装配式钢筋混凝土楼板是指在构件预制加工厂或施工现场外预先制作，然后运到工地现场进行安装的钢筋混凝土楼板。这种施工方法提高了现场机械化施工水平，并缩短了工期。

(1) 预制楼板的类型　预制楼板的类型有实心板、槽形板、空心板等。

实心板跨度一般在 2.4m 以内，板厚为跨度的 1/30，一般为 50～80mm，板宽约为 600～900mm，见图 5-45。

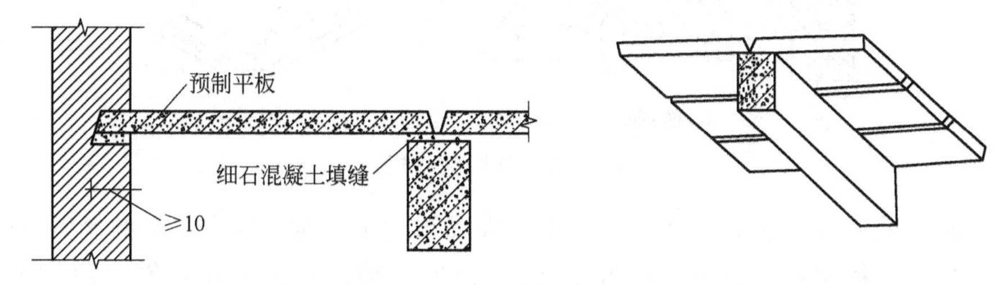

图 5-45　预制实心板

槽形板是一种梁板结合的构件，即在实心板的两侧设有纵肋，构成槽形截面，见图 5-46。板跨为 3～7.2m，板宽为 600～1200mm，板厚为 25～30mm，肋高为 120～300mm。为提高板的刚度和便于搁置，常将板的两端以端肋封闭。当板跨达 6m 时，应在板的中部每隔 500～700mm 处增设横肋一道。

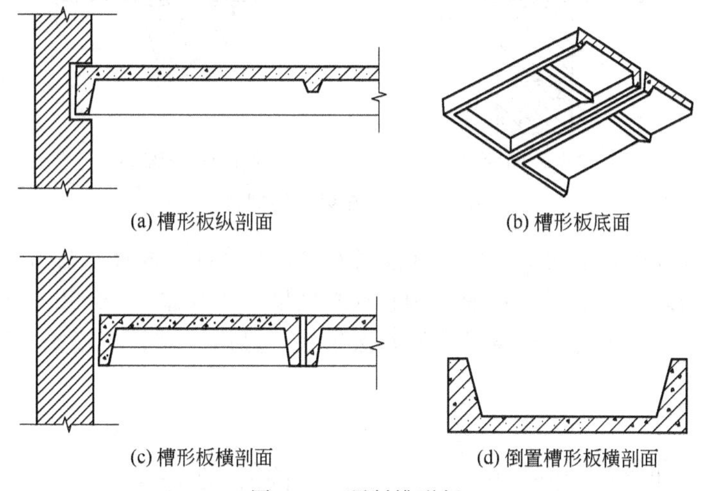

图 5-46　预制槽形板

槽形板的搁置有正置和倒置的两种：正置底板不平，多作吊顶；倒置板底平整，需另作面板，有时为考虑楼板的隔声或保温，亦可在槽内填充轻质多孔材料。

根据板的受力情况，结合考虑隔声要求，并使板面上下平整，可将预制板做成空心板，见图 5-47，空心板的孔洞有矩形、方形、圆形和椭圆形等。圆孔板的制作最为简单方便，应用最为广泛。空心板的跨度一般为 2.7～6.6m 不等，板厚与板跨有关，一般为 180～240mm。

空心板支承端的两端孔内常以砖块或混凝土块填塞，以保证在支座处不致被压坏及避免灌缝时混凝土会进入孔内。

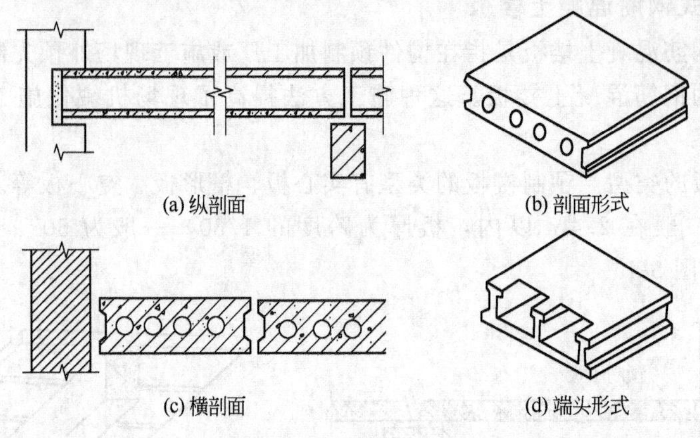

图 5-47 预制空心板

(2) 预制板的搁置与板缝处理 当采用梁板式结构布置时，板在梁上的搁置方式一般有两种：一是将板直接搁在梁顶上，见图 5-48(a)；另一种是将板搁在花篮梁两侧的挑耳上，这时板的上皮与梁的顶面平齐，见图 5-48(b)。同时板的布置应避免出现三面支承情况，即板的纵长边不得伸入砖墙内。否则在荷载作用下，板会发生纵向裂缝，同时还会使被压墙体因受局部承压影响而削弱其承载能力。

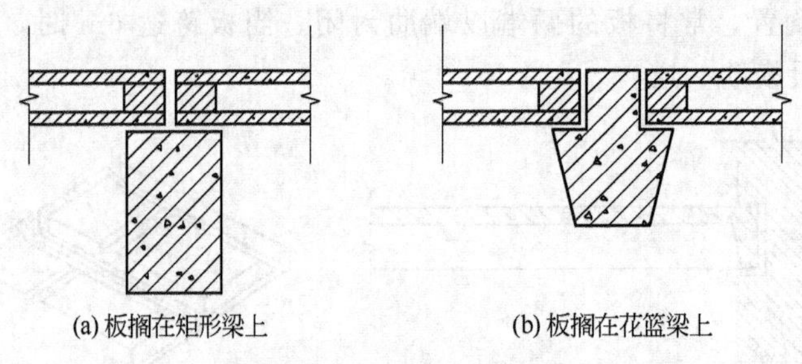

图 5-48 板在梁上的搁置

在安装板的过程中，板的横向尺寸（板宽方向）与房间平面尺寸会出现差额，这个差额称为板缝差。当缝差在 60mm 以内时，调整板缝宽度；当缝差在 60～200mm 时，或因竖向管道沿墙边通过时，则用局部现浇板带的办法解决，见图 5-49；当缝差超过 200mm，则需重新选择板的规格。

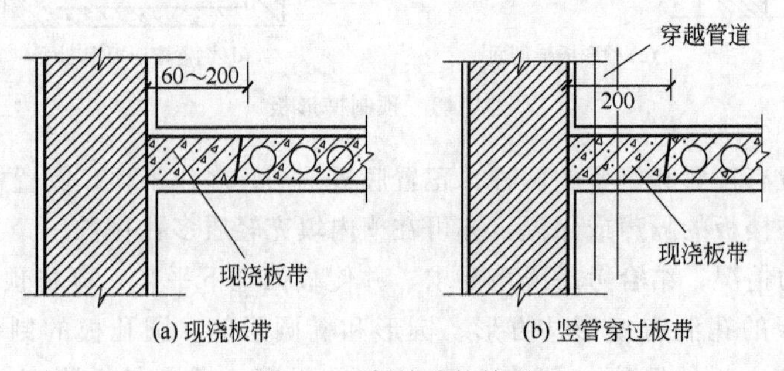

图 5-49 板缝差的处理

板的接缝有端缝与侧缝两种。板端缝一般将板缝内灌以砂浆或细石混凝土，使相互联结。侧缝一般有三种形式：V 形缝、U 形缝、凹形缝，见图 5-50。

为保证楼板与墙或梁有很好的连接，首先应使板有足够的搁置宽度，一般板在墙上的搁

(a) V形缝

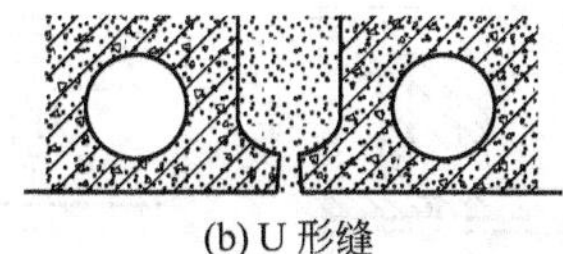
(b) U形缝

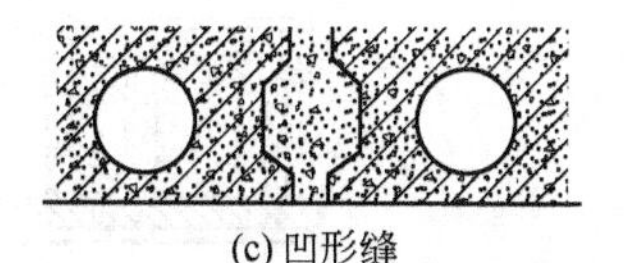
(c) 凹形缝

图 5-50 板侧缝形式

置宽度应不小于 80mm，在梁上的搁置宽度应不小于 60mm。同时，必须在梁或墙上铺以水泥砂浆（俗称坐浆），厚 20mm 左右。另外，为增强房屋的整体刚度，对楼板与墙体之间及楼板与楼板之间常用锚固钢筋予以锚固，见图 5-51。

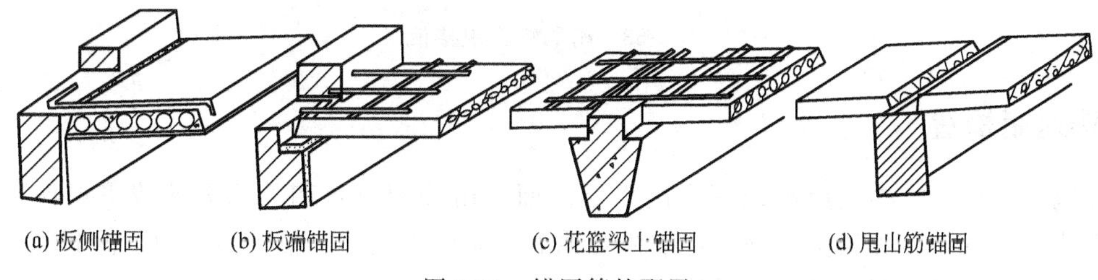
(a) 板侧锚固　(b) 板端锚固　(c) 花篮梁上锚固　(d) 甩出筋锚固

图 5-51 锚固筋的配置

3. 装配整体式钢筋混凝土楼板

装配整体式钢筋混凝土楼板是采用将楼板中的部分构件预制，然后到现场安装，再整体浇筑其余部分的办法连接而成的楼板。它兼有现浇与预制的双重优越性。

（1）预制薄板叠合楼板　预制薄板叠合楼板是指预制楼板吊装就位后再现浇一层钢筋混凝土叠合层与预制板连成整体的楼板，见图 5-52。预制混凝土薄板既是永久性模板承受施工荷载，也是整个楼板结构的一个组成部分。预应力混凝土薄板内配以刻痕高强钢丝作为预应力筋，同时也是楼板的跨中受力钢筋。板面现浇混凝土叠合层，现浇层内只需配置少量的支座负弯矩钢筋。

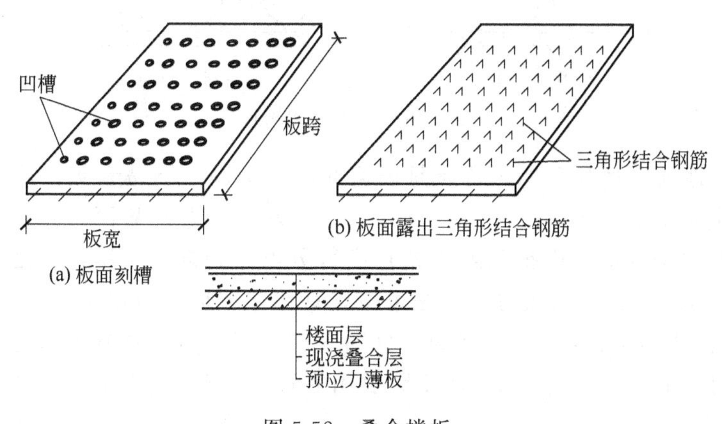

(a) 板面刻槽　(b) 板面露出三角形结合钢筋

图 5-52 叠合楼板

（2）密肋填充块楼板　密肋填充块楼板是指在填充块间现浇钢筋混凝土密肋小梁和面层而形成的楼板层，也有采用在预制倒置 T 形小梁（小梁间为填充块）上现浇钢筋混凝土楼板的做法，见图 5-53。密肋填充块楼板的密肋有现浇和预制两种，前者是在填充块之间现浇密肋小梁面板，其填充块有空心砖、轻质块等，见图 5-53(a)、(b)；后者的密肋常见的有预制倒 T 形小梁、带骨架芯板等，见图 5-53(c)、(d)。

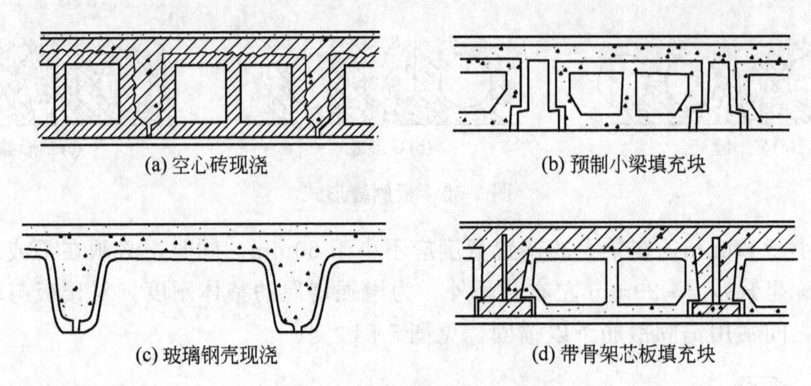

图 5-53 密肋填充块楼板

三、楼地面构造

楼地面主要是指楼板层和地坪层的面层。面层由饰面材料和其下面的找平层两部分组成。楼地面按其材料和做法可分为：整体类地面、镶铺类地面、粘贴类地面、涂料类地面和木地面。根据不同的要求设置不同的地面。

1. 整体类地面

（1）水泥砂浆及细石混凝土地面　水泥砂浆地面即在混凝土垫层或结构层上抹水泥砂浆。它构造简单，坚固耐磨，防潮防水，造价低廉，是常见的一种低档地面，见图 5-54。水泥砂浆地面热导率大，吸水性差，易起灰，不易清洁。

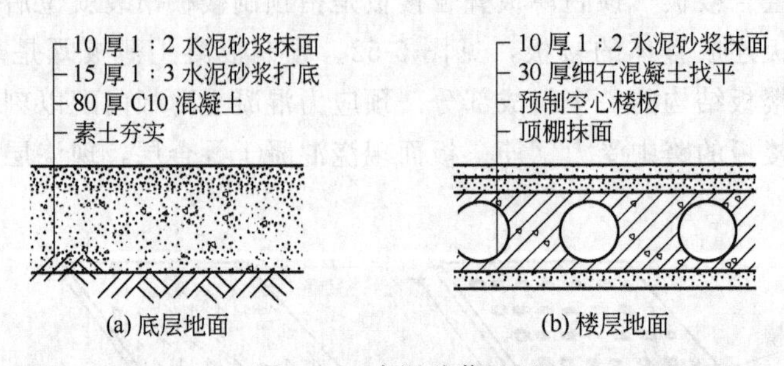

图 5-54 水泥砂浆地面

（2）水磨石地面　水磨石地面特点是表面光洁、美观，不易起灰。常用 10～15mm 厚 1∶3 水泥砂浆打底，10mm 厚（1∶1.5）～（1∶2）水泥、石碴粉面。面层一般是先在底层上按图案嵌固玻璃条（也可嵌铜条或铝条）进行分格。分格的作用，一是为了分大面为小块，以防面层开裂；二是便于维修；三是可按设计图案分区，定出不同颜色，以增添美观。分格条高 10mm，用 1∶1 水泥砂浆嵌固，见图 5-55。然后将拌和好的石碴浆浇入，石碴浆应比分格条高出 2mm。再浇水养护 6～7 天后用磨石机磨光，最后打蜡保护。

2. 镶铺类地面

利用各种预制块材或板材镶铺在基层上的地面称镶铺地面，常见的有以下几种。

（1）砖块地面　由普通黏土砖或大阶砖铺砌的地面。由于砖的尺寸较大，可直接铺在素土夯实的地基上，常用砂做结合层。砖缝之间以水泥砂浆或石灰砂浆嵌缝。砖材造价低廉，能吸潮，对黄梅天返潮地区有利，但不耐磨，故多用于一般性民用建筑。

（2）陶瓷砖地面　陶瓷地砖包括缸砖和马赛克，见图 5-56。

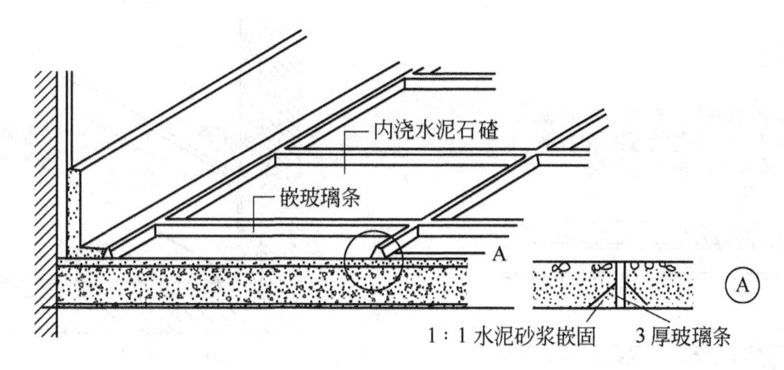

图 5-55 水磨石地面构造

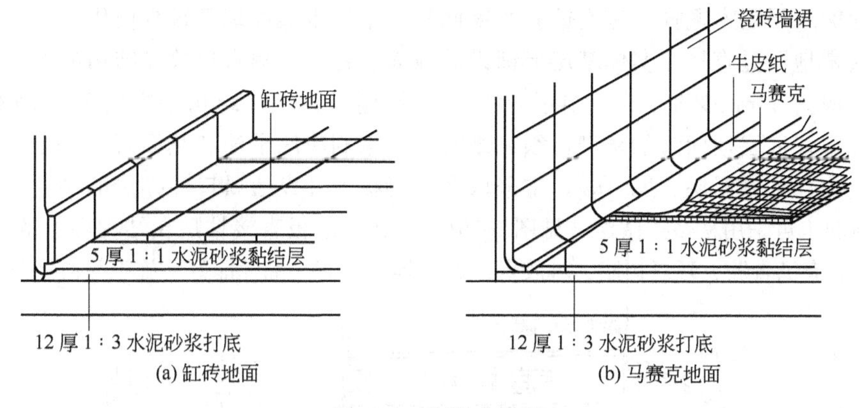

图 5-56 陶瓷砖地面

缸砖是由陶土烧制而成的，呈红棕色。砖背面有凹槽，便于与基层结合。缸砖质地坚硬耐磨、防水、耐腐蚀，易于清洁。铺贴方式为在结构层找平的基础上，用 5～8 厚 1∶1 水泥砂浆粘贴。砖块间有 3mm 左右的灰缝，见图 5-56(a)。

马赛克质地坚硬、经久耐用、色泽多样，具有耐磨、防水、耐腐蚀、易清洁等特点。施工时，在混凝土垫层上铺 20mm 厚 1∶3 水泥砂浆找平层，再用 10mm 厚 1∶1 水泥细砂浆贴贴马赛克，待粘贴牢固后，用水洗去牛皮纸，露出正面。最后进行校正，并用素水泥浆擦缝即成，见图 5-56(b)。

(3) 人造石板和天然石板地面 人造石板有水泥花砖、水磨石板和人造大理石板等。天然石板包括大理石、花岗岩板磨光，由于其质地坚硬，色泽艳丽、美观，属高档地面装修材料。其构造见图 5-57。

3. 粘贴类地面

粘贴类地面以粘贴卷材为主，常见的有塑料地毡、橡胶地毡以及多种地毯等，见图 5-58。这些材料，表面美观、干净，装饰效果好，具有良好的保温、消声性能。

4. 涂料类地面

涂料类地面是水泥砂浆或混凝土地面的表面处理形式。它对解决水泥地面易起灰和美观的问题起了重要作用。常见的涂料包括水乳型、水溶型和溶剂型涂料。

5. 木地面

木地面具有弹性，热导率小，不起尘，易清洁等特点，但造价较高。

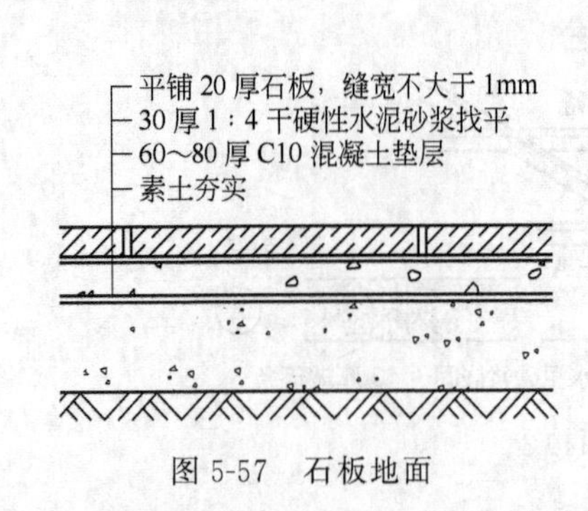

图 5-57 石板地面

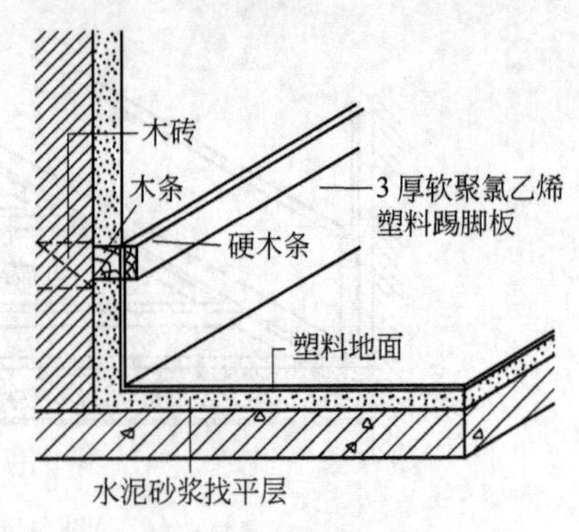

图 5-58 塑料毡地面

木地面的基层是木搁栅，有空铺和实铺两种。空铺木地面现已很少使用。

实铺式木地面是直接在实体基层上铺设的地面。将木搁栅直接放在结构层上，因此搁栅截面小，一般为 50mm×50mm，中距 400mm。搁栅借预埋在结构层内的 U 形铁件嵌固或镀铸铁丝扎牢。底层地面为了防潮，须在结构层上涂刷冷底子油和热沥青各一道，见图5-59(a)、(b)。为保证搁栅层通风干燥，常采取在踢脚板处开设通风口的办法解决。

实铺地面也可采用粘贴式做法，见图 5-59(c)，将木地板直接粘贴在结构层上的找平层上，黏结材料一般有沥青胶、环氧树脂、乳胶等。粘贴地面具有防潮性能好、施工简便经济等优点。

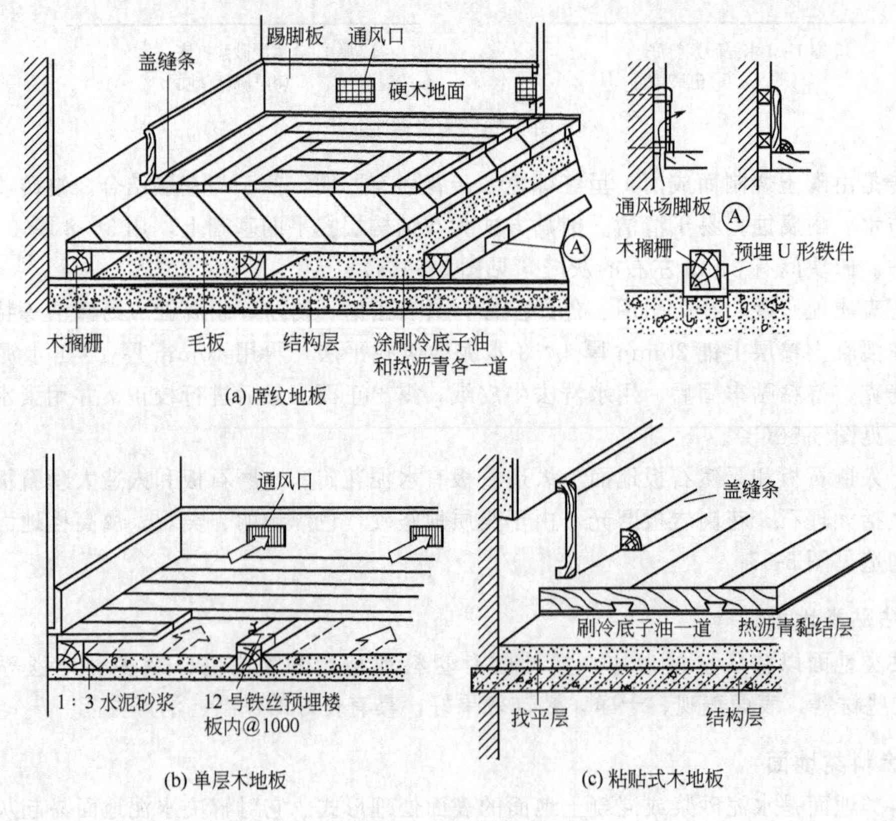

图 5-59 实铺式木地面

四、踢脚线

在地面与墙面交接处，通常接地面做法进行处理，即作为地面的延伸部分，这部分称踢脚线，也有的称踢脚板。踢脚线的主要功能是保护墙面，以防止墙面因受外界的碰撞而损坏或在清洗地面时，脏污墙面。

踢脚线的高度一般为100～150mm。其材料基本与地面一致。厚度通常比墙面抹灰突出4～6mm。踢脚线构造见图5-60。

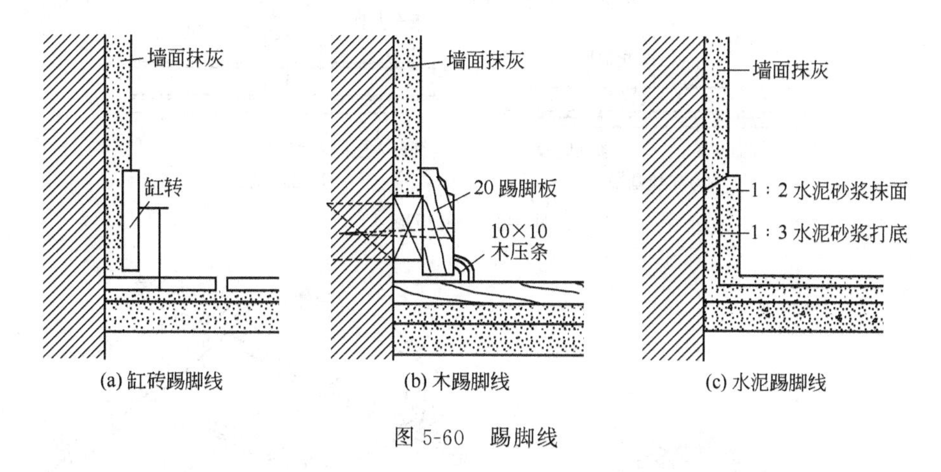

图5-60　踢脚线

五、顶棚

顶棚又称平顶或天花，是指楼板层下面的装饰层。顶棚依其构造方式不同可分为直接式顶棚和吊顶式顶棚两种。

1. 直接式顶棚

直接式顶棚是指直接在钢筋混凝土楼板下喷、刷、粘贴装修材料的一种构造方式。

（1）直接喷、刷涂料　当楼板底面平整时，用腻子嵌平板缝，直接在楼板底面喷或刷大白浆或装饰涂料。

（2）抹灰装修　当楼板底面不够平整，或室内装修要求较高，可在板底进行抹灰装修。抹灰分水泥砂浆抹灰或混合砂浆抹灰和纸筋灰抹灰两种。

水泥砂浆（混合砂浆）抹灰是将板底清洗干净，打毛或刷素水泥浆一道后，抹5mm厚1∶3水泥砂浆打底，用5mm厚1∶2.5水泥砂浆粉面，再喷刷涂料。

纸筋灰抹灰是先以6mm厚混合砂浆打底，再以3mm厚纸筋灰粉面，然后喷、刷涂料。

（3）贴面式装修　对某些装修要求较高或有保温、隔热、吸声要求的建筑物，可在楼板底面直接粘贴适用于顶棚装饰的墙纸、装饰吸声板以及泡沫塑胶板等。这些装修材料均借助于黏结剂粘贴。

2. 吊顶式顶棚

吊顶依所采用材料、装修标准以及防火要求的不同有木质骨架吊顶和金属骨架吊顶，见图5-61。

（1）木骨架吊顶　木骨架吊顶是在楼板下吊挂木骨架，在木骨架下铺钉各种面板而成的悬挂式天棚。主要是借预埋于楼板内的金属吊件或锚栓将吊筋固定在楼板下部，吊筋间距一般为900～1000mm，吊筋下固定主龙骨，其截面均为45mm×45mm或50mm×50mm。主龙骨下钉次龙骨。次龙骨截面为40mm×40mm，间距视面层类型和规格而定。其具体构造见图5-62。

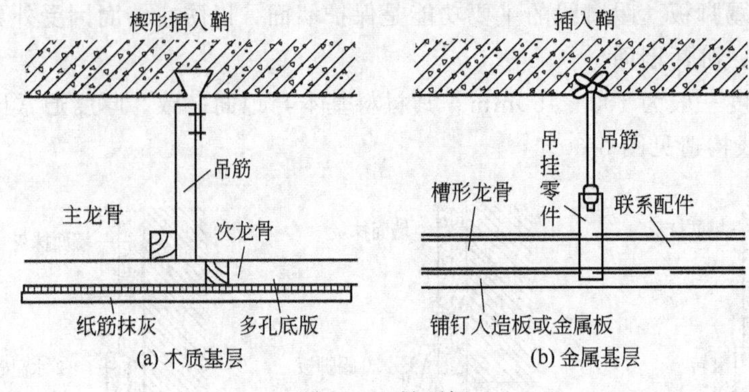

图 5-61　吊顶棚

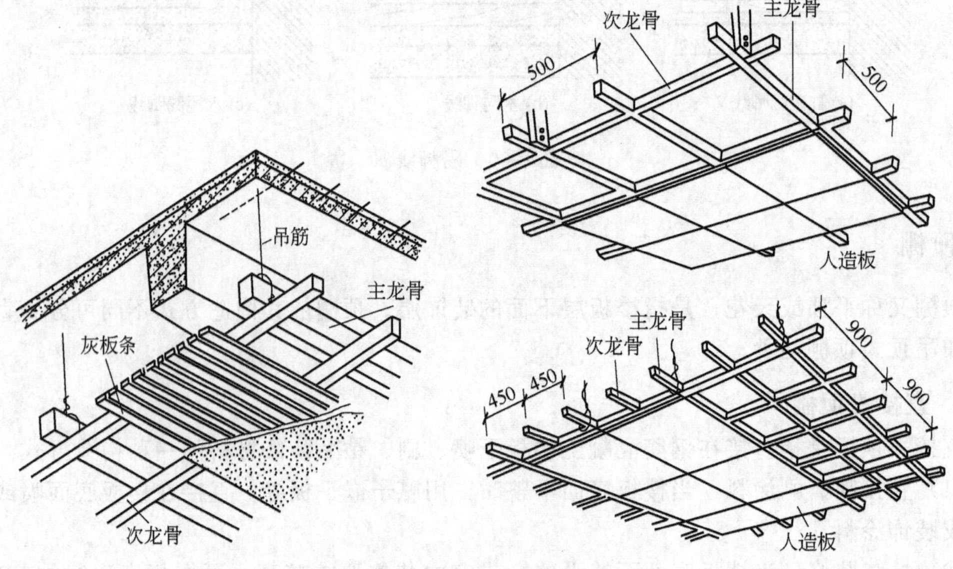

图 5-62　木质吊顶

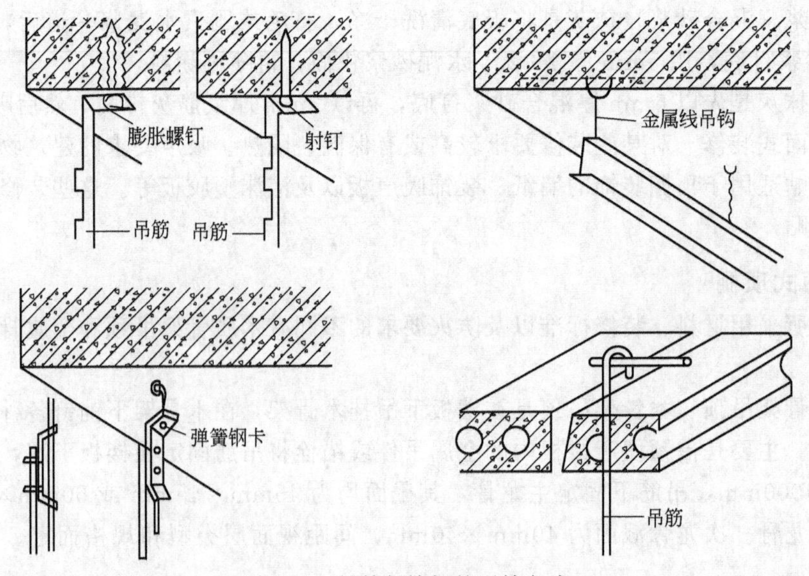

图 5-63　吊筋与楼板的固结方式

（2）金属骨架吊顶　金属骨架吊顶是在楼板下悬挂金属骨架，在金属骨架下固定各种面板而成的顶棚。主要由金属龙骨基层与装饰面板所构成。金属龙骨由吊筋、主龙骨、次龙骨和横撑组成。吊筋一般采用 $\phi 6$ 钢筋或 8 号铁丝或 $\phi 8$ 螺栓，中距 900～1200mm，固定在楼板下。吊筋与楼板的固结方式可分为吊钩式、钉入式和预埋件式，见图 5-63。吊筋的下端悬吊主龙骨。然后再在主龙骨下悬吊次龙骨。为铺、钉装饰面板，还应在龙骨之间增设横撑，横撑间距视面板规格而定。最后在吊顶次龙骨和横撑上铺、钉装饰面板。具体构造见图 5-64。

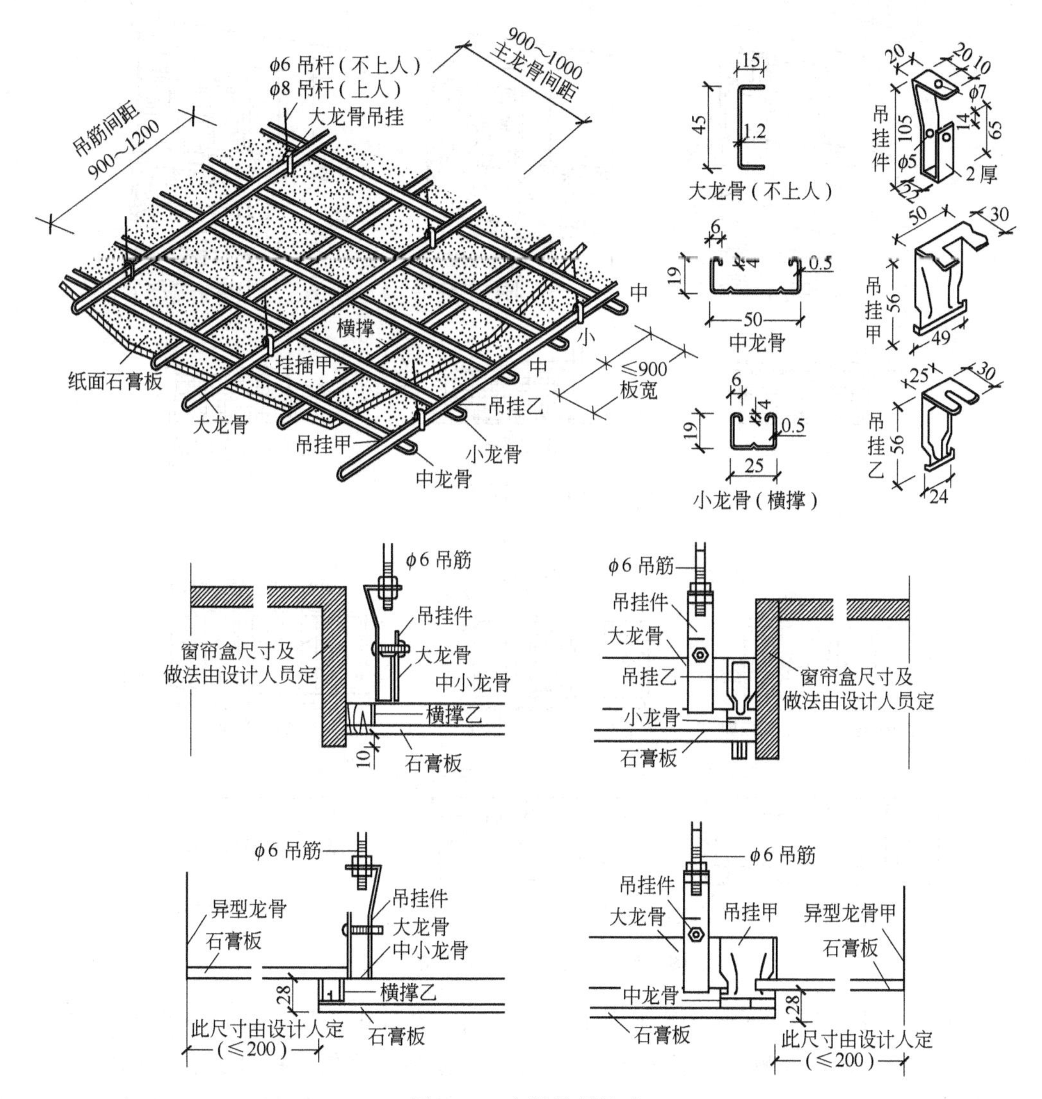

图 5-64　金属吊顶构造

六、阳台与雨篷

1. 阳台

阳台是多高层建筑中楼板层的延伸，是室内外的过渡空间，同时对建筑外部造型也具有一定的作用。按其与外墙的相对位置和结构处理不同，可有挑阳台、凹阳台、半挑半凹阳台等几种形式，见图 5-65。

（1）阳台的结构形式　阳台有现浇与预制之分。阳台的结构布置按其受力及结构形式的不同主要有搁板式和悬挑式，而悬挑式中又有挑板式和挑梁式之分。

（2）阳台栏杆（栏板）　阳台栏杆是阳台外围设置的垂直构件，其式样繁多，从外形上看，有实体和镂空之分。从材料上分又有砖砌栏板、钢筋混凝土栏杆、金属栏杆等，见图 5-66。

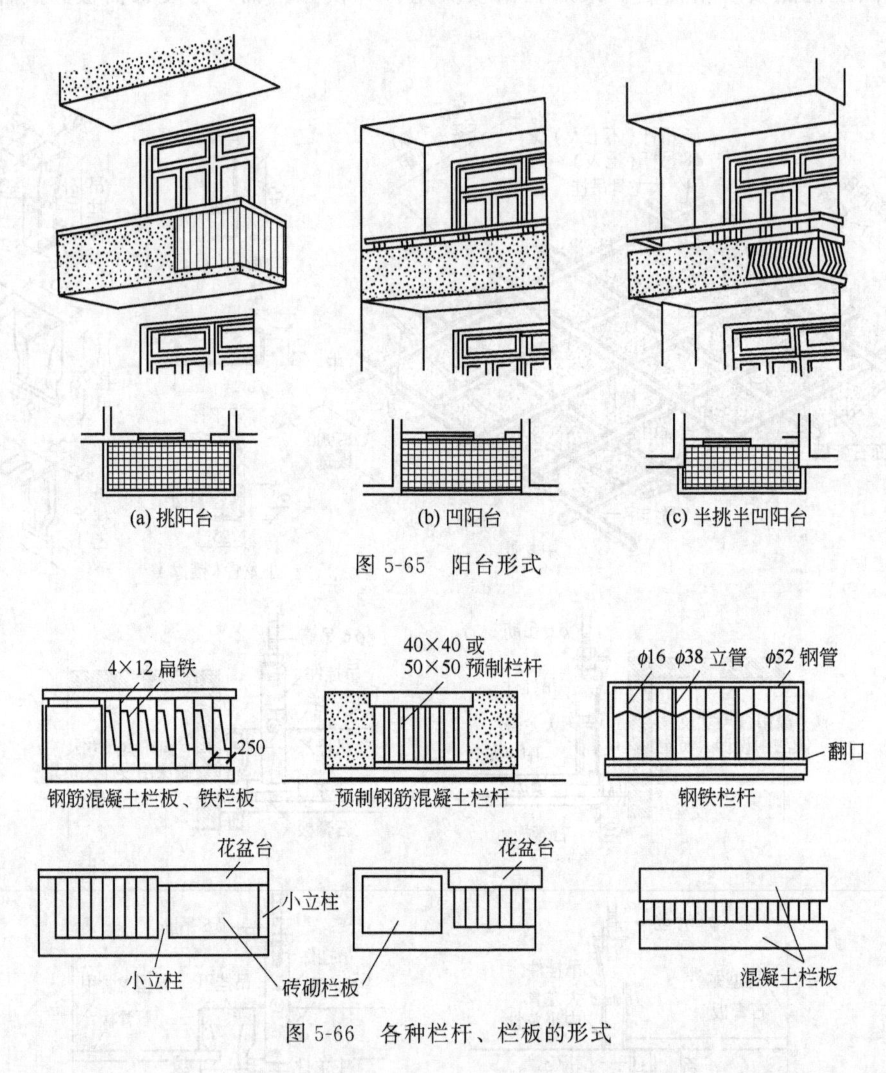

图 5-65　阳台形式

图 5-66　各种栏杆、栏板的形式

（3）阳台排水　为防止雨水从阳台上进入室内，设计中将阳台地面标高低于室内地面 30～50mm，并在阳台一侧栏杆下设排水孔，地面用水泥砂浆粉出排水坡度 0.5%～1%，将水导向排水孔并向外排除。孔内埋设 ϕ40 或 ϕ50 镀锌钢管或塑料管，通入水落管排水，见图 5-67(a)。当采用管口排水的，管口水舌向外挑出至少 80mm，以防排水时水溅到下层阳台扶手上，见图 5-67(b)。

2. 雨篷

雨篷是建筑物入口处位于外门上部用以遮挡雨水、保护外门免受雨水浸蚀的水平构件。多采用现浇钢筋混凝土悬挑，其悬臂长度一般为 1～1.5m。

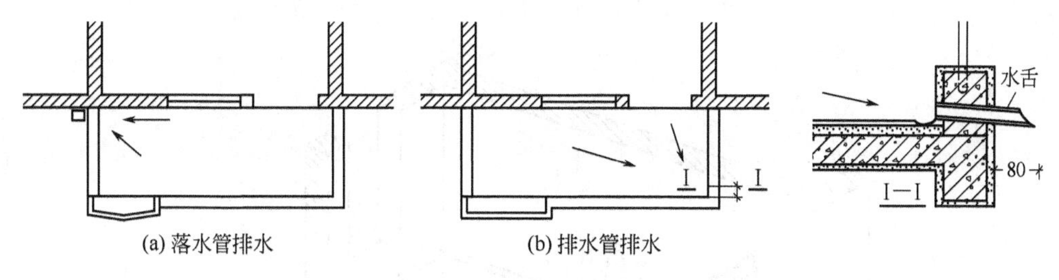

图 5-67　阳台排水处理

常见的钢筋混凝土悬臂雨篷有板式和梁板式两种。为防止雨篷产生倾覆，常将雨篷与入口处门上的过梁（或圈梁）浇在一起，见图 5-68。

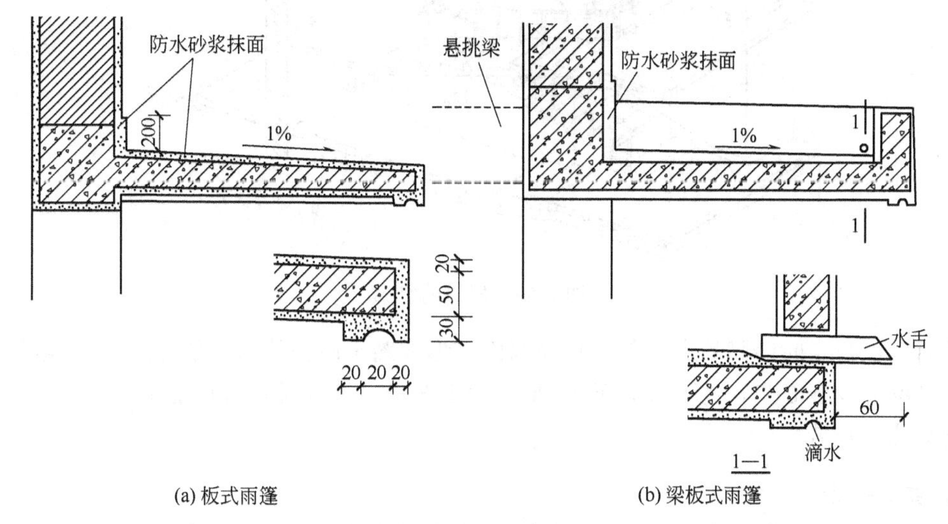

图 5-68　雨篷构造

由于雨篷承受的荷载不大，因此雨篷板的厚度较薄，通常还做成变截面形式。采用无组织排水方式，在板底周边设滴水，见图 5-68(a)。另外对出挑较多的雨篷，多做梁板式雨篷，为了防止周边滴水，常将周边梁向上翻起成反梁式，见图 5-68(b)。为防止水舌阻塞而在上部积水，出现渗漏，在雨篷顶部及四侧需做防水砂浆粉面形成泛水。

第四节　楼　　梯

建筑物中作为楼层间相互联系的垂直交通设施有楼梯、电梯、自动楼梯、爬梯以及坡道等。电梯用于层数较多或特种需要的建筑物中，设有电梯或自动楼梯的建筑物，也必须同时设置楼梯。通常在建筑物入口处，因室内外地面的高差而设置的踏步段，称台阶。为了方便车及轮椅通行，可增设坡道。

一、楼梯的组成

一般楼梯主要由楼梯梯段、平台和栏杆扶手部分组成，见图 5-69。

1. 楼梯梯段

设有踏步供层间上下行走的通道段落，称梯段。楼梯的坡度就是由踏步形成的。踏步又

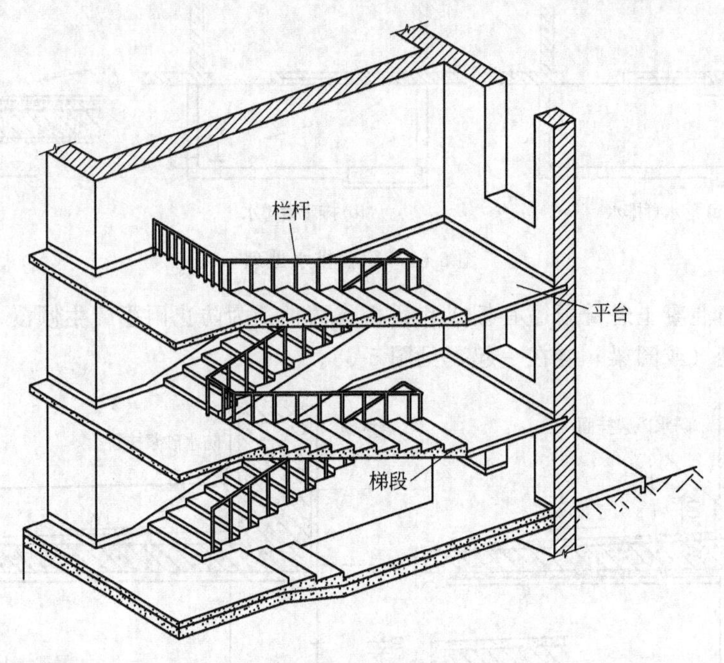

图 5-69 楼梯的组成

分为踏面（供行走时踏脚的水平部分）和踢面（形成踏步高差的垂直部分）。在一般情况下，一个梯段不应少于 3 步，也不应大于 18 步。少于 3 步易被忽视，有可能造成伤害。超过 18 步行走会感到疲劳。

2. 楼梯平台

平台指连接两个梯段之间的水平构件。主要作用是供楼梯转折、连通某个楼层或使用者缓冲疲劳。平台的标高有时与某个楼层相一致（楼层平台），有时介于两个楼层之间（中间平台）。

3. 栏杆扶手

为了在楼梯上行走安全，梯段和平台的临空边缘应设置栏杆，栏杆的顶部供依扶用的连续构件，称扶手。

二、楼梯的形式

一般建筑物中，最常见的楼梯形式是双梯段的并列式楼梯，称双跑楼梯或双折楼体。其他还有单梯段楼梯，或双梯段直跑式和双梯段折角式楼梯；用于公共建筑的双向折角式、三梯段并列式、三折连续式、剪刀式和圆弧形楼梯等多种形式，见图 5-70。此外，尚有内径相当小的螺旋形楼梯、带扇步的楼梯等。

三、楼梯的一般尺寸

1. 坡度

楼梯的坡度应根据建筑物的使用性质和层高来确定。楼梯、爬梯及坡道的区别，在于其坡度的大小和踏级的高宽比等关系上。楼梯常见坡度范围为 25°～45°，其中以 30°左右较为通用。爬梯的范围在 60°以上。坡道的坡度范围一般在 15°以下，其坡度在 1∶12 以下的属于

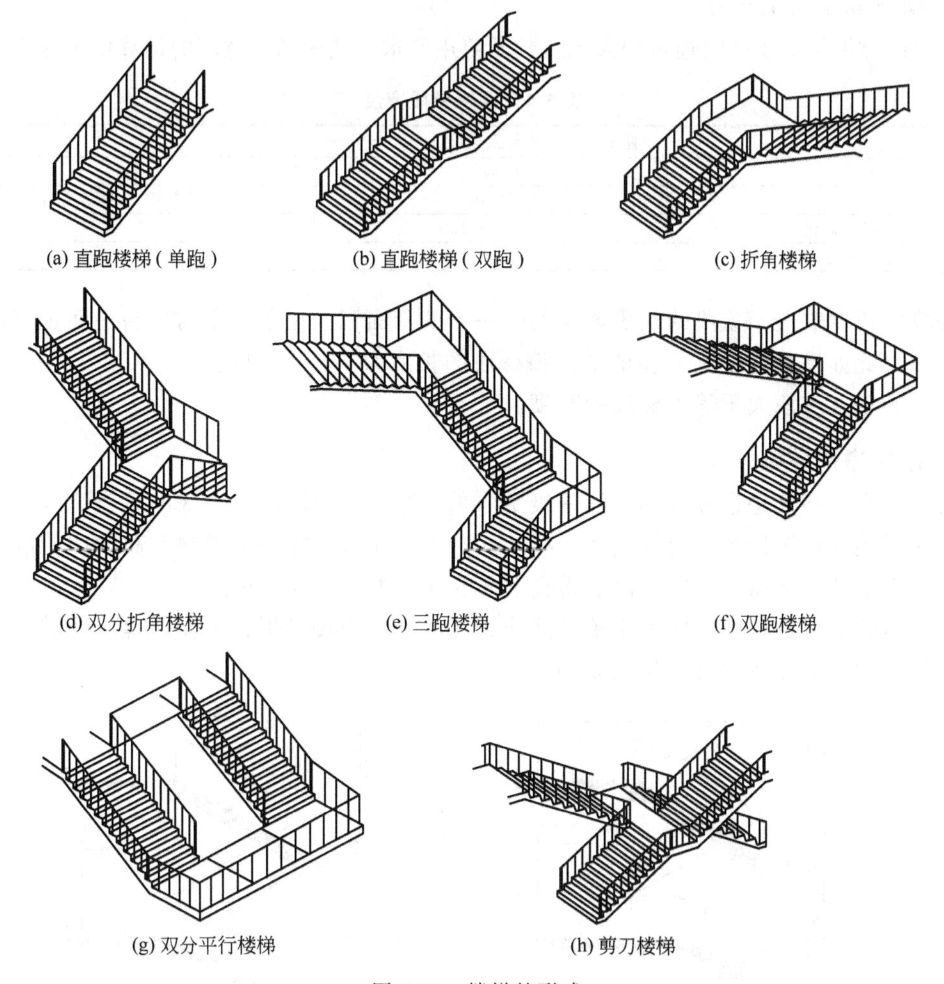

图 5-70 楼梯的形式

平缓的坡道，而坡度在 1：10 以上的坡道应有防滑措施。

2. 踏步的尺寸

楼梯踏步的尺寸决定了楼梯的坡度，反过来根据使用的要求选定了合适的楼梯坡度之后，踏步的踏面宽及踢面高之间也就存在一定的关系。除此之外，行走的舒适性也是决定选取踏步尺寸的重要因素。

假设楼梯踏步的踏面宽及踢面高分别为 b 和 h，确定及计算踏步尺寸的经验公式为：$2h+b=600\sim620$mm，其中 600～620mm 表示一般人的平均步距。

其中 b、h 取值可以见表 5-3。

表 5-3 一般楼梯踏步尺寸 mm

建筑类型	踢面高(h)	踏面宽(b)	建筑类型	踢面高(h)	踏面宽(b)
住宅	156～175	250～300	医院(病人用)	150	300
学校、办公楼	140～160	280～340			
剧院、会堂	120～150	300～350	幼儿园	120～150	260～300

3. 梯段和平台的尺寸

梯段的宽度取决于同时通过的人流股数及使用要求。楼梯梯段宽度的计算依据见表 5-4。

表 5-4　楼梯梯段宽度　　mm

计算依据：每股人流宽度为 550＋(0～150)		
类　别	梯段宽	备注
单人通过	＞900	满足单人携物通过
双人通过	1100～1400	
三人通过	1650～2100	

梯段的长度取决于该段的踏步数及其每一步的踏面宽。由于梯段与平台之间也存在一步的高差，因此如果某梯段有 n 步的话，该梯段的长度为 $b\times(n-1)$。

平台的深度应该大于等于梯段的宽度。

4. 楼梯净高控制

楼梯的净空高度是指梯段的任何一级踏步前缘至上一梯段结构下缘的垂直高度；或平台面（或底层地面）至顶部平台（或平台梁）底的垂直距离。楼梯下面净空高度的控制为：梯段上净高大于 2200mm，楼梯平台处梁底下面的净高大于 2000mm。

在大多数居住建筑中，常利用楼梯间作为出入口，当楼梯平台下作通道不能满足以上净高时，常采用以下办法解决，见图 5-71。

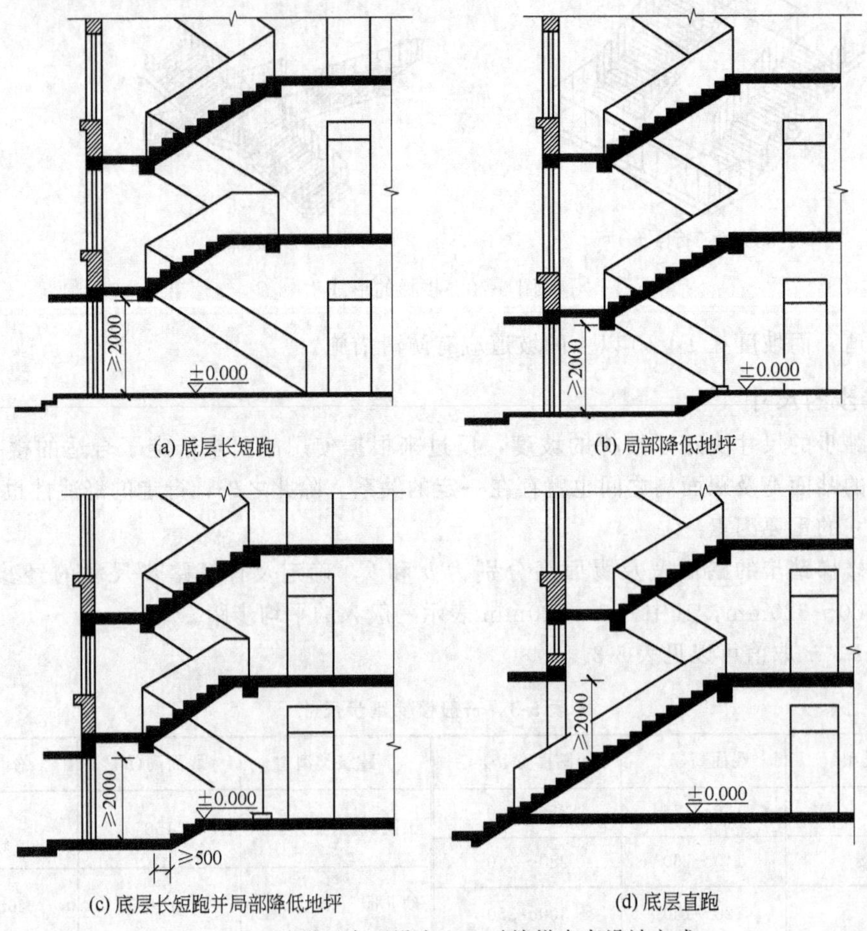

图 5-71　楼梯平台下设出入口时楼梯净高设计方式

① 底层第一梯段加长，形成长短跑，见图 5-71(a)。

② 利用建筑物室内外高差，梯段长度不变，降低入口处平台下地面的标高，见图 5-71(b)。

③ 综合上述两种方法。既采取长短跑梯段，又降低平台下地坪的标高，见图 5-71(c)。

④ 底层用直跑楼梯，直接上到二楼，见图 5-71(d)。

四、钢筋混凝土楼梯

楼梯按其材料不同有木材、钢筋混凝土、型钢或是多种材料混合使用。由于钢筋混凝土的耐火、耐久性能均较其他材料的楼梯高，故钢筋混凝土楼梯应用最为广泛。钢筋混凝土楼梯有现浇式（又称整体式）和预制装配式两类。现浇式钢筋混凝土楼梯的刚度大，但是施工速度慢，模板耗费多；装配式构件预制质量易保证，受季节影响小，但构件一次性投资大。

1. 现浇式钢筋混凝土楼梯

现浇钢筋混凝土楼梯的结构形式有两种：板式和梁板式。

（1）板式梯段　板式梯段是指由梯段板承受该梯段全部荷载的楼梯，见图 5-72。梯段与平台相连，通常的处理是在平台处设置一平台梁以支承上下梯段板和平台板。

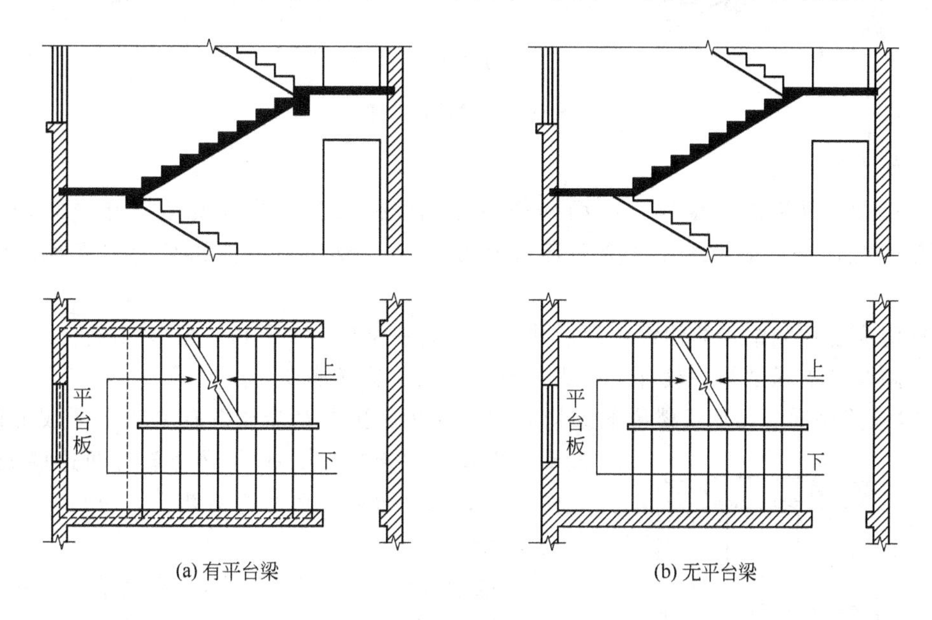

(a) 有平台梁　(b) 无平台梁

图 5-72　板式楼梯

（2）梁板式梯段　梁板式梯段的踏步板支承在斜梁上，斜梁又支承在平台梁上，见图 5-73。为节约用料及模板，通常在梯段靠墙一边也可不设斜梁，则板一边搁置在墙上，一边搁置在斜梁上。梁板式梯段较之板式梯段可以缩小板跨，减薄板厚。

现浇钢筋混凝土梁板式梯段有两种形式：一种为梁在踏步板下面露出一部分，上面踏步露明，通称明步，较为明快，但在板下露出梁的阴角容易积灰，见图 5-73(a)；还有一种边梁向上翻，下面平整，踏步包在梁内，通称暗步，梁与踏板形成的凹角在上，见图 5-73(b)。

2. 装配式钢筋混凝土楼梯

装配式钢筋混凝土楼梯根据构件尺度的不同，大致可分为小型构件装配式和中、大型构

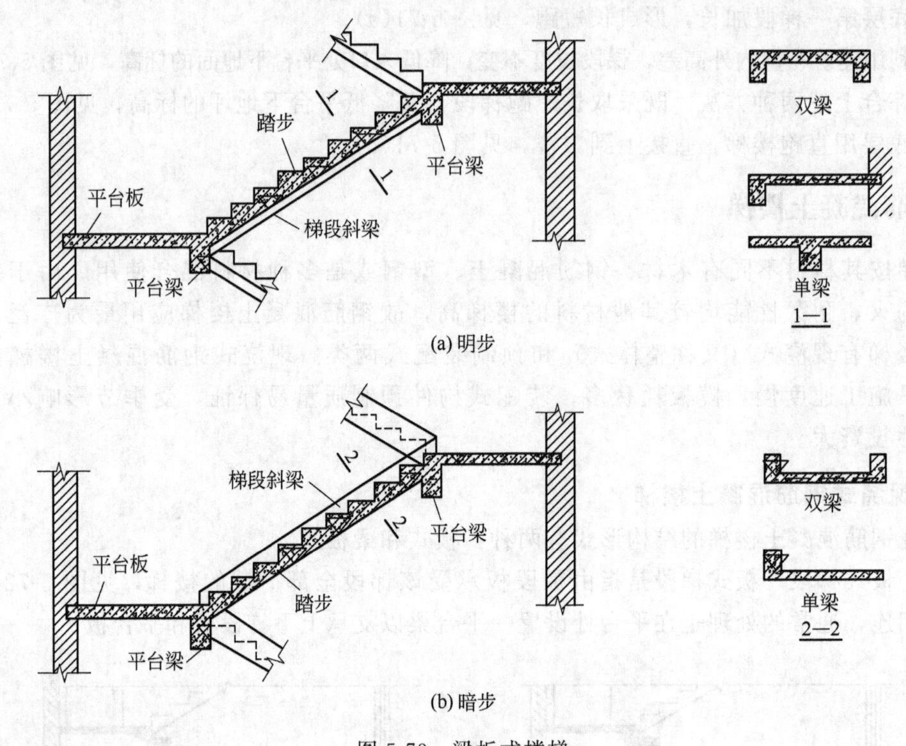

(a) 明步

(b) 暗步

图 5-73 梁板式楼梯

件装配式两大类。

(1) 小型构件装配式楼梯　小型构件装配式楼梯的主要特点就是构件小而轻，易制作。但施工繁而慢，适用于施工条件较差的地区。一般预制踏步和它们的支承结构是分开的。

钢筋混凝土预制踏步的构件断面形式，一般有一字形、L形和三角形三种。

预制踏步的支承结构一般有梁承式、墙承式以及悬臂踏步三种。

① 梁承式楼梯　梁承式楼梯的结构布置形式为：预制踏步搁置在斜梁上形成梯段，梯段斜梁搁置在平台梁上，平台梁搁置在两边墙或柱上，见图 5-74，而平台板搁在两边横墙上，也可平台板搁在平台梁和纵墙上。

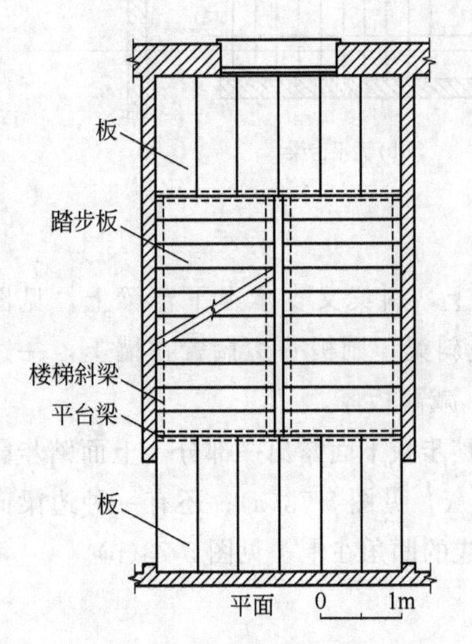

图 5-74 梁承式楼梯

② 墙承式楼梯　这种楼梯是把预制踏步搁置在两面墙上，而省去梯段上的斜梁。一般适用于单向楼梯，或中间有电梯间的三折楼梯。对于双折楼梯来说，梯段采用两面搁墙，则在楼梯间必须加一道中间墙作为踏步板的支座，见图 5-75。

③ 悬臂踏步楼梯　悬臂踏步楼梯是将预制单个踏步板的一端嵌固在楼梯间侧墙上，另一端悬挑的构造形式，见图 5-76。踏步板用一字形板式及正反 L 形均可，一般肋在上 L 形踏步，结构较合理，使用最为普遍，砌入墙内部分有的扩大成矩形，墙的厚度不小于一砖。

这种楼梯悬臂长度通常为 1200～1500mm。也有做

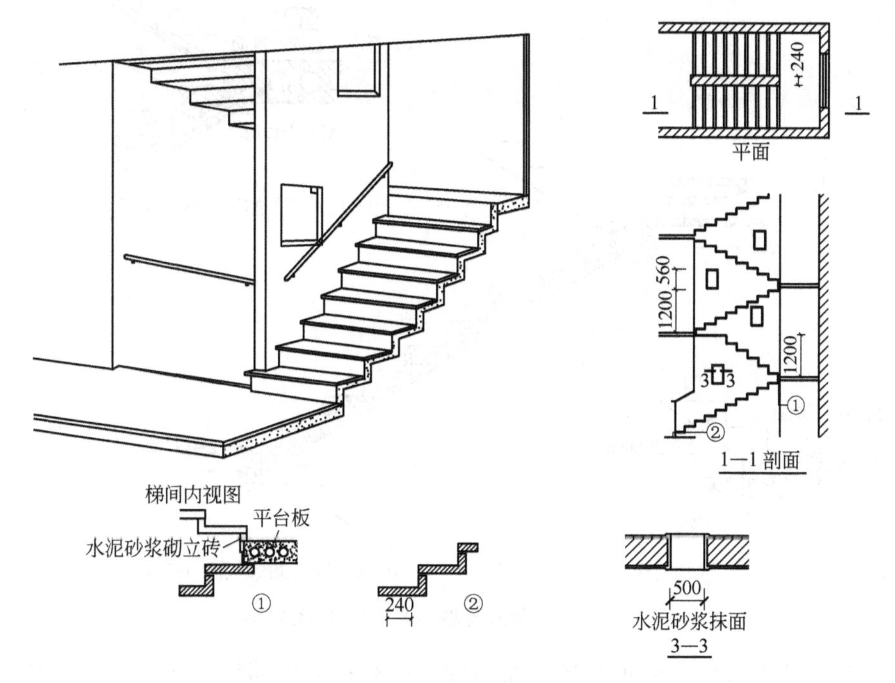

图 5-75 墙承式预制踏步楼梯

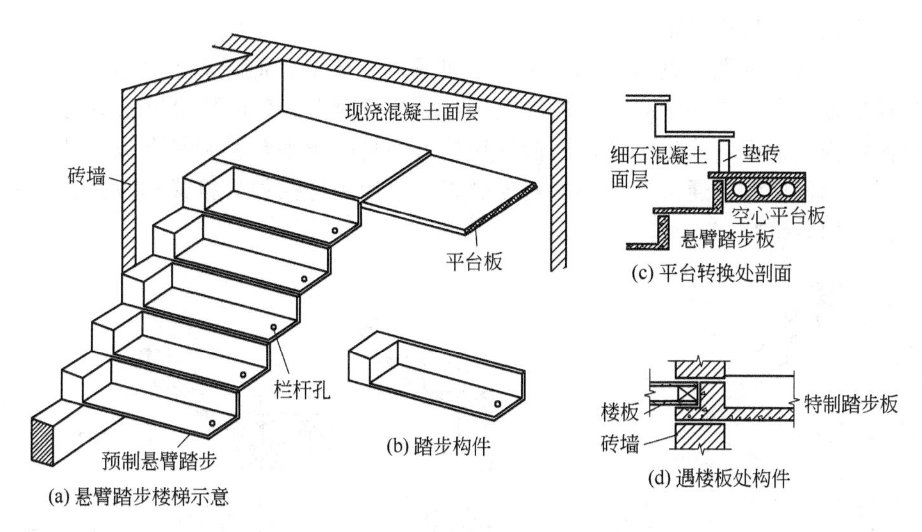

图 5-76 悬臂踏步楼梯

到 1800mm 者，则端部常设联系梁。

(2) 中型、大型构件装配式楼梯 中型或大型构件装配式楼梯，主要可以减少预制构件的品种和数量，利用吊装工具进行安装，可以简化施工过程，加快速度，减轻劳动强度。中型构件装配式双折楼梯一般是以楼梯段和楼梯平台各做一个构件装配而成。

楼梯段有板式、梁式两种。

板式梯段，上面为明步，底面平整，结构形式有实心、空心之分。实心板自重较大，见图 5-77(a)。空心板有纵向和横向抽孔两种，纵向抽孔厚度较大，横向抽孔孔型可以是圆形或三角形的，见图 5-77(b)、(c)。

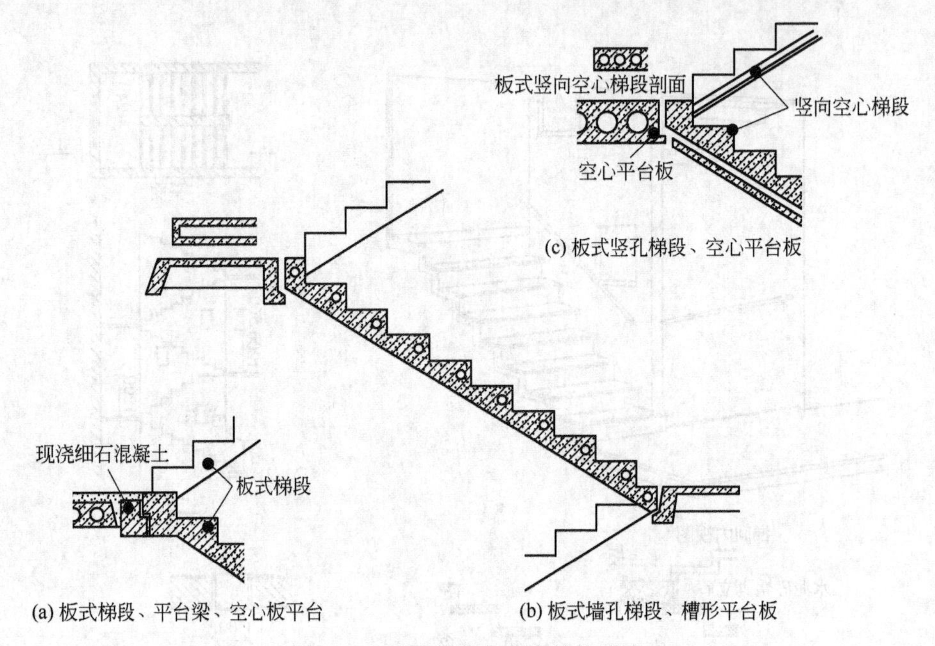

图 5-77 板式梯段与平台结构形式

梁式梯段的两侧有梁，梁板制成一个整件，一般在梁中间做三角形踏步形成槽板式梯段，见图 5-78。在踏步断面上设法减小其自重，通常有以下几种方法：去角以减薄踏步的厚度；踏步内抽孔；折板式踏步。

梯段在平台梁处的搁置见图 5-79。平台梁可采用矩形梁，但降低了平台下的净空；L 形平台梁与梯段板结合，增加了净高，但梯段节点处构造复杂；L 形平台梁做成与梯段斜度相适应的斜面作为搁置面，改进了梯段的搁置构造，而且由于平台梁和平台板的结合，结构较易取得平衡。梯段搁置处通常先铺一层水泥砂浆，再用预埋铁件焊接或梯段顶套在平台梁预埋插铁留孔中用砂浆窝牢，见图 5-80。

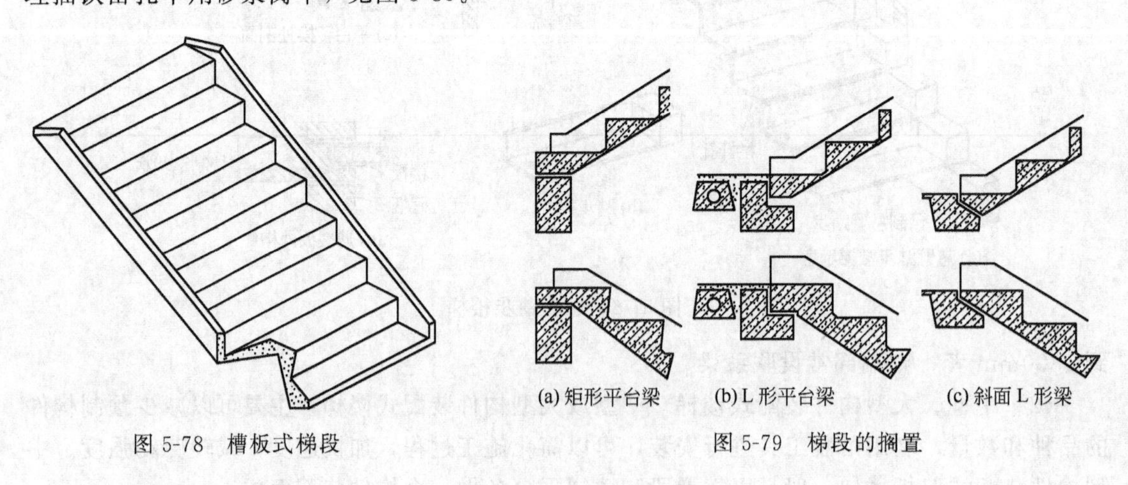

图 5-78 槽板式梯段

图 5-79 梯段的搁置

五、踏面、栏杆和扶手

1. 踏步面层及防滑措施

踏步的上表面要求耐磨，便于清洁。常采用水泥砂浆抹面，水磨石或缸砖贴面，及大理石等面层，见图 5-81。

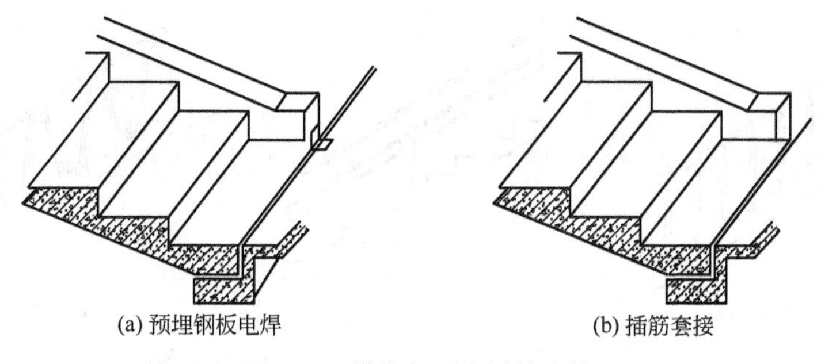

(a) 预埋钢板电焊　　(b) 插筋套接

图 5-80　梯段与平台梁的连接

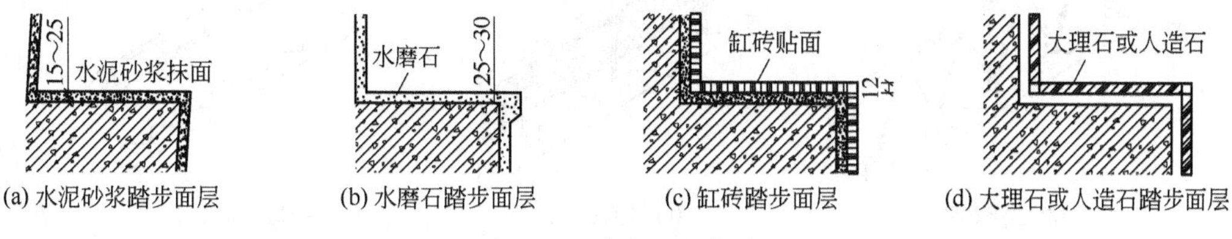

(a) 水泥砂浆踏步面层　(b) 水磨石踏步面层　(c) 缸砖踏步面层　(d) 大理石或人造石踏步面层

图 5-81　踏步面层构造

2. 踏步面层的防滑

人流较为集中而拥挤的建筑，为防止行人上下楼梯时滑倒，踏步面层应做防滑措施。一般建筑常在近踏步口做防滑条或防滑包口，见图 5-82，也可铺垫地毯或防滑塑料或者橡胶贴面等。

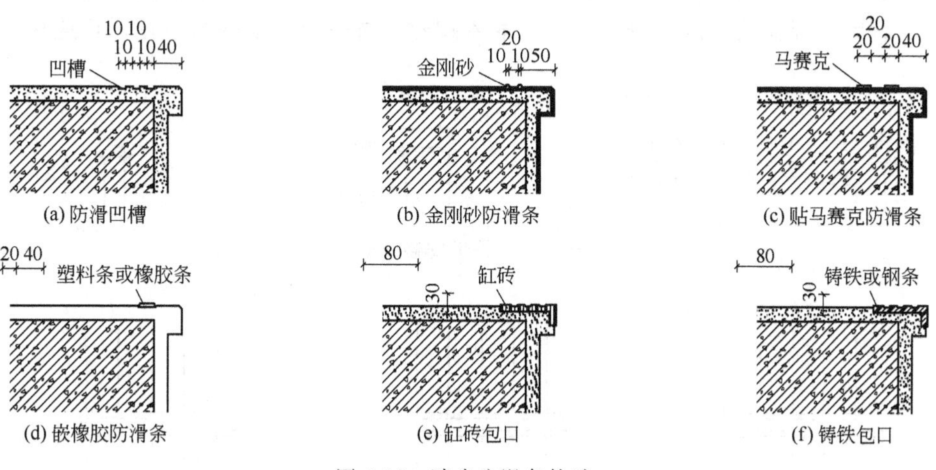

(a) 防滑凹槽　(b) 金刚砂防滑条　(c) 贴马赛克防滑条

(d) 嵌橡胶防滑条　(e) 缸砖包口　(f) 铸铁包口

图 5-82　踏步防滑条构造

3. 栏杆及扶手

栏杆是梯段与平台临空一边所设的安全设施，也是建筑中装饰性较强的构件。栏杆的上沿为扶手，作行走时依扶之用。较宽的楼梯，在靠墙一边还要安装靠墙扶手。最常用的楼梯扶手栏杆或栏板的形式见图 5-83。

(1) 楼梯扶手及栏杆或栏板的常用尺寸　楼梯的扶手高度一般为自踏面前缘线以上 900mm，使用对象主要为儿童的建筑物中，需要在 600mm 左右高度再设置一道扶手，以适应儿童的身高。这类建筑的楼梯栏杆应采用不宜攀登的垂直线饰，且垂直线饰间的净距不应小于 110mm，以防发生意外。室外楼梯，特别是消防楼梯的扶手高度应不小于 1100mm。

(2) 楼梯栏杆或栏板安装及固定　常用的楼梯栏杆多为钢构件，立杆与混凝土梯段及平台之间的固定方式有预埋件焊接、开脚预埋（或留孔后装）、预埋件栓接、直接用膨胀螺丝

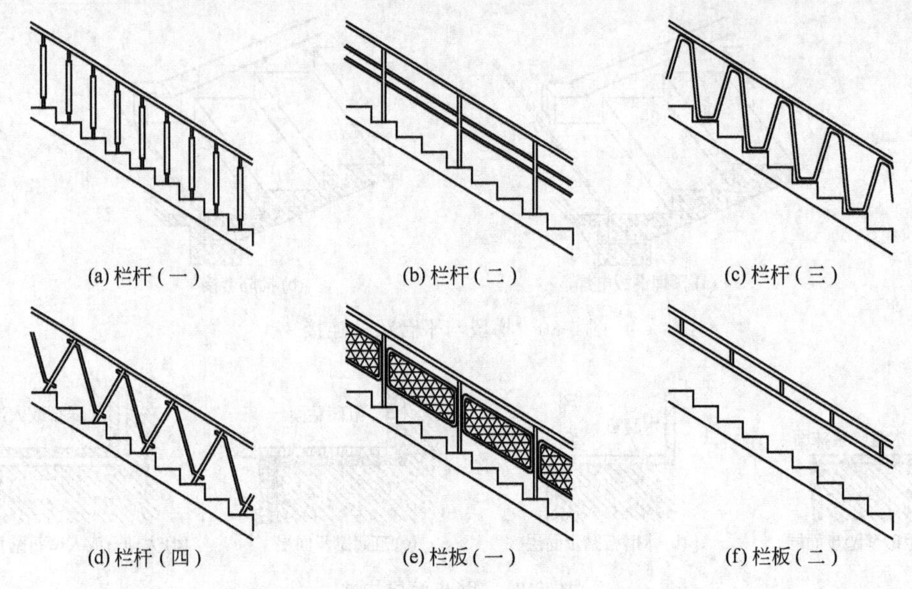

图 5-83 常用楼梯扶手栏杆及栏板形式

固定等几种，安装位置为踏步侧面或踏步面上的边沿部分。横杆与立杆连接则多采用焊接方式。栏板的材料主要是混凝土、砌体或钢丝网、玻璃等。

（3）楼梯扶手安装和制作 楼梯的扶手常采用木制品、合金或不锈钢等金属材料以及工程塑料、石料及混凝土预制件等。木扶手靠木螺丝通过一通长扁铁与空花栏杆连接，扁铁与

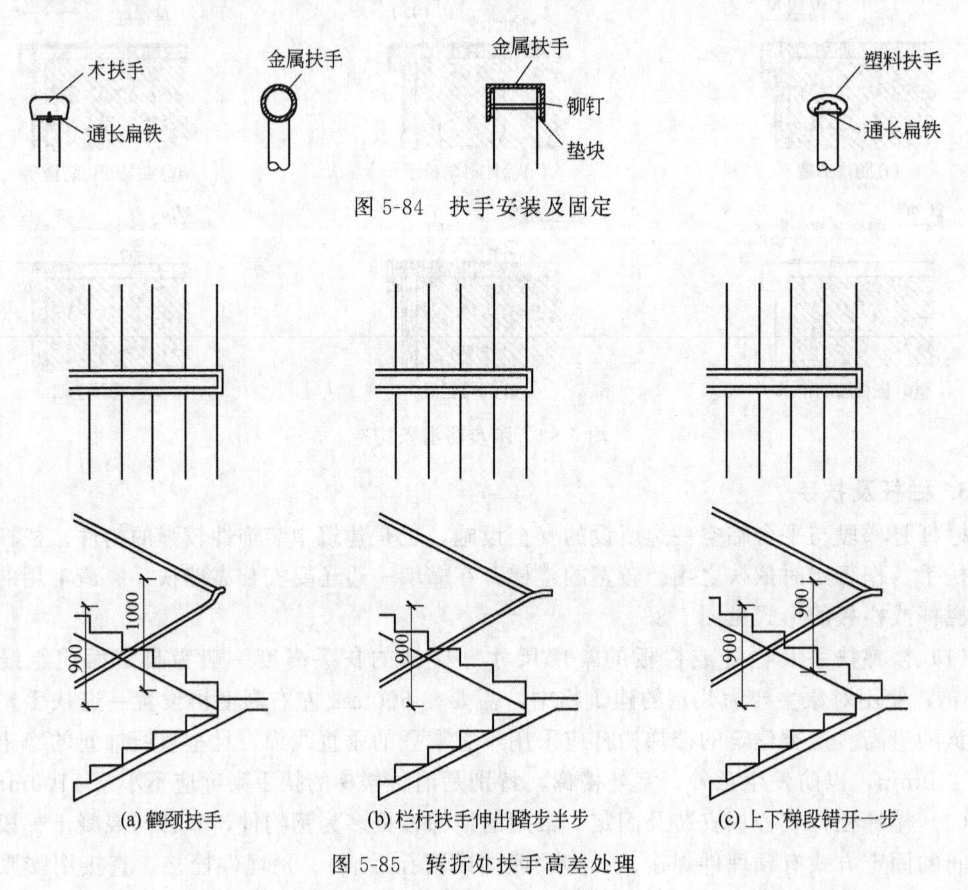

图 5-84 扶手安装及固定

图 5-85 转折处扶手高差处理

栏杆顶端焊接，穿木螺丝固定；金属扶手可以与金属立杆直接焊接；塑料扶手与钢立杆连接是利用其弹性卡固定在扁钢带上。几种常见楼梯扶手安装方法，见图 5-84。

在平行双跑楼梯的平台转折处，常因扶手的高差需进行处理，当上行楼梯和下行楼梯的第一个踏步口设在一条线上，如果平台处栏杆紧靠踏步口设置，则栏杆扶手的顶部高度突然变化，扶手需做成一个较大的弯曲线，即所谓鹤颈扶手，见图 5-85(a)。也可以将平台处栏杆伸出踏步口约半步的地方，见图 5-85(b)。或将上下行楼梯的第一级踏步错开一步，见图 5-85(c)。

第五节　屋　　顶

一、屋顶的组成与形式

屋顶主要由屋面和支承结构所组成，屋面应根据防水、保温、隔热、隔声、防火等功能的需要，设置不同的构造层次，从而选择合适的建筑材料。

屋顶的形式与房屋的使用功能、屋面盖料、结构选型以及建筑造型要求等有关。由于以上各种因素的不同，便形成平屋顶、坡屋顶以及曲面屋顶等多种形式，见图 5-86。

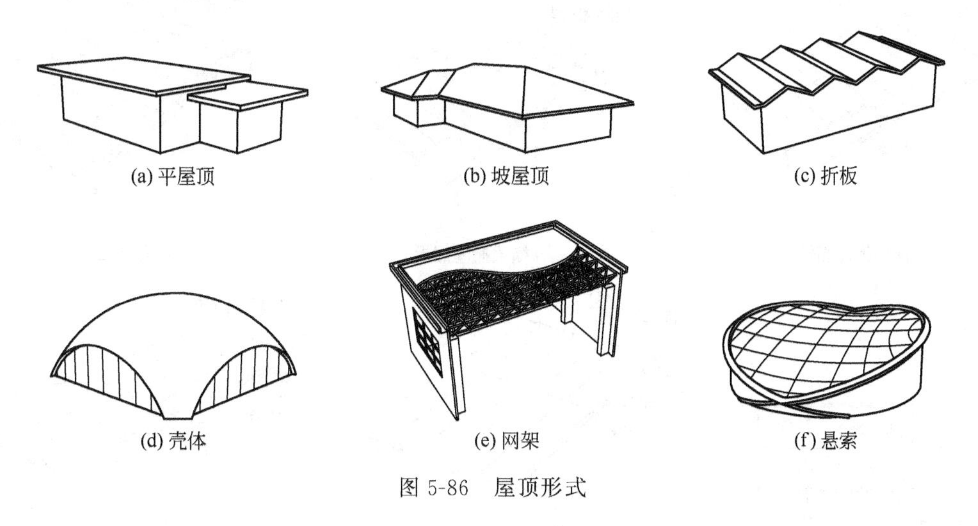

图 5-86　屋顶形式

二、屋面的坡度

1. 影响坡度的因素

影响屋面坡度的因素很多，它与屋面材料、地理气候条件、屋顶结构形式、施工方法、构造组合方式、建筑造型要求以及经济等方面的影响都有一定的关系。其中屋面覆盖材料的形体尺寸对屋面坡度的影响比较大。一般情况下，屋面覆盖材料的面积越小，厚度越大，它的屋面排水坡度也越大。反之，屋面覆盖材料的面积越大，厚度越薄，则屋面排水坡度就可以较为平缓一些。

不同的屋面防水材料有各自的排水坡度范围，见图 5-87。

2. 坡度形成方法

屋面的坡度形成有结构找坡和材料找坡两种方法。

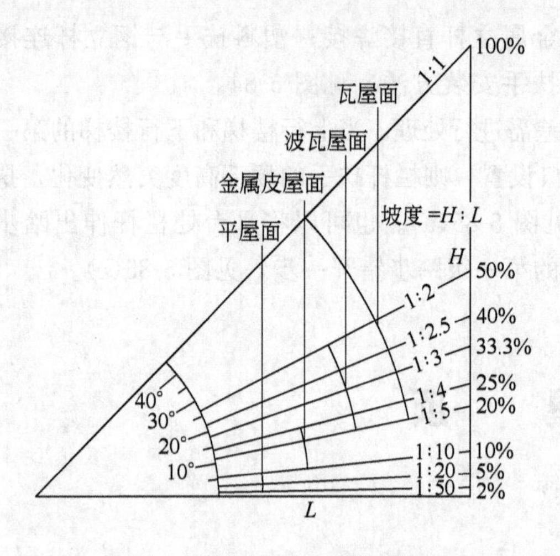

图 5-87 常用屋面坡度范围

（1）结构找坡 也称搁置坡度。屋顶结构自身有排水坡度。一般采用上表面呈倾斜的屋面梁或屋架上安装屋面板，也可采用在顶面倾斜的山墙上搁置屋面板，使结构表面形成坡面，见图5-88。这种做法不需另加找坡材料，不增加荷载、施工简便，造价低，缺点是室内顶棚稍有倾斜，空间不够规整，有时需加设吊顶。房屋平面凹凸变化时应另加局部垫坡，见图5-88(d)。

（2）材料找坡 又称垫置坡度。屋顶结构层水平搁置，屋顶坡度由垫坡材料形成，采用价廉、质轻的材料，如炉渣加水泥或石灰来垫置屋面排水坡度，上面再做防水层，见图5-89。垫置坡度不宜过大，避免增加材料和荷载。须设保温层的地区，也可用保温材料来形成坡度。

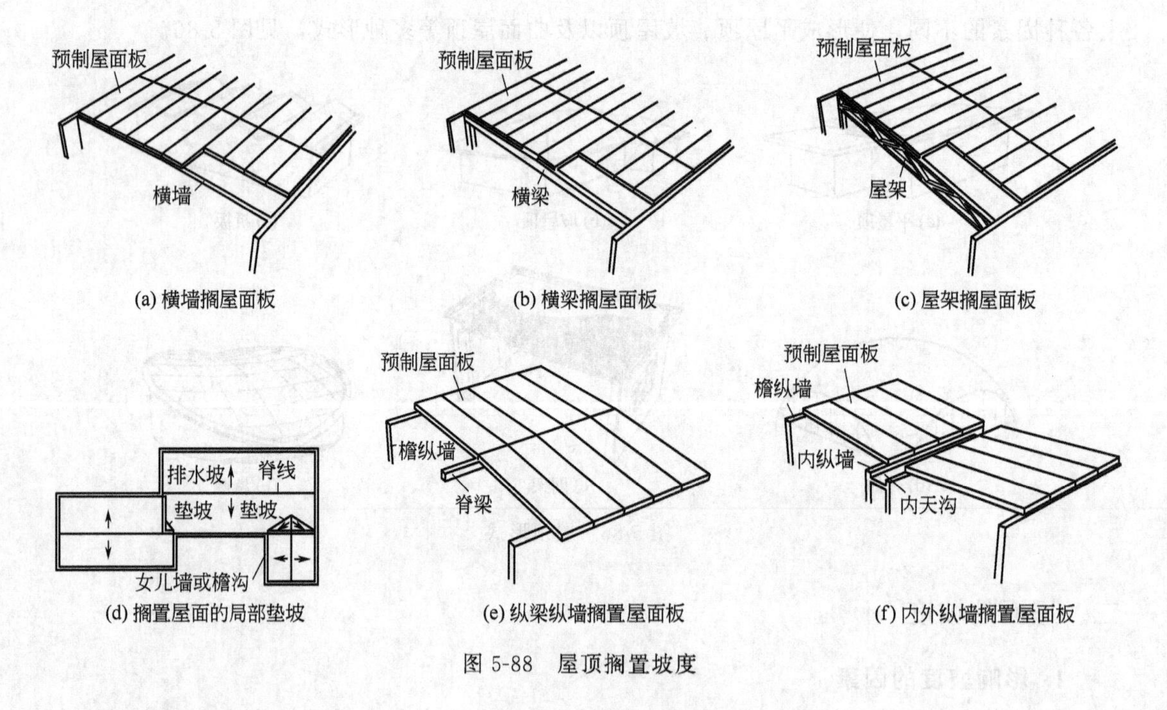

图 5-88 屋顶搁置坡度

三、屋面的分类

屋顶按排水坡度的不同，一般可分为坡屋顶和平屋顶，常见的有以下几种屋面类型。

1. 瓦屋面

瓦屋面有平瓦、小青瓦、筒板瓦等。这些瓦一般平面尺寸不很大，本身有一定的厚度，需要有一定的搭接和坡度才能使雨水排除，排水坡度常在50%左右，见图5-90(a)。

2. 波形瓦屋面

波形瓦有纤维水泥波瓦、镀锌铁皮波瓦、铝合金波瓦、玻璃钢波瓦及压型薄钢板波瓦等。由于每张瓦的覆盖面积大，厚度较薄，排水坡度可比瓦屋面小些，一般常用坡度为 25%～40%，见图 5-90(b)。

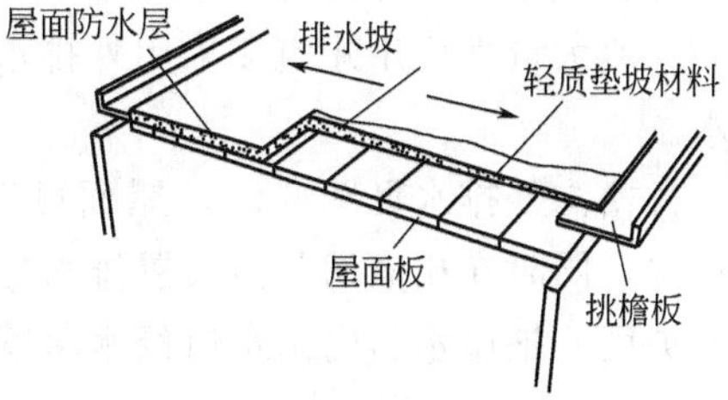

图 5-89　屋顶垫置坡度

3. 平金属皮屋面

平金属皮屋面有镀锌铁皮、涂塑薄钢板、铝合金板和不锈钢板等的屋面。常采用折叠接合接缝，使屋面形成一个密封的覆盖层，见图 5-90(c)。坡度可较小，常用 10%～20%。并可用于曲面的屋顶。

4. 平屋面

一般为现浇或预制的钢筋混凝土平屋顶作基层，上面铺设柔性防水层、刚性防水层、涂料防水层等的屋面。它是全面覆盖的防水屋面，为了排水通畅，常用 1%～5%的坡度。

其他还有构件自防水屋面等，见图 5-90(d)。

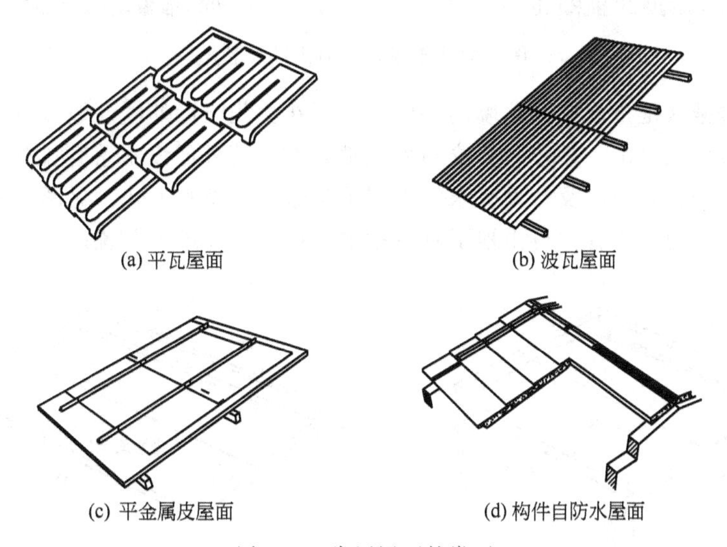

(a) 平瓦屋面　(b) 波瓦屋面　(c) 平金属皮屋面　(d) 构件自防水屋面

图 5-90　常用屋面的类型

四、平屋顶

一般对于屋面排水坡度小于 10%的屋顶称为平屋顶，常取 2%～3%坡度，上人屋面多采用 1%～2%。

1. 屋顶的排水方式

屋顶的排水方式一般分为无组织排水和有组织排水两大类。

(1) 无组织排水　又称自由落水。屋面的雨水由檐口自由滴落到室外地面。这种做法构造简单、经济，但落水时，雨水将会溅湿勒脚或可能冲刷墙面。一般适用于低层及雨水较少的地区。

(2) 有组织排水　有组织排水是将屋面划分成若干个排水区，按一定的排水坡度把屋面雨水有组织地排到檐沟或雨水口，通过雨水管排泄到散水或明沟中。

有组织排水又分为有组织外排水和有组织内排水。

一般大量性民用建筑多采用外排水，根据檐口做法又分为挑檐沟外排水和女儿墙内檐外排水。

挑檐沟外排水见图 5-91，屋面可以根据房屋的跨度和外形需要，做成单坡、双坡或四坡排水，同时在相应的各面设置排水檐沟。雨水从屋面排至檐沟，沟内垫出不小于 0.5%的纵向坡度，把雨水引向雨水口经水落管排泄到地面的明沟和集水井。

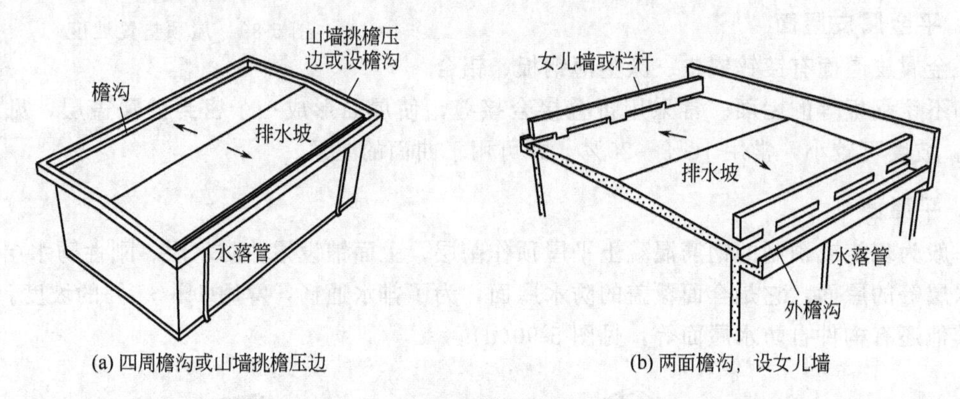

(a) 四周檐沟或山墙挑檐压边　(b) 两面檐沟，设女儿墙

图 5-91　平屋顶外檐沟排水形式

女儿墙内檐排水是指设有女儿墙的平屋顶，可在女儿墙近外檐处垫坡排水，或里面设内檐沟，见图 5-92(a)、(b)，雨水口可穿过女儿墙，在外墙外面设水落管排除。

大面积、多跨、高层以及特种要求的平屋顶常做成内排水方式，见图 5-92(c)、(d)。雨水经雨水口流入室内水落管，再由地下管道把雨水排到室外排水系统。

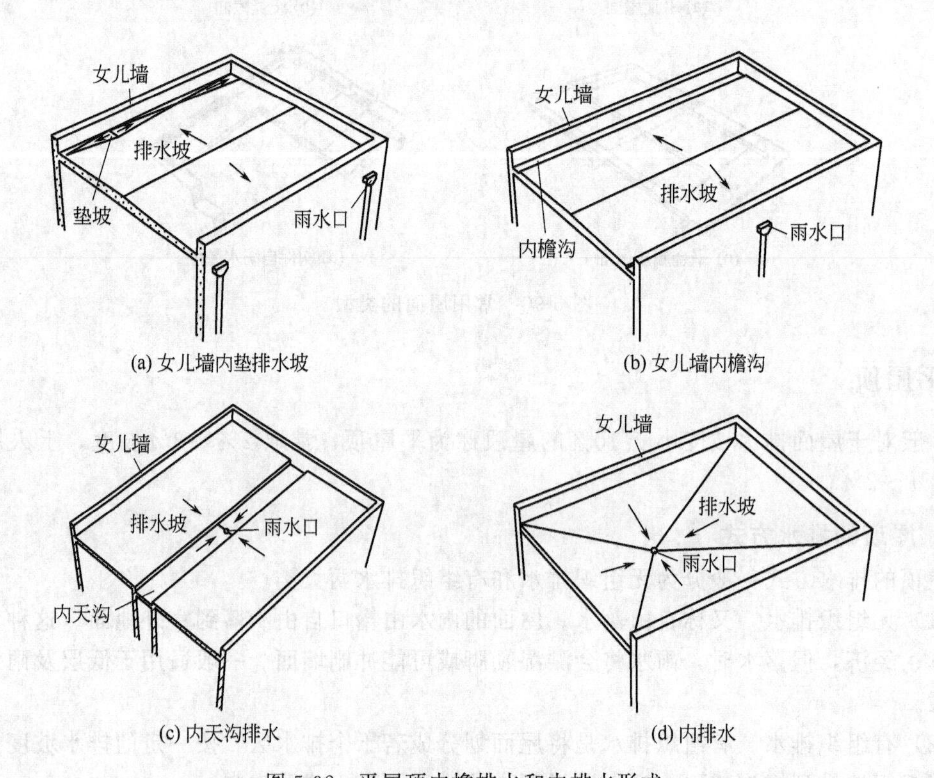

(a) 女儿墙内垫排水坡　(b) 女儿墙内檐沟

(c) 内天沟排水　(d) 内排水

图 5-92　平屋顶内檐排水和内排水形式

2. 柔性防水屋面

柔性防水屋面是将柔性的防水卷材或片材用胶结材料粘贴在屋面上，形成一个大面积的封闭防水覆盖层。这种防水层具有一定的延伸性，能较好地适应结构的温度变形，故称柔性防水屋面，也称卷材防水屋面。

(1) 防水卷材的类型　防水卷材的类型有沥青卷材防水、高聚物改性沥青防水卷材和合成高分子防水卷材等。

(2) 卷材防水保温屋面构造层次　见图5-93。

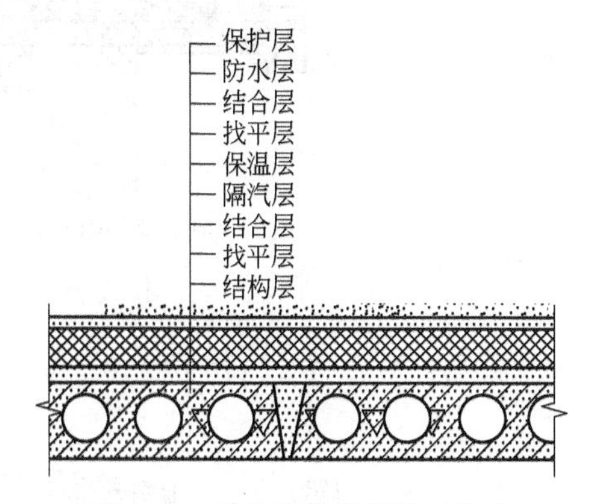

图5-93　柔性防水保温屋面构造

① 保护层　为防止太阳辐射、雨水冲刷、温度变化和外力作用等对防水层造成损害，延长卷材防水层的使用寿命，应在卷材防水层上设保护层。不上人屋面一般多在表面用沥青胶粘着一层3～6mm粒径的粗砂作为保护层，俗称绿豆砂。上人屋面可另加面层用作油保护层。一般可在防水层上浇筑30～40mm厚的细石混凝土面层，也可用砂垫层或水泥砂浆铺预制混凝土块或大阶砖；还可将预制板或大阶砖架空铺设以利通风。

② 防水层　防水层由防水卷材和相应的卷材黏结剂分层黏结而成，层数或厚度由防水等级确定。卷材的铺贴方法有冷粘法、热熔法、热风焊接法、自粘法等。卷材可平行或垂直屋顶铺贴。屋面坡度小于3%时，卷材以平行屋脊铺贴；屋面坡度大于15%，沥青防水卷材应垂直屋脊铺贴。

③ 结合层　为使防水层与找平层黏结牢固，应在防水层和找平层之间设结合层，即在找平层上喷涂或涂刷基层处理剂。基层处理剂的选择应与防水卷材的材料性质相容，使之黏结良好。

④ 保温、隔汽层　它们是为了满足房屋的使用要求而设置的构造层，保温层为防止冬季室内过冷，隔气层是为防止潮气侵入屋顶保温层等。

⑤ 找平层　卷材防水层要求铺贴在坚固而平整的基层上，以防止卷材凹陷或断裂，在松软材料及预制屋顶板上铺设卷材以前，须先做找平层。找平层一般采用(1∶2.5)～(1∶3)水泥砂浆，厚度为15～30mm，也可采用细石混凝土或沥青砂浆。

⑥ 结构层　结构层多采用刚度好、变形小的各类钢筋混凝土屋面板。

(3) 卷材防水屋面的细部构造

① 檐口　卷材防水屋面的檐口一般有自由落水檐口、挑檐沟檐口、女儿墙内檐沟檐口、女儿墙外檐沟檐口等类型。其中防水层在檐口处的收头是关键部位。自由落水檐口的卷材收头极易开裂渗水，好的做法是采用油膏嵌缝上面再洒绿豆砂保护，或檐口处要多加一层卷材，见图5-94。其檐沟口处的卷材收头，一般有压砂浆、嵌油膏和插铁卡住等，见图5-95。

② 泛水　泛水是屋面防水层与垂直墙交接处的防水处理，见图5-96。一般用砂浆在转角处做弧形或45°斜面，卷材粘贴至垂直面不少于250mm，以免屋面积水超过卷材而造成渗漏。最后在垂直墙面上应把卷材上口压住，防止卷材张口，造成渗漏。

③ 雨水口　雨水口是屋面雨水汇集并排至水落管的连接构件，构造上要求排水通畅、防止渗漏堵塞。具体构造见图5-97。雨水口分直管式和弯管式两大类。直管式用于内排水

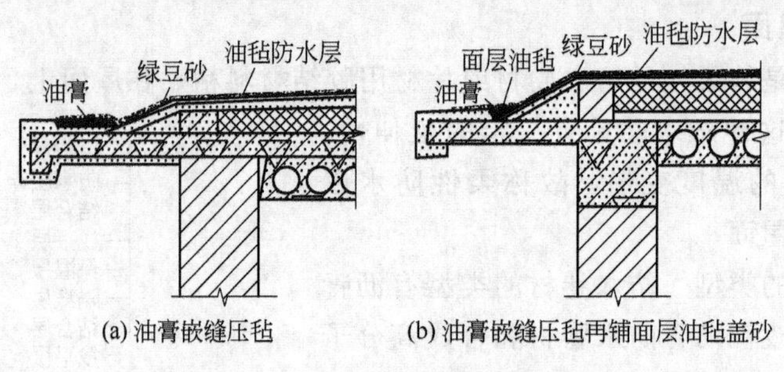

(a) 油膏嵌缝压毡　(b) 油膏嵌缝压毡再铺面层油毡盖砂

图 5-94　自由落水油毡屋顶檐口构造

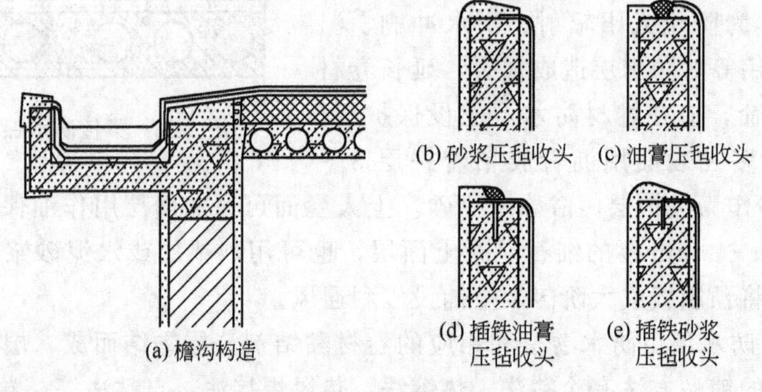
(a) 檐沟构造　(b) 砂浆压毡收头　(c) 油膏压毡收头　(d) 插铁油膏压毡收头　(e) 插铁砂浆压毡收头

图 5-95　油毡防水层在檐沟口的构造

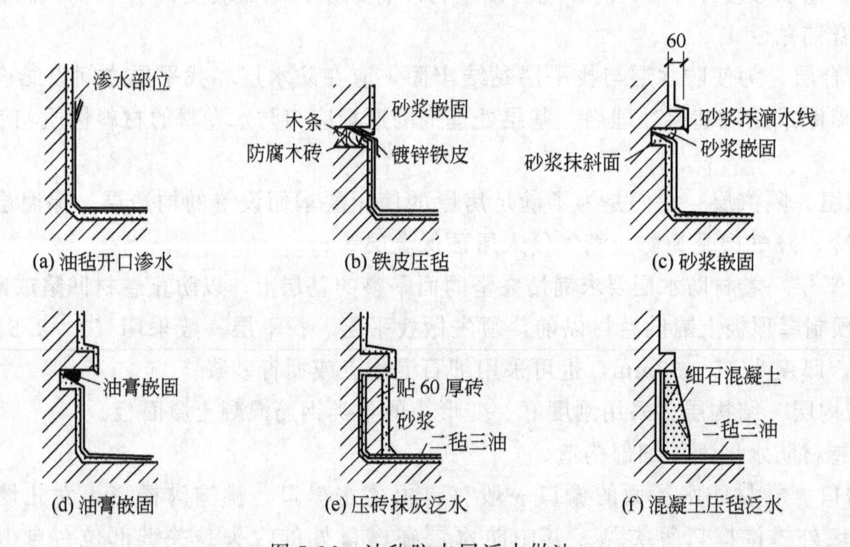

(a) 油毡开口渗水　(b) 铁皮压毡　(c) 砂浆嵌固　(d) 油膏嵌固　(e) 压砖抹灰泛水　(f) 混凝土压毡泛水

图 5-96　油毡防水层泛水做法

中间天沟、外排水挑檐等；弯管式只适用女儿墙外排水天沟。所有雨水口处都应尽可能比屋面或檐沟面低一些，有垫坡或保温层的屋面，可在雨水口直径 500mm 周围减薄，形成漏斗形，使之排水通畅，避免积水。

3. 刚性防水屋面

刚性防水屋面是以防水砂浆抹面或密实混凝土浇捣而成的刚性材料屋面防水层。其主要特点是施工方便、节约材料、造价经济和维修较为方便。但对温度变化和结构变形较为敏感，施工技术要求较高，较易产生裂缝而渗漏水，要求采取防治的构造措施。

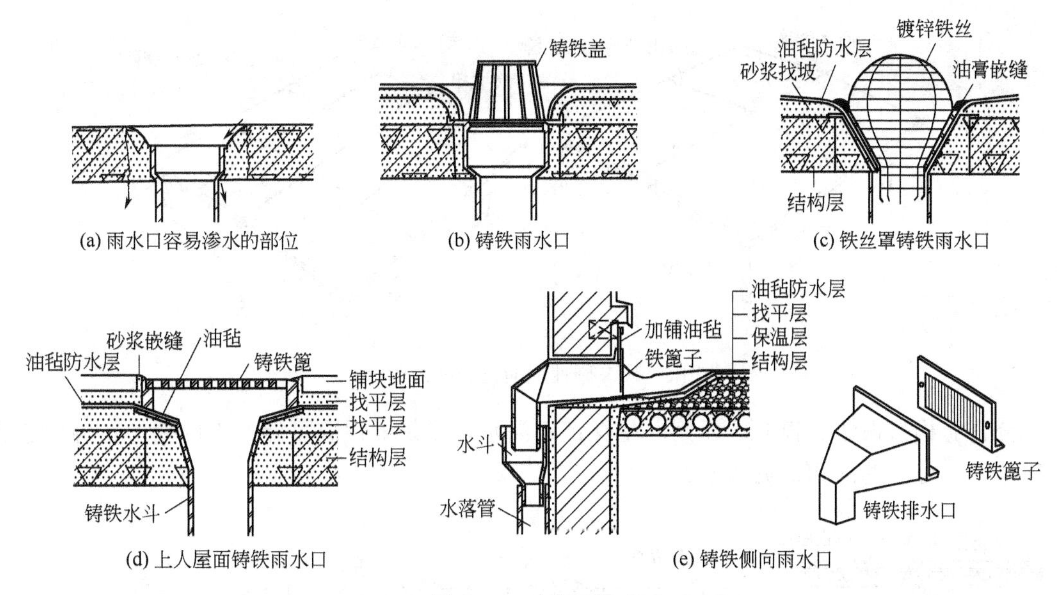

图 5-97 雨水口构造

(1) 刚性防水屋面的构造 见图 5-98。

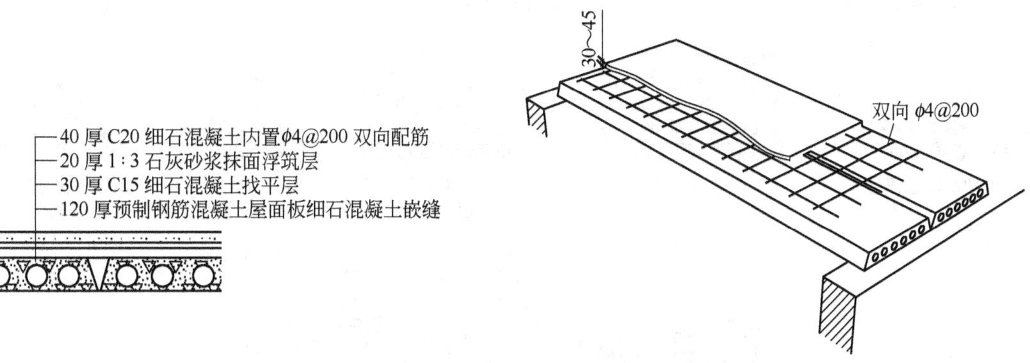

图 5-98 刚性防水屋面构造

图 5-99 细石混凝土配筋防水屋面

① 防水层 在屋面承重结构上，现浇不小于 40mm 厚 C20 的细石混凝土。为防止因结构层变形而引起防水层开裂，要加强防水层的整体性，通常在混凝土中配置 $\phi 4$ 双向钢筋网，间隔 100～200mm，见图 5-99。钢筋的位置应靠近上表面，以防止表面出现裂缝。

② 隔离层 也叫浮筑层，是在刚性防水层与结构层之间增设一隔离层，使上下分离以适应各自的变形，从而减少由于上下层变化不同而相互制约。一般先在结构层上面用水泥砂浆找平，再用废机油、沥青、油毡、黏土、石灰砂浆、纸筋石灰作隔离层。

③ 找平层 现浇钢筋混凝土屋面板时，可不用找平层。预制板需用 1∶3 水泥砂浆灌缝，找平。

④ 结构层 刚性防水屋面一般适用于现浇或预制钢筋混凝土屋面结构。

(2) 分仓缝 又称分格缝，为防止屋面不规则裂缝，适应屋面变形，刚性防水屋面必须设置分仓缝。每仓面面积宜控制在 15～25m^2，间距控制在 3～5m，分仓缝宽 20mm 左右。

分仓缝的位置一般在预制板支座（横缝）和拼接（纵缝）处，见图 5-100。

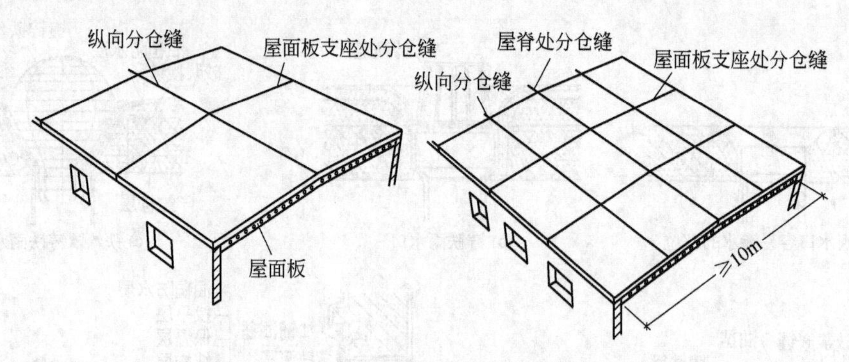

图 5-100 刚性屋面分仓缝的划分

分仓缝构造做法有很多，原则一是保证不漏水，二是要适应可能产生的变形，各构造层必须断开。分仓缝的构造见图 5-101。

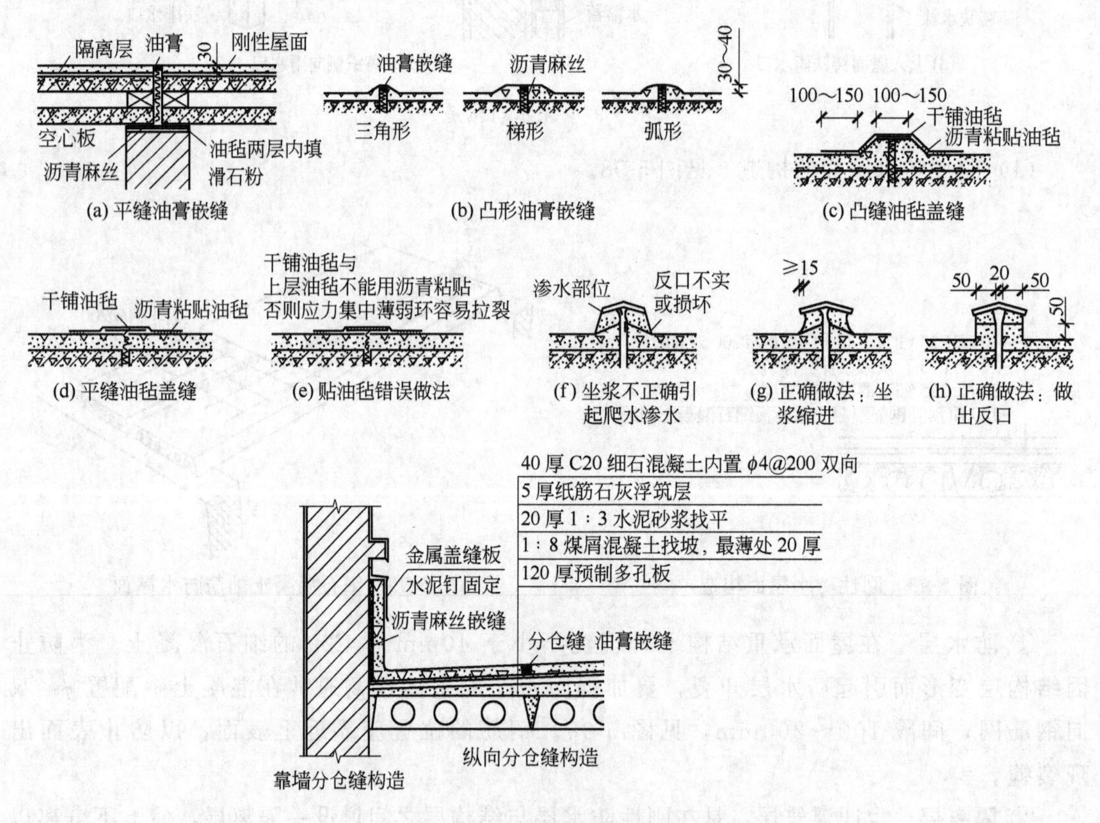

图 5-101 分仓缝节点构造

(3) 刚性防水屋面细部构造

① 檐口 刚性防水屋面的檐口有自由落水挑檐口、檐沟挑檐口、包檐外排水檐口等形式，见图 5-102～图 5-104。

② 泛水构造 凡屋面防水层与垂直墙面的交接处均须做泛水处理，见图 5-105。一般做法是将细石混凝土防水层直接引伸到垂直墙面上，细石混凝土内的钢筋网片也应同时上弯。砖墙挑出 1/4 砖，抹水泥砂浆滴水线，泛水高度应大于 150mm。

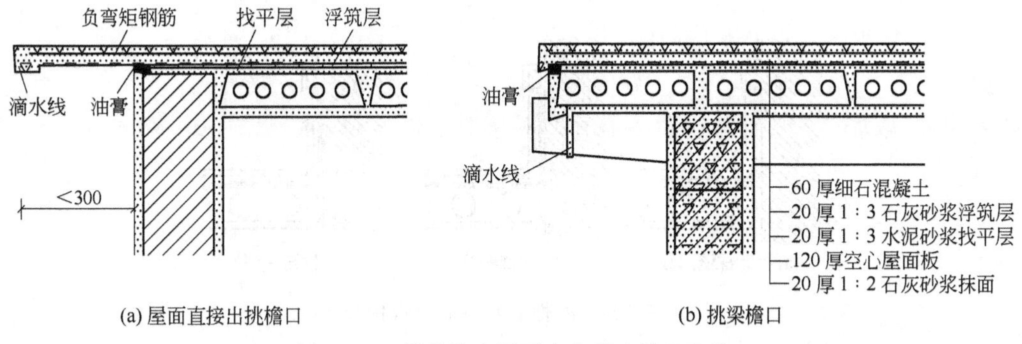

(a) 屋面直接出挑檐口　　(b) 挑梁檐口

图 5-102　刚性防水屋面自由落水檐口构造

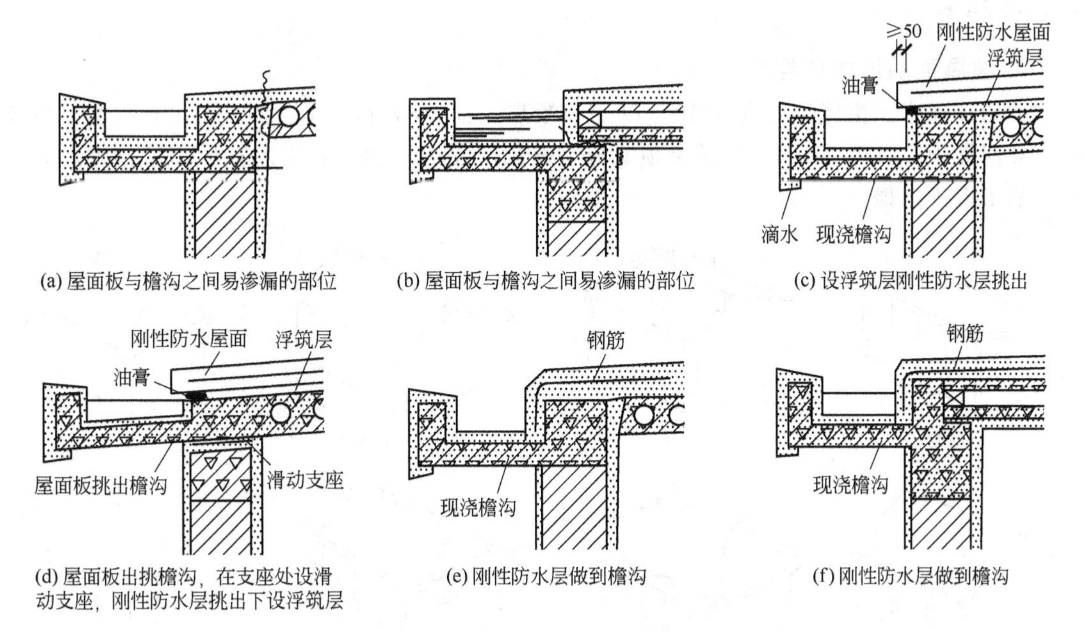

(a) 屋面板与檐沟之间易渗漏的部位　　(b) 屋面板与檐沟之间易渗漏的部位　　(c) 设浮筑层刚性防水层挑出

(d) 屋面板出挑檐沟，在支座处设滑动支座，刚性防水层挑出下设浮筑层　　(e) 刚性防水层做到檐沟　　(f) 刚性防水层做到檐沟

图 5-103　刚性防水屋面檐口挑檐构造

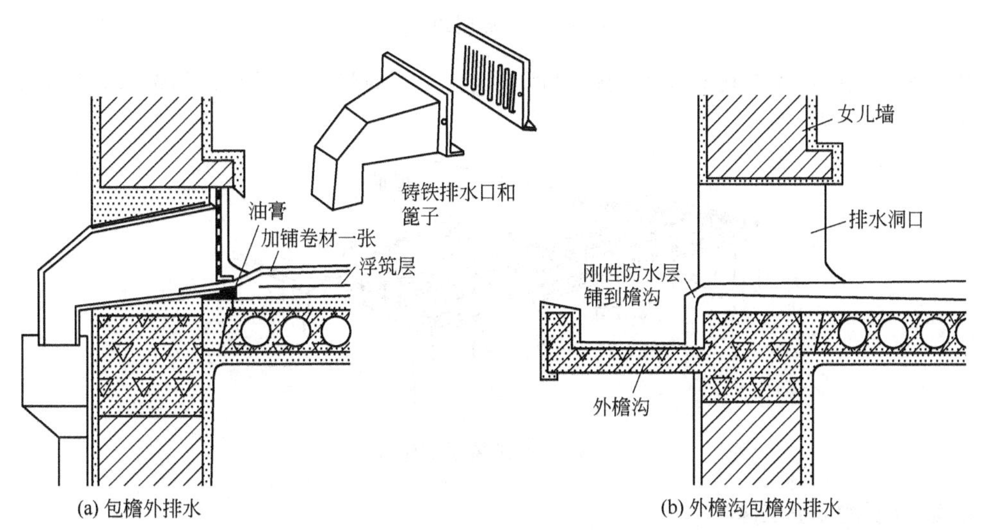

(a) 包檐外排水　　(b) 外檐沟包檐外排水

图 5-104　刚性防水屋面包檐外排水构造

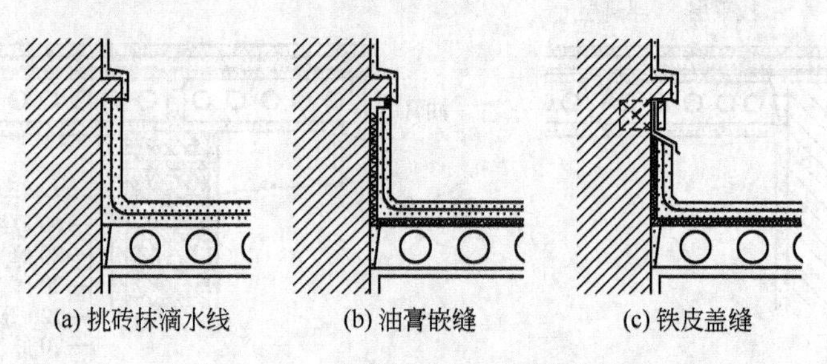

图 5-105 刚性防水屋面泛水构造

五、坡屋顶

1. 坡屋顶的形式和组成

坡屋顶通常是指屋顶坡度在10%以上的屋顶，根据构造不同，常见形式有单坡、双坡屋顶和四坡顶，见图5-106。双坡屋顶又分为悬山、硬山屋顶。悬山屋顶的山墙挑檐，硬山屋顶的山墙不出檐。

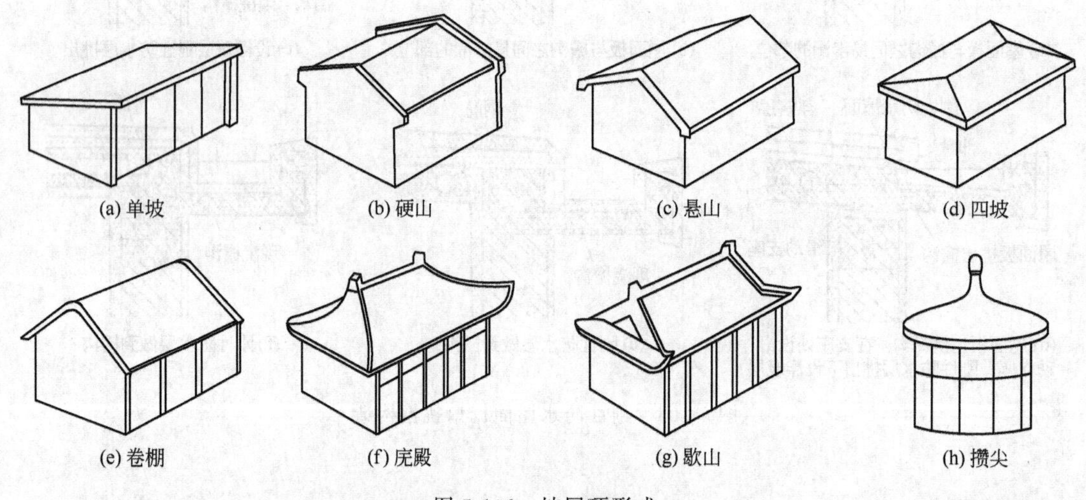

图 5-106 坡屋顶形式

坡屋顶一般由承重结构和屋面两部分所组成，必要时还有保温层、隔热层及顶棚等，见图5-107。

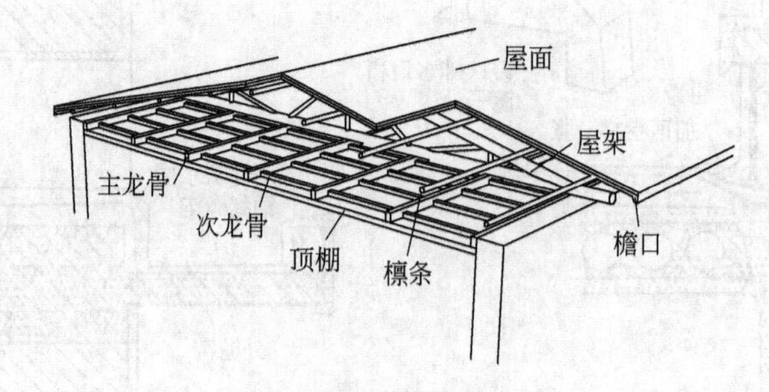

图 5-107 坡屋顶的组成

2. 坡屋顶的承重结构

坡屋顶中常用的承重结构有横墙承重、屋架承重和梁架承重，见图5-108。

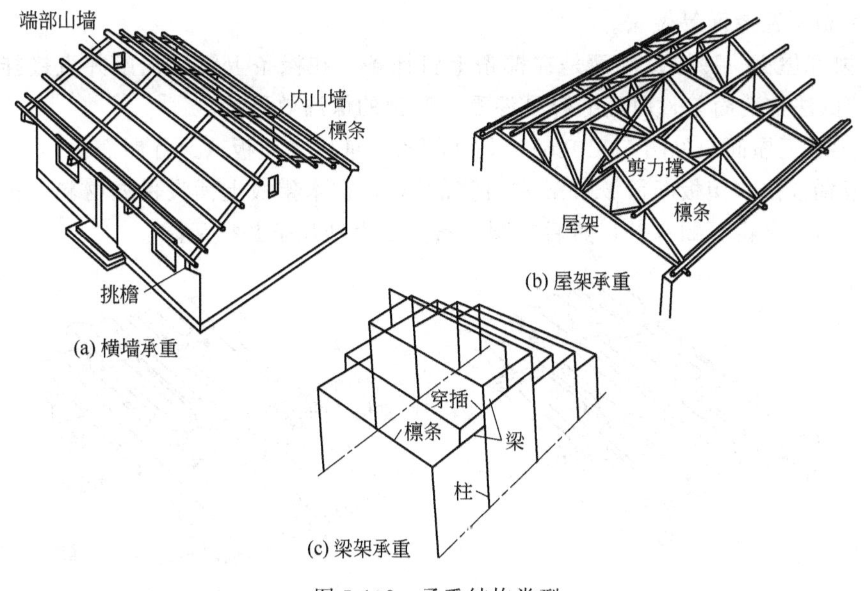

图 5-108　承重结构类型

（1）横墙承重　横墙承重是屋顶根据所要求的坡度，将横墙上部砌成三角形，在墙上直接搁置承重构件（如檩条），来承受屋顶荷载的结构方式。横墙承重构造简单、施工方便、节约材料，有利于屋顶的防火和隔声。但平面布局受到一定限制。

（2）屋架承重　屋架承重是由一组杆件在同一平面内互相结合成整体构件屋架，其上搁置承重构件（如檩条）来承受屋顶荷载的结构方式。这种承重方式可以形成较大的内部空间。

（3）梁架承重　它是传统屋顶结构形式，以柱和梁形成梁架支撑檩条，每隔两根或三根檩条立一柱，并利用檩条及联系梁，把整个房屋形成一个整体骨架。

3. 坡屋顶的构造

坡屋顶是在承重结构上设置保温、防水等构造层。一般是利用各种瓦材，如平瓦、波形瓦、小青瓦、金属瓦、彩色压型钢板等作为屋顶防水材料。

平瓦屋顶是目前常用的一种形式。平瓦外形是根据排水要求而设计的，见图 5-109，瓦的规格尺寸为（380～420）mm×（230～250）mm×（20～25）mm，瓦的两边及上下留有槽口以便瓦的搭接，瓦的背面有凸缘及小孔用以挂瓦及穿铁丝固定。屋脊部位需专用的脊瓦盖缝。

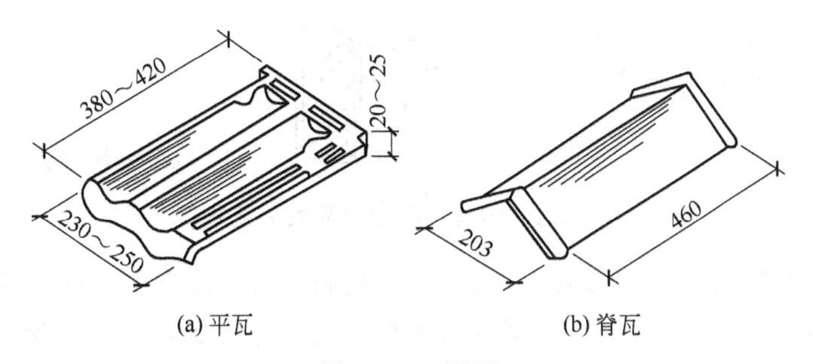

图 5-109　平瓦

(1) 平瓦屋面类型　平瓦屋面根据材料和构造不同有冷摊瓦屋面、木望板瓦屋面和钢筋混凝土挂瓦板平瓦屋面等做法。

① 冷摊瓦屋面　冷摊瓦屋面是在檩条上钉椽条，在椽条上钉挂瓦条并直接挂瓦，见图5-110(a)。做法构造简单，但瓦缝容易渗漏，屋顶的保温效果差。

② 木望板瓦屋面　见图 5-110(b)，是在檩条上铺钉木望板（又称屋面板），木望板可采取密铺法或稀铺法（望板间留 20mm 左右宽的缝），在木望板上铺设保温材料，再平行于屋脊方向铺卷材，再设置顺水条，然后在顺水条上面设挂瓦条并挂瓦。

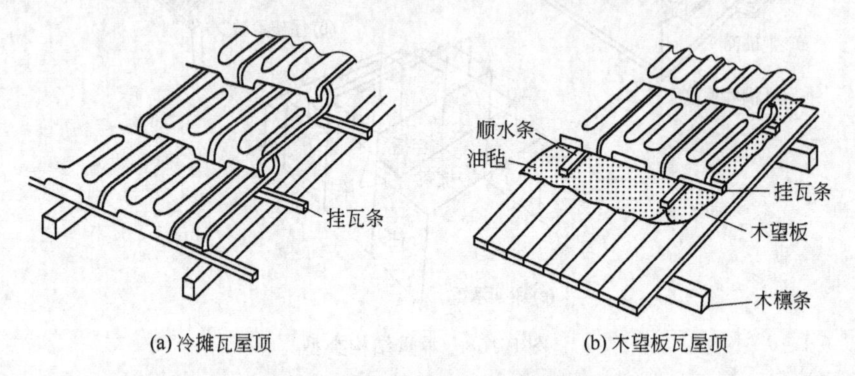

图 5-110　冷摊瓦和木望板瓦屋顶

③ 钢筋混凝土挂瓦板平瓦屋面　见图 5-111，其挂瓦板为预应力或非预应力混凝土构件，是将檩条、望板、挂瓦板三个构件的功能结合为一体。钢筋混凝土挂瓦板基本截面形式有单 T 形、双 T 形、F 形，在肋根部留泄水孔，以便排除由瓦面渗漏下的雨水。挂瓦板与山墙或屋架的构造连接，用水泥砂浆坐浆，预埋钢筋套接。

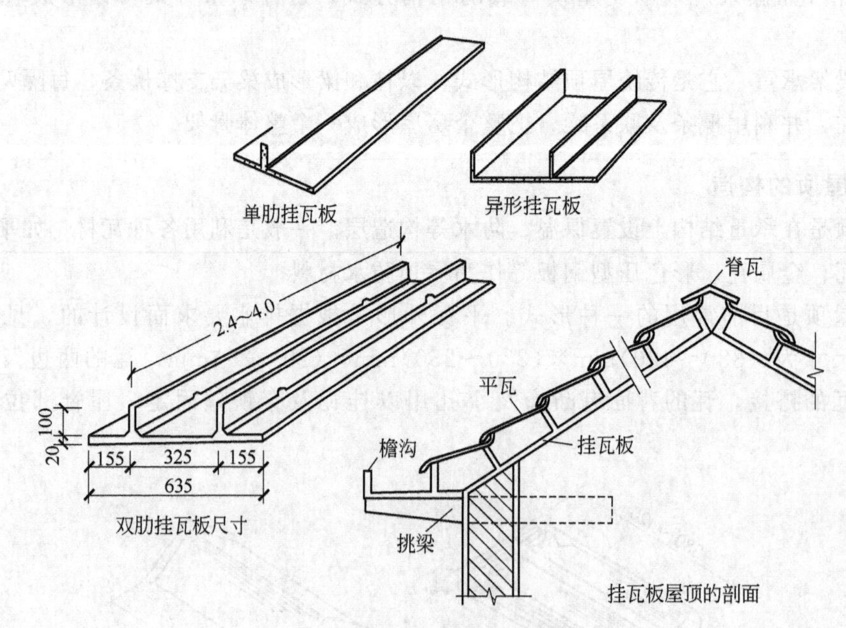

图 5-111　钢筋混凝土挂瓦板平瓦屋面

④ 钢筋混凝土板瓦屋面　见图 5-112，主要是满足防火或造型等的需要，在预制钢筋混凝土空心板或现浇平板上面盖瓦。一是在找平层上铺油毡一层，用压毡条钉在嵌在板缝内的木楔上，再钉挂瓦条挂瓦；或者是在屋顶板上直接粉刷防水水泥砂浆并贴瓦。

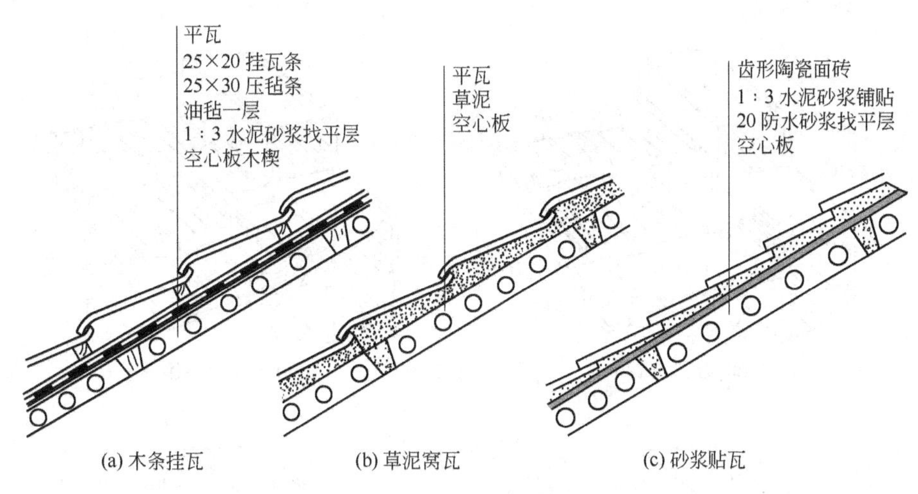

(a) 木条挂瓦　(b) 草泥窝瓦　(c) 砂浆贴瓦

图 5-112　钢筋混凝土板瓦屋面

（2）平瓦屋面节点构造

① 纵墙檐口构造　纵墙檐口根据造型要求做成挑檐或封檐。纵墙檐口的几种构造方式见图 5-113。

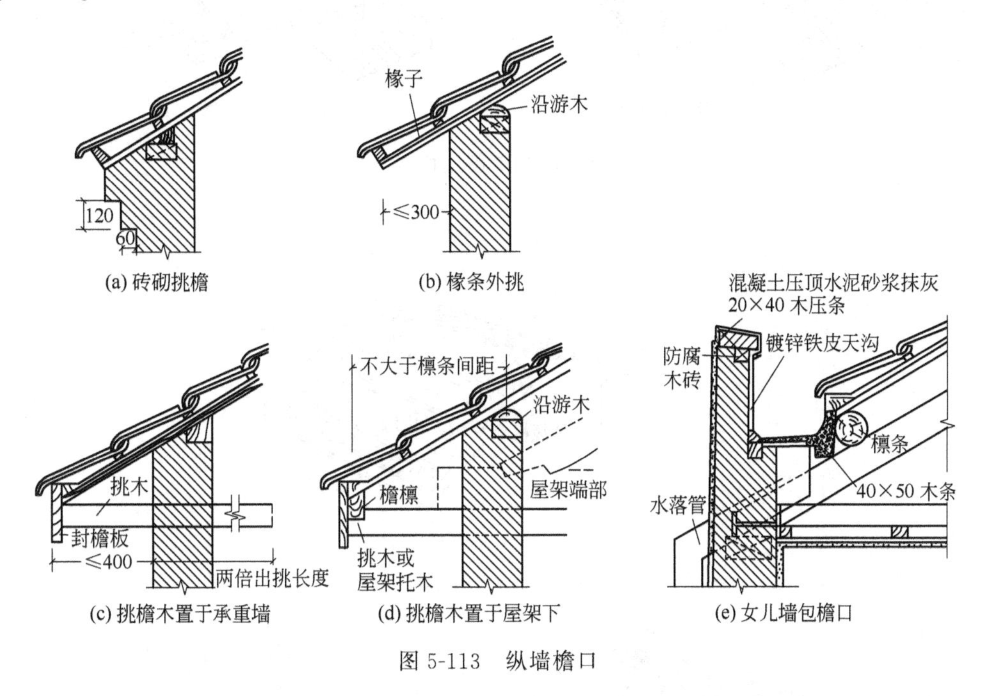

(a) 砖砌挑檐　(b) 椽条外挑

(c) 挑檐木置于承重墙　(d) 挑檐木置于屋架下　(e) 女儿墙包檐口

图 5-113　纵墙檐口

② 山墙檐口构造　山墙檐口按屋顶形式分为硬山与悬山两种。硬山檐口构造见图 5-114，是将山墙升起与屋顶交接处做泛水处理；悬山檐口，也称山墙挑檐，构造见图 5-115，先将檩条外挑形成悬山，檩条端部钉木封檐板，用水泥砂浆做出披水线，将瓦封固。

③ 斜天沟构造　斜天沟一般用半张（450mm）宽的镀铸铁皮制成，两边包钉在木条上，本条高度要使瓦片搁在上面时，瓦片与其他瓦面平行，同时还可防止溢水。在斜沟两侧铺在屋面板上的油毡最好要包到木条上，否则在铁皮斜向的下面，要附加油毡一层。构造见图 5-116。

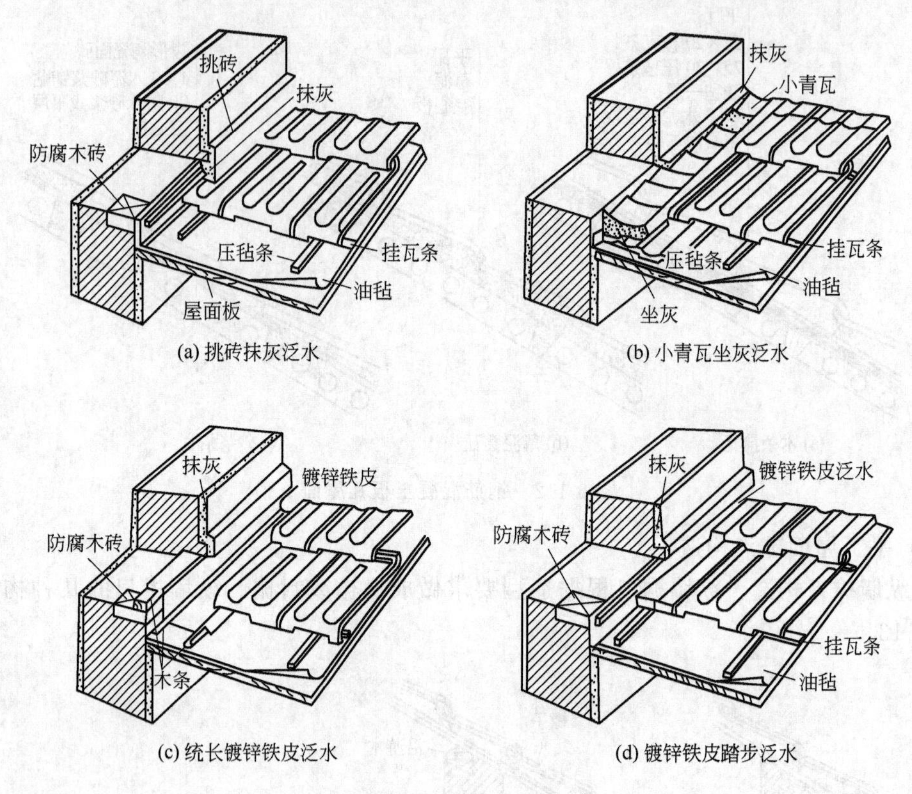

(a) 挑砖抹灰泛水　(b) 小青瓦坐灰泛水

(c) 统长镀锌铁皮泛水　(d) 镀锌铁皮踏步泛水

图 5-114　硬山檐口

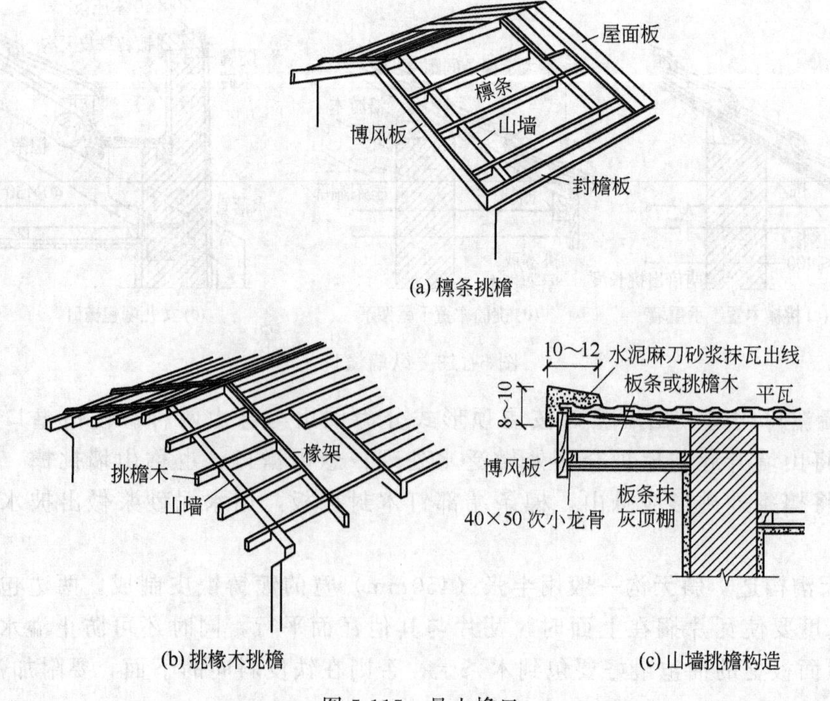

(a) 檩条挑檐

(b) 挑椽木挑檐　(c) 山墙挑檐构造

图 5-115　悬山檐口

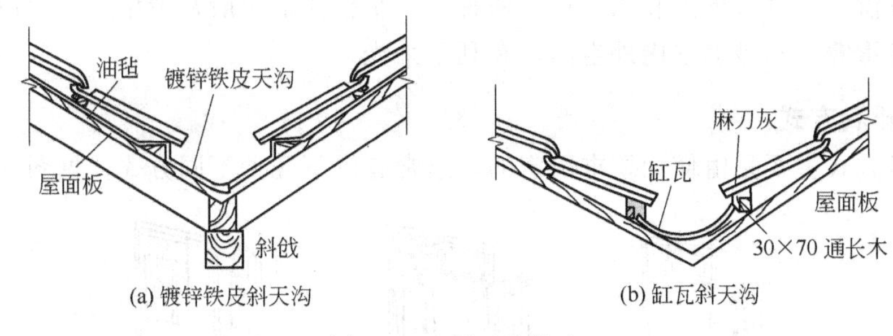

图 5-116　斜天沟构造

第六节　门　　窗

一、门窗的类型

常用门窗的材料有木、钢、铝合金、塑料、玻璃等。

1. 窗的开启方式

窗的开启方式主要取决于窗扇转动五金的位置及转动方式，通常有以下几种，见图5-117。

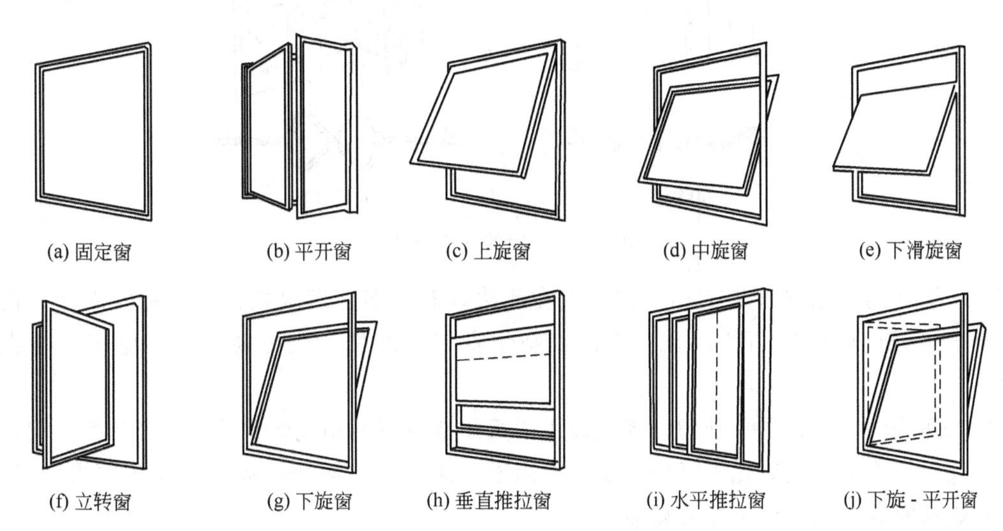

图 5-117　窗的开启方式

(1) 固定窗　不能开启的窗，一般将玻璃直接安装在窗樘上，作用是采光。

(2) 平开窗　将窗扇用铰链固定在窗樘侧边，可水平开启的窗，有外开、内开之分。平开窗构造简单、制作、安装和维修均较方便，广泛应用于各类建筑中。

(3) 旋窗　按转动铰链或转轴位置的不同有上旋、中旋、下旋窗三种。一般上旋和中旋窗向外开启，防雨效果较好，且有利于通风，常用于高窗；下旋窗不能防雨，只适用于内墙高窗及门上腰头窗。

(4) 立转窗　在窗扇上下冒头设转轴，立向转动的窗，转轴可设在窗扇中心，也可设在一侧。有利于采光和通风，但密闭和防雨性能较差。

（5）推拉窗　分垂直推拉和水平推拉两种。水平推拉窗一般在窗扇上下设滑轨槽，开启时两扇或多扇重叠，不占据室内外空间，有利于采光。

2. 门的开启方式

门的开启方式主要是由使用要求决定的，通常有以下几种不同方式，见图5-118。

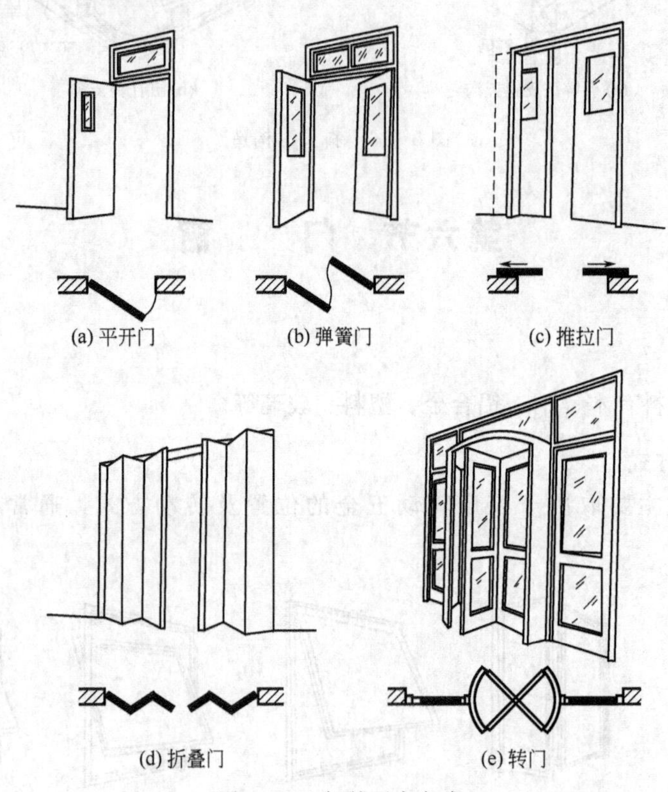

图5-118　门的开启方式

（1）平开门　水平开启的门。铰链安在侧边，有单扇、双扇之分，也有向内开、向外开之分。平开门的构造简单，开启灵活，制作安装和维修均较方便，广泛应用于各类建筑中。

（2）弹簧门　形式同平开门，唯侧边用弹簧铰链或下面用地弹簧传动，开启后能自动关闭。弹簧门的构造与安装比平开门稍复杂，用于人流出入较频繁或有自动关闭要求的场所。门上一般都安装玻璃，以免相互碰撞。

（3）推拉门　在上或下轨道上左右滑行。推拉门可有单扇或双扇，可以夹在墙内或贴在墙面外，占用面积较少。推拉门构造较为复杂。

（4）折叠门　为多扇折叠，可拼合折叠推移到侧边。传动方式简单者可以同平开门一样，复杂者在门的上边或下边须要装轨道及转动五金配件。

（5）转门　为三或四扇门连成风车形，在两个固定弧形门套内旋转的门。对防止内外空气的对流有一定的作用，可作为公共建筑及有空气调节房屋的外门。一般在转门的两旁另设平开或弹簧门，以作为不需空气调节的季节或大量人流疏散之用。

其他尚有上翻门、升降门、卷帘门等，一般适用于需较大活动的空间，如车间、车库及某些公共建筑的外门。

二、平开木窗的构造

1. 木窗的组成

窗主要由窗樘（俗称窗框）和窗扇组成。窗扇有玻璃窗扇、纱窗扇和百叶窗扇等。在窗扇和窗樘间为了转动和启闭中的临时固定，装有各种铰链、风钩、插销、拉手以及导轨、转轴、滑轮等五金零件。窗樘与墙连接处，根据不同的功能要求，要加设窗台、贴脸、窗帘盒等，见图 5-119。平开窗一般为单层玻璃窗，为保温或隔声需要，可设置双层窗。

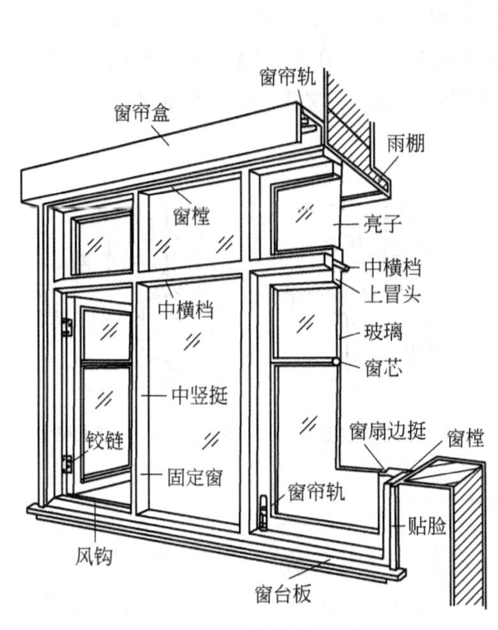

图 5-119 木窗的组成

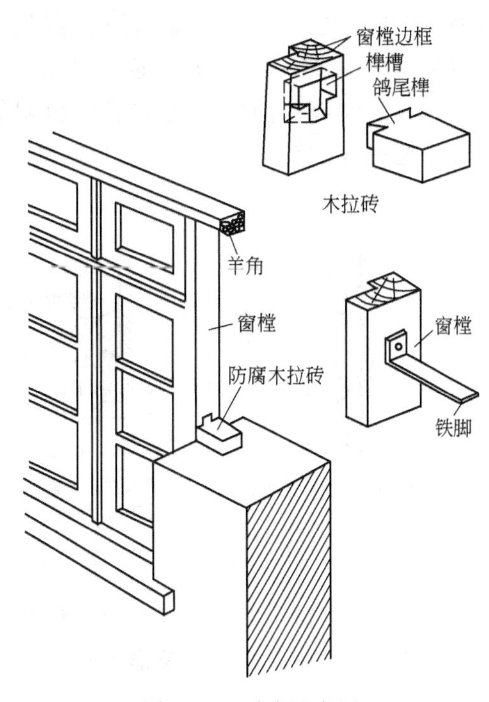

图 5-120 窗框立框法

2. 窗框

(1) 窗框的安装 窗框是墙与窗扇之间的联系构件，施工时安装方式一般有立框法及塞框法两种。

① 立框法 立框法又称立口，施工时先将窗框立好后砌窗间墙。为加强窗框与墙的联系，在窗上下档各伸出约半砖长的木段（俗称羊角），同时在边框外侧每 500～700mm 设一拉砖（俗称木鞠）或铁脚砌入墙身，见图 5-120。这种安装方法的优点是窗框与墙的连接较为紧密；缺点是施工不便，窗框及其临时支撑易被碰撞，有时还会产生移位或破损，已较少采用。

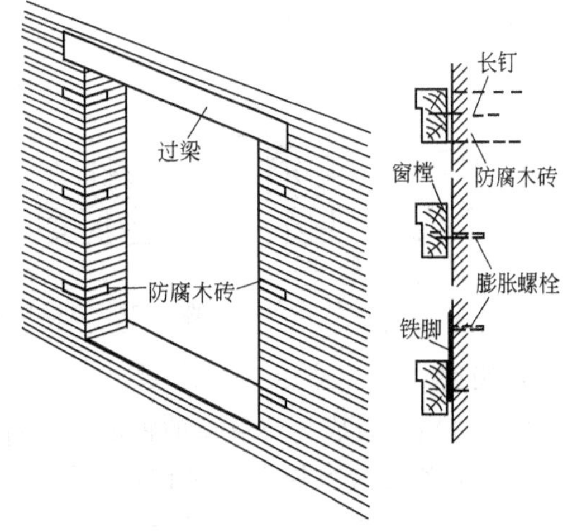

图 5-121 塞口窗洞构造

② 塞框法 塞框法又称塞口，是在砌墙时先留出窗洞，以后再安装窗框。为了加强

窗框与墙的联系，砌墙时需在窗洞两侧每隔 500～700mm 砌入一块半砖大小的防腐木砖（窗洞每侧应不少于两块），安装窗框时用长钉或螺钉将窗樘钉在木砖上，见图 5-121。为了施工方便，也可在框子上钉铁脚，再用膨胀螺丝钉在墙上，也还可用膨胀螺丝直接把框子钉于墙上。这种安装方法的优点是墙体施工与窗框安装分开进行，避免相互干扰，与墙的连接较为紧密；缺点是窗框与墙体之间缝隙较大，施工时洞口尺寸要留准确。

(2) 窗框与墙的关系　塞框法的窗框每边应比窗洞小 10～20mm，窗框与墙之间的缝需进行处理。为了抗风雨，外侧须用砂浆嵌缝、钉压缝条、采用油膏嵌缝或贴脸板盖缝。寒冷地区，为了保温和防止灌风，窗框与墙之间的缝应用纤维或毡类等填塞。为减少窗框靠墙一面受潮变形，常在窗框外侧开槽，并做防腐处理，以减小木材伸缩变形造成的裂缝。同时，为使墙面粉刷能与窗框嵌牢，常在窗框靠墙一侧内外两角做灰口，见图 5-122(a)、(b)。窗框与墙面内平者需做贴脸，窗框小于墙厚者，还可做筒子板，见图 5-122(c)、(d)。

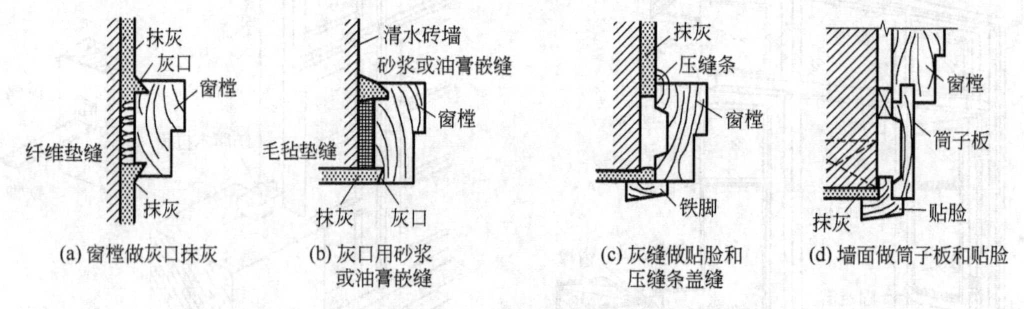

图 5-122　窗框的墙缝处理

(3) 窗框与窗扇的关系　一般窗扇都用铰链固定在窗框上，窗扇与窗框之间既要开启方便，又要关闭紧密。通常在窗框上做铲口，深约 10～12mm，也有钉小木条形成铲口以减少对窗樘木料的削弱，见图 5-123(a)、(b)。为了提高防风雨能力，可在窗樘留槽，形成空腔的回风槽，对减弱风压、防止毛细流动均有一定的效果，见图 5-123(c)、(d)。也可适当提高铲口深度（约 15mm），或在铲口处钉镶密封条，见图 5-123(e)。

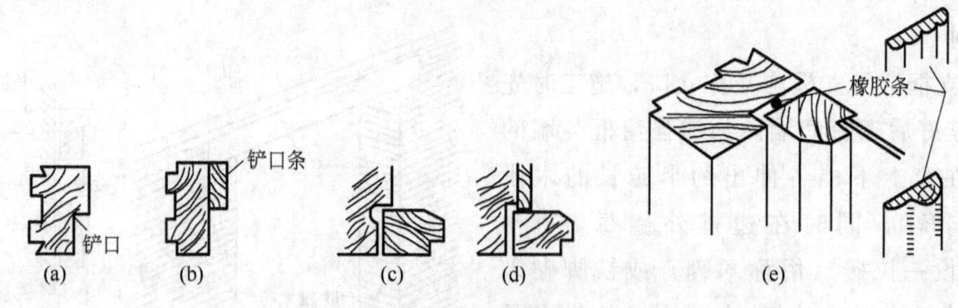

图 5-123　窗框与窗扇间铲口处理方式

3. 窗扇

(1) 窗扇的组成　玻璃窗的窗扇一般由上下冒头和左右边挺榫接而成，中间还设窗芯。两扇窗接缝处为加强密闭性，一般做高低缝盖口，必要时可在一面或两面加钉盖缝条。

(2) 双层窗　双层窗通常用于保温、隔声要求的建筑。根据窗扇和窗框的构造不同通常分为子母窗扇、内外开窗、大小扇双层内开窗和中空玻璃窗等，见图 5-124。

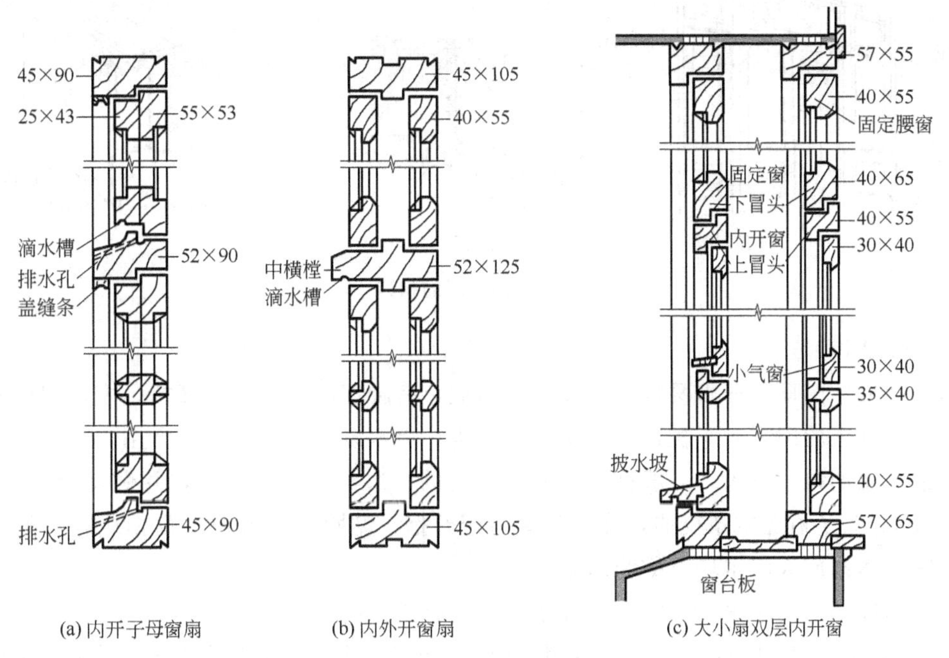

图 5-124　双层窗断面形式

中空玻璃窗是双层玻璃中空 5～15mm，装在一个窗扇上，也称单框双玻璃，见图 5-125。两层玻璃间通过设置夹条以保持间距。中空玻璃一般不易密封，上下须做有透气孔。如改用密封玻璃，四周用边料黏结，并采用专用的气密性粘接剂密封，形成中空玻璃，玻璃层间充以干燥空气或惰性气体，以免产生凝结水及进入灰尘，对保温隔声都有一定效果。

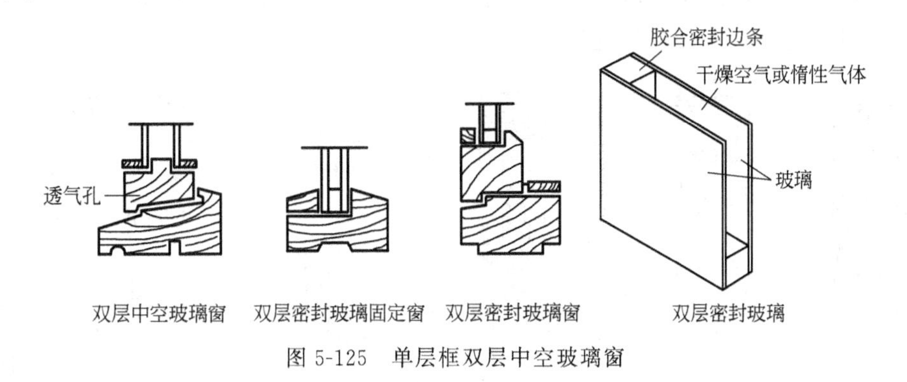

图 5-125　单层框双层中空玻璃窗

三、平开木门的构造

1. 门的组成

门主要由门樘（又称门框）、门扇、腰头窗和五金零件等部分组成，见图 5-126。门扇通常有玻璃门、镶板门、夹板门、百叶门和纱门等。腰头窗又称亮子，在门的上方供通风辅助采光用。门樘是门扇及腰头窗与墙洞的连系构件，有时还有贴脸或筒子板等装修构件。五金零件多式多样，通常有铰链、门锁、插销、风钩、拉手、停门器等。

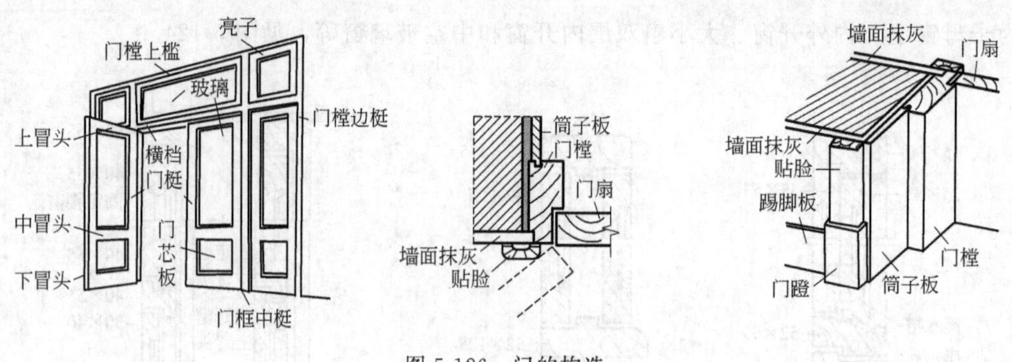

图 5-126 门的构造

2. 平开门构造

(1) 门框 门框一般由两根边挺和上槛组成，有腰窗的门还有中横档，多扇门还有中竖挺，有特殊要求的门还有下槛，可作防风、隔尘、挡水以及保温、隔声之用。

门框与墙的结合位置，一般都做在开门方向的一边与抹框铲口内，并做贴脸木条盖缝，见图 5-126。为了避免木条挠曲，在木条背后应开槽。贴脸木条与地板踢脚线收头处，一般做有比贴脸木条放大的木块，称为门蹬。

(2) 门扇 常用于民用建筑的平开木门门扇有镶板门、夹板门等。

① 镶板门 门扇边框内安装门芯板者一般称镶板门。其主要骨架由上下冒头和两根边挺组成框子，在其中镶嵌门芯板，见图 5-127。有时由于尺寸限制，中间还加几条横冒头或竖向中挺。

门芯板可用木板拼装成整块，镶入边框。板缝要结合紧密，一般为平缝胶结，如能做高低缝或企口缝接合则可免缝隙露明，见图 5-128(a)。门芯板在门框的镶嵌结合可用暗槽、单面槽以及双边压条等构造形式，见图 5-128(b)。门芯板换成玻璃，则为玻璃门，玻璃在门窗上的镶嵌做法，见图 5-128(c)。

② 夹板门 它是指中间为轻型骨架双面贴薄板的门。这种门用料省，自重轻，外形简洁，便于工业化生产。一般广泛适用于房屋的内门。

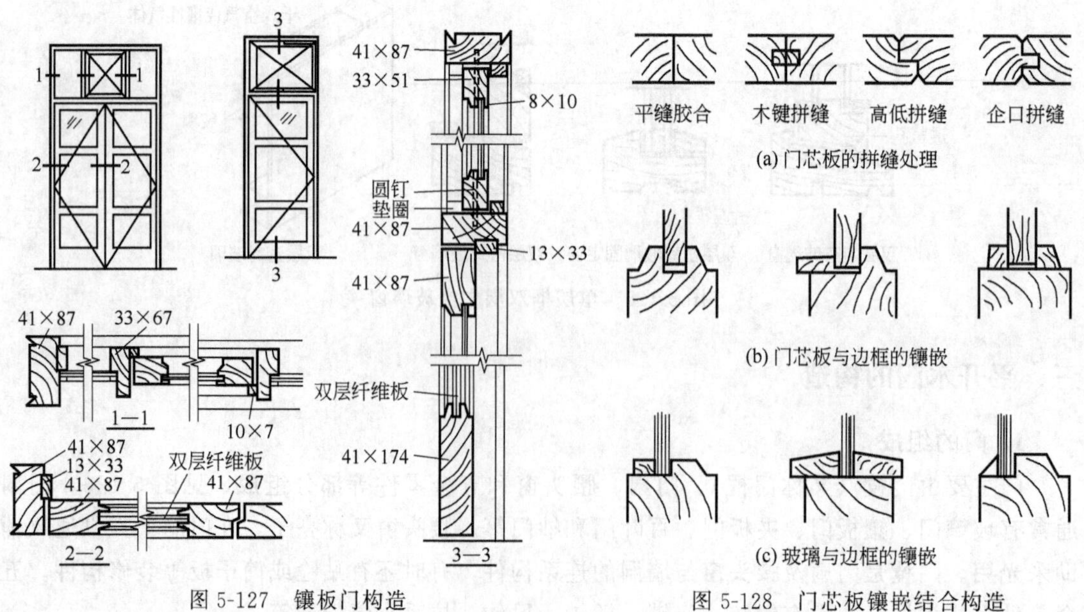

图 5-127 镶板门构造

图 5-128 门芯板镶嵌结合构造

夹板门的面板一般为胶合板、硬质纤维板或塑料板，用胶结材料双面胶结。夹板门的四周一般采用木条镶边，较为整齐美观。夹板门的构造见图 5-129。根据使用功能的需要，夹板门有时镶玻璃及百叶，一般在镶玻璃及百叶处，均做一小框子，玻璃两边还要做压条。

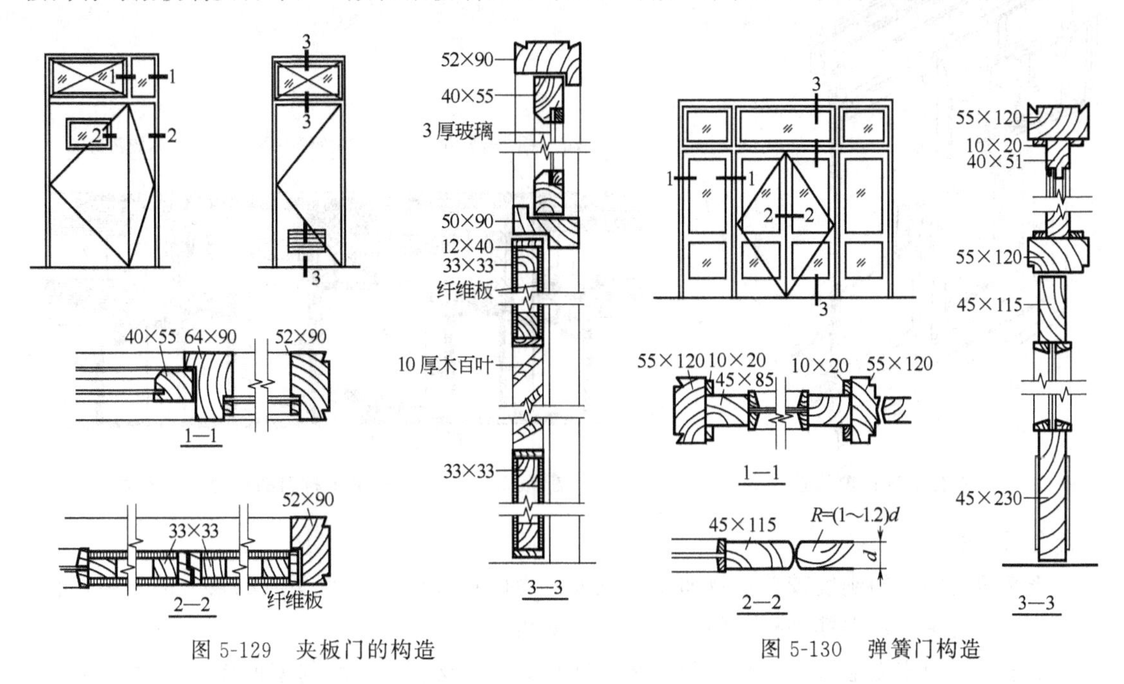

图 5-129 夹板门的构造

图 5-130 弹簧门构造

（3）弹簧门 弹簧门是用普通镶板门或夹板门装有弹簧铰链，开启后能自动关闭的门。常用的弹簧铰链有单面弹簧、双面弹簧、地弹簧等数种。为避免人流出入碰撞，一般弹簧门上需装设玻璃。为了避免门扇碰撞和缝隙过大，通常上下冒头做平缝，边框做弧形断面，见图 5-130。

四、其他材料的门窗

1. 铝合金门窗

铝合金门窗质轻高强，具有良好的气密性，对有隔声、保温、隔热、防尘等特殊要求建筑环境地区的建筑尤为适用。

常用的铝合金门窗有推拉门窗、平开门窗、固定门窗等。

铝合金门窗的施工方式是塞口。铝合金推拉窗断面见图 5-131，窗框外侧用螺钉固定着钢质锚固件，安装时与墙、柱中的预埋件焊接或铆接，最后填入砂浆或其他密封材料密固。铝合金门窗根据玻璃面积大小和抗风等强度要求及隔声、遮光、热工等要求，可选用 3～8mm 厚度的平板玻璃、镀膜玻璃、钢化玻璃或中空玻璃，用橡胶压条密封固定。活动窗扇四周都有橡胶密封条与固定框保持密闭，并避免金属框料之间相互碰撞。

铝合金材料热导率大，为改善铝合金门窗的热工性能，可采用塑料绝缘夹层的复合材料门窗，见图 5-132。

2. 塑料门窗

塑料门窗具有质轻、耐水、耐腐蚀、阻燃、抗冲击、美观新颖等优点，保温隔热性能比

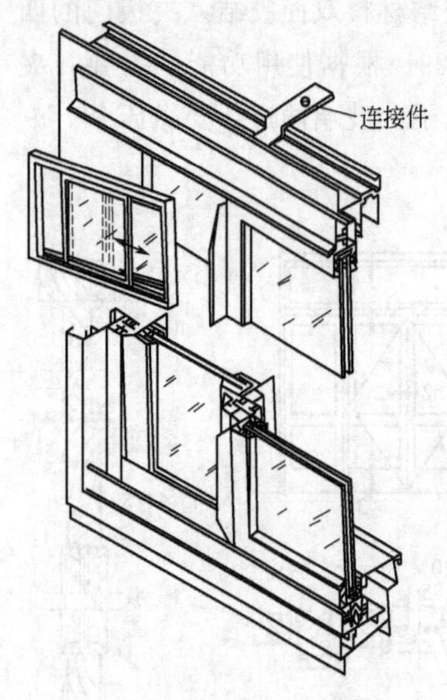

图 5-131 铝合金推拉窗构造

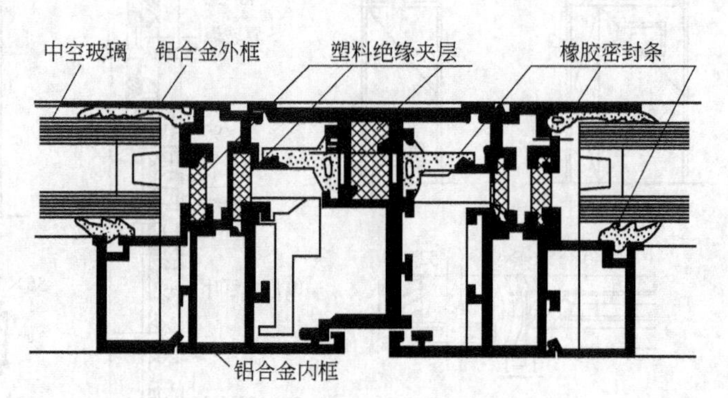

图 5-132 内夹塑料绝缘材料的铝合金窗断面

铝合金门窗好。

普通塑料门窗的刚度较差，弯曲变形较大，因此尺寸较大或承受风压较大的塑料门窗，需在塑料型材中衬加强筋来提高门窗的刚度，见图 5-133。

由于塑料门窗变形较大，传统的用水泥砂浆等刚性材料填封墙与窗框缝隙的做法不宜采用，最好采用矿棉或泡沫塑料等软质材料，再用密封胶封缝，以提高塑料门窗的密封和绝缘性能，并避免塑料门窗变形造成的开裂。

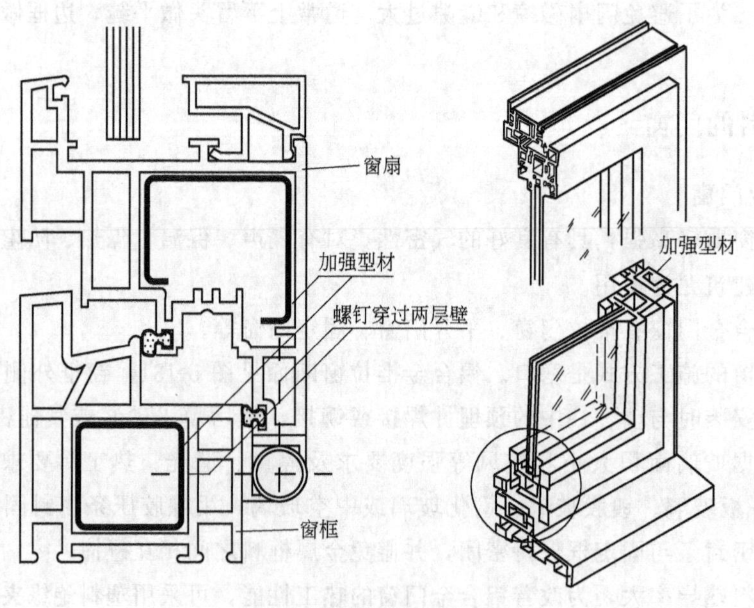

图 5-133 塑料窗的构造

参 考 文 献

[1] GB/T 50103—2010 总图制图标准.

[2] GB/T 50001—2010 房屋建筑制图统一标准.

[3] GB/T 50104—2010 建筑制图标准.

[4] 邓学雄，周佳新编著. 建筑图学. 北京：高等教育出版社，2007.

[5] 丁建梅，周佳新主编. 土木工程制图. 北京：人民交通出版社，2007.

[6] 何斌等. 建筑制图. 北京：高等教育出版社，2005.

[7] 徐剑等. 建筑识图与房屋构造. 北京：金盾出版社，2003.

[8] 王子茹等. 房屋建筑识图. 北京：中国建材工业出版社，2000.

[9] 朱育万等. 画法几何及土木工程制图. 北京：高等教育出版社，2000.

[10] 唐人卫等. 画法几何及土木工程制图. 南京：东南大学出版社，1999.

[11] 鲍凤英等. 怎样看建筑施工图. 北京：金盾出版社，2001.

[12] 同济大学，西安建筑科技大学，东南大学，重庆建筑大学. 房屋建筑学. 北京：中国建筑工业出版社，1997.

[13] 李必瑜，魏宏杨. 建筑构造：上册. 第3版. 北京：中国建筑工业出版社，2004.

[14] 聂洪达，郄恩田. 房屋建筑学. 北京：北京大学出版社，2007.